사진 & 일러스트로 보는 꿈의 자동차 기술 **Motor Fan** illustrated

Motor Fan
illustr

플러그인으로 자

PLUG-IN
PHEV/HEV/EV

004 도해특집 「플러그인」으로 자동차가 바뀔까? PLUG - IN PHEV/HEV/EV

006 **CHAPTER 1** PHEV란 무엇인가.
_ 존재적으로 약간 애매모호한 의의에 대해 기계적 장치와 정치적 상황이라는 잣대로 풀어본다.

010 **PHEV에 「세계적 유행」의 조짐** 순수 전기자동차가 아니라 왜 플러그인인가.

015 **CHAPTER 2** 현재의 PHEV 기술 _ 왜 플러그인 하이브리드로 바꾸었는가에 관해 묻다.

020 **순수 EV의 현재 위치** 항속거리가 어디까지 가능해야 EV는 「온전히 존재」하게 될까?

023 **유럽의 플러그인 HEV 개발 상황** AVL의 하이브리드 시스템

025 **무선 충전 기술** 「유선(Wired)」에서 「무선(Wireless)」로의 변화는 필연

028 **CHAPTER 3** 도로 위의 PHEV

030 **[01 TEST Vehicle]** 테스트 차량

032 **[02 TEST Stage]** 테스트 주행 경로

034 **[03 Test Result & Report]** 테스트 결과&보고

036 **[04 General Comment]** 총평

038 **[COLUMN 1]** 긴자의 초밥집과 EV 충전소

039 **[COLUMN 2]** 전차에는 왜 발전기를 장착할까. _ 철도의 하이브리드 사정

040 **CHAPTER 4** PHEV는 어디로 가고 있나. _ 기껏해야 20km, 그래도 20km라는 평가 – EV주행이 가능하다는 의미

CONTENTS

048 2개의 동력원 ENGINE 〈 MOTOR

050 **SPECIAL 1** 미스터 토크 벡터링 SH - AWD를 타보다.

057 **SPECIAL 2** [직렬 하이브리드] e - POWER는 [순수 EV] 리프를 삼켜버리게 될까?

062 **운동에너지와 전기에너지의 인과관계**

064 **[MECHANISM 1]** 《TOYOTA PRIUS》 발전기와 모터를 다른 축에 배치 이 배치 구조는 도요타의 바람이었다.

068 《TOYOTA PRIUS》 BACKGROUND 지금이니까 말할 수 있는 1세대 프리우스 「80분의 1」의 결과

073 **[MECHANISM 2]** 《HONDA i - MMD》 엔진과 모터 두 개의 이상한 조화

080 **[MECHANISM 3]** 《MITSUBISHI OUTLANDER PHEV》 기본은 어디까지나 EV ICE는 필요할 때만 여유를 갖고 연결

085 **[MECHANISM 4]** 《SUZUKI micro - hybrid with ISG》 스즈키 마이크로 하이브리드 에너차지의 진화

090 **[MECHANISM 5]** 《AVL 48V mild - hybrid》 있는지 없는지는 모르겠지만, 있다면 상당한 도움이 될 것. 그것은 마치 VVT 같은 존재

096 **IMPRESSION OF VARIOUS HYBRID SYSTEM**

098 **01. MITSUBISHI MOTORS : OUTLANDER PHEV**

099 **02. HONDA : ACCORD**

100 **03. TOYOTA : PRIUS**

102 **04. VOLKSWAGEN : GOLF GTE**

106 **[Epilogue]** 기어 기술자가 예견하는 앞으로의 「동력혼합」

111 **[ONE TECH STORY]** 그룹적 차원의 프로젝트로 개발한 프리우스 E - Four용 후방 전동구동 장치

도해 특집

「플러그인」으로 자동차가 바뀔까?

PLUG-IN

PHEV/HEV/EV

ICE(내연기관차)와 순수 EV 사이에 자리매김할 수 있는 것이 차세대 자동차이다.
그 가운데서도 주목을 받는 것은 「PHEV」이다.
Plug-in Hybrid Electric Vehicle. 외부에서 충전할 수 있고 EV주행이 가능한 하이브리드 자동차를 말한다.
같은 PHEV를 타고 있어도 중점을 ICE에 뒀느냐 EV에 뒀느냐에 따라 서 있는 위치는 다양하다.
이번 특집에서는 먼저 「플러그인이란 무엇인가」 「플러그인이 자동차를 어떻게 바꿔나갈까」에 대해서 들여다보겠다.

Illustration Feature
PHEV/HEV/EV?
CHAPTER

[Will PLUG-IN change the Way of Cars?]

PHEV란 무엇인가.

존재적으로 약간 애매모호한 의의에 대해 기계적 장치와 정치적 상황이라는 잣대로 풀어본다.

유럽과 미국을 중심으로 CO_2 배출규제가 날로 강화되고 있는 상황에서, 플러그인 하이브리드라고 일컫는 환경 자동차가 급속하게 세력을 확산해 나가고 있다. 언뜻 보면 종래의 하이브리드 자동차와 시스템이 거의 비슷해 보이지만 소켓을 갖추고 있고 배터리는 크다. 이런 것들이 목적하는 방향은 어디에 있는 것일까.

	도요타:프리우스(참고)	도요타:프리우스PHV	미쓰비시자동차:아웃랜더PHEV	혼다:어코드PHEV	폭스바겐:골프GTE	아우디:A3 e트론
종류	PHEV	PHEV	PHEV	PHEV	PHEV	PHEV
차체크기	4540×1760×1470mm	4480×1745×1490mm	4695×1800×1710mm	4915×1850×1465mm	4265×1800×1480mm	4330×1785×1465mm
축 거리	2700mm	2700mm	2670mm	2775mm	2635mm	2635mm
차량무게	1360kg	1410~1420kg	1840kg	1740kg	1580kg	1570kg
JC08모드값	37.0km/ℓ	31.6km/ℓ	20.2km/ℓ	29.2km/ℓ	23.8km/ℓ	23.3km/ℓ
EV모드 항속거리	-/-	26.4km	60.8km	37.6km	53.1km	52.8km
전력소비율	-	8.74km/kWh	5.96km/kWh	9.26km/kWh	6.90km/kWh	6.84km/kWh
1회충전 소비전력량	-/-	3.02kWh/회	10.20kWh/회	4.06kWh/회	7.70kWh/회	7.72kWh/회
엔진형식	1.8ℓ 직렬4 DOHC	1.8ℓ 직렬4 DOHC	2.0ℓ 직렬4 DOHC	2.0ℓ 직렬4 DOHC	1.4ℓ 직렬4DOHC터보	1.4ℓ 직렬4DOHC터보
엔진최고출력	72kW/5200rpm	73kW/5200rpm	87kW/4500rpm	105kW/6200rpm	110kW/5000~6000rpm	110kW/5000~6000rpm
엔진최대토크	142Nm/3600rpm	142Nm/4000rpm	186Nm/4500rpm	165Nm/3500~6000rpm	250Nm/1500~3500rpm	250Nm/1500~3500rpm
연료탱크 용량	43ℓ/38ℓ@그레이드E	45ℓ	45ℓ	46ℓ	40ℓ	40ℓ
모터 정격출력	-	18kW	25/25	-	55kW	-
모터 최고출력	53kW	60kW	60kW/60kW	124kW	80kW	80kW
모터 토크	163Nm	207Nm	137/195Nm	307Nm	330Nm	330Nm
2차전지 형식	리튬이온/니켈수소	리튬이온전지	리튬이온전지	리튬이온전지	리튬이온전지	리튬이온전지
2차전지총전압	207.2V/201.6V	207.2V	300V	320V	352V	352V
2차전지총전력량	0.7kWh/1.3kWh	4.4kWh	12.0kWh	6.7kWh	8.7kWh	8.8kWh
CO_2 배출량	57~68g/km	-	-	-	98g/km	100g/km

플러그인 차량 비교 – PHEV와 EV의 제원을 통해 무엇을 알 수 있을까.

하이브리드인데 충전 소켓을 갖추고 있다. 플러그인 하이브리드로 일컫는 차종들의 외관상 특징은 여기에 있다.
하이브리드 자동차와 비교하면 작은, 하지만 시장성에 호소하기에는 매우 큰 차이를 보이는 충전구. 그렇다면 제원상으로는 어떨까.
똑같이 소켓 대응을 할 수 있는 전기자동차와 함께 각 부분의 제원을 비교·검토해 보겠다.

본문 : MFi

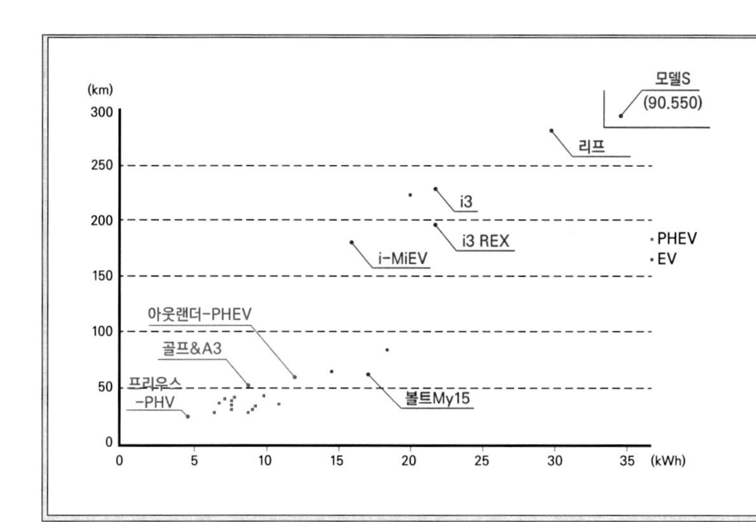

2차전지 총전력량과 EV모드 항속거리

배터리가 크면 항속거리는 길어진다. 누구라도 쉽게 상상할 수 있는 당연한 결과이다. 나아가 왼쪽 그래프에서 파악할 수 있는 것은 EV와 PHEV와의 엄연한 경계. 표에서 보듯이 「EV모드를 갖추기 위한 배터리 증량」의 입장에 있는 것이 PHEV이다. EV 카테고리에서는 MY15가 약간 범위를 벗어나 있는 것이 눈에 띄는데(그 위에 있는 것도 볼트), 이것은 애초에 순수한 EV로 만들어지지 않았기 때문일 것이다.

BMW:i8	BMW:225xe	BMW:330e	BMW:X5 xDrive40e	포르쉐:파나메레S E-하이브리드	포르쉐:카이엔S E-하이브리드
PHEV	PHEV	PHEV	PHEV	PHEV	PHEV
4690×1940×1300mm	4372×1800×1586mm	4633×1811×1429mm	4886×1938×1762mm	5015×1930×1420mm	4855×1710×1940mm
2800mm	2670mm	2810mm	2933mm	2920mm	2895mm
1500kg	1735kg	1735kg	2230kg	2130kg	2350kg
19.4km/ℓ	-	-	-	12.3km/ℓ	-
40.7km	41km	40~37km	30km	33.2km	36km
6.15km/kWh	-	-	-	3.54km/kWh	20.8kWh/100km
6.62kWh/회	-	-	-	9.07kWh/회	
1.5ℓ 직렬3 DOHC	1.5ℓ 직렬3 DOHC	2.0ℓ 직렬4 DOHC	2.0ℓ 직렬4 DOHC	3.0ℓ V6 DOHC	3.0ℓ V6 DOHC
170kW/5800rpm	100kW/4400rpm	184kW/5000~6500rpm	180kW/5000~6500rpm	245kW	245kW/5500~6500rpm
320Nm/3700rpm	220Nm/1250~4300rpm	290Nm/1350~4250rpm	350Nm/1250~4800rpm	440Nm	440Nm/3000~5250rpm
30ℓ	36ℓ	41ℓ	85ℓ	80ℓ	80ℓ
75kW/102~4800rpm	-	45kW/5000rpm	55kW/5000rpm	24kW	24kW
96kW/131~4800rpm	65kW/4000rpm	65kW/2500rpm	83kW/3170rpm	70kW	70kW/2200~2600rpm
250Nm/0rpm	165Nm/0~3000rpm	250Nm/0~2500rpm	250Nm/0rpm	310Nm	310Nm/1700rpm
리튬이온전지	리튬이온전지	리튬이온전지	리튬이온전지	리튬이온전지	리튬이온전지
355V	293V	293V	351V	384V	384V
7.1kWh	7.7kWh	7.6kWh	9.0kWh	9.2kWh	10.8kWh
49g/km	49~46g/km	49~44g/km	77g/km	-	79g/km

여기서 나열한 것들은 2016년 2월 말 현재, 일본 국내의 충전용 소켓을 갖춘 차종들이다. 급속·보통충전을 불문하고 충전용 소켓이라고 하면 얼마 전까지만 해도 BEV(배터리 전기차)의 전용장치였지만, 「플러그인」이라는 말이 등장하면서 HEV(하이브리드 전기차)에도 적용되었다. 바로 PHEV이다. 많은 자동차 회사가 이들 신형 차량에 「EV주행 기회를 늘리기 위해서 큰 배터리를 사용했습니다. 그 때문에 충전용 소켓도 갖추게 된 것이죠」라고 말한다. 하지만 기본적으로 배터리 전력을 사용하기만 하고 에너지 보충은 충전에만 의존해야 하는 BEV라면 이해할 수 있지만, 왜 연료+엔진으로 달리는 HEV에 충전용 소켓이 필요한지 잘 이해가 안 가는 것이 솔직한 기분이다.

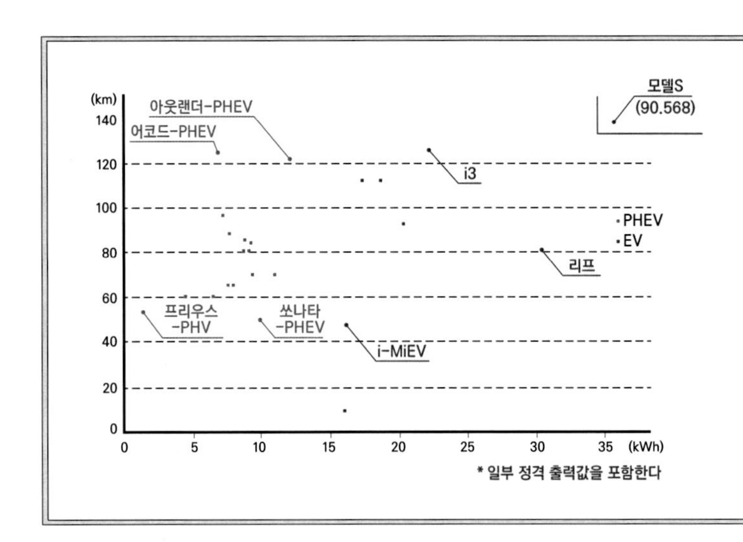

2차전지 총전력량과 모터출력

이 그래프도 EV와 PHEV가 15kWh를 경계로 크게 나누어진 분포를 하고 있다. 경자동차 규격인 i-MiEV는 용량과 출력 모두 소극적이기는 하나 차량 무게와 체적을 억제하고 있는 것에 반해, D세그먼트에서 비교적 장거리를 지향하는 리프는 용량이 약간 큰 편이고, 시장환경 상 고속주행까지 커버해야 하는 i3는 보는 바와 같이 고출력 사양을 나타내고 있다. PHEV에서는 대형 차량에 속하는 어코드와 아웃랜더는 고출력 지향에, 드물게 두 대 모두 직렬 하이브리드로 구성되어 있다.

	메르세데스벤츠:S550e long	메르세데스벤츠:C350e	포드:C-MAX Energi	포드:퓨전 Energi	현대:소나타PHEV	닛산:리프
종류	PHEV	PHEV	PHEV	PHEV	PHEV	PHEV
차체크기	5250×1900×1495mm	4690×1810×1430mm	4409×1829×1621mm	4782×1852×1473mm	4854×1864×1471mm	4445×1770×1550mm
축 거리	3165mm	2840mm	2649mm	2850mm	2804mm	2700mm
차량무게	2330kg	1830kg	1769kg	1775kg	1718kg	1430~1480kg
JC08모드값	13.4km/ℓ	-	-	-	-	-
EV모드 항속거리	29.1km	28.6km	31km@EPA estimated	34km@EPA estimated	43.2km@EPA estimated	228km@24kWh 280km@30kWh
전력소비율	3.75km/kWh	4.36km/kWh	-	-	-	114Wh/km / 117Wh/km
1회충전 소비전력량	7.77kWh/회	5.82kWh/회	-	-	-	-
엔진형식	3.0ℓ V6 DOHC	2.0ℓ 직렬4 DOHC	2.0ℓ 직렬4 DOHC	2.0ℓ 직렬4 DOHC	2.0ℓ 직렬4 DOHC	-
엔진최고출력	245kW/5250~6000rpm	155kW/5500rpm	105kW/6000rpm	105kW/6000rpm	115kW/6000rpm	-
엔진최대토크	480Nm/1600~4000rpm	350Nm/1200~4000rpm	175Nm/4000rpm	175Nm/4000rpm	190Nm/5500rpm	-
연료탱크 용량	70ℓ	50ℓ	53ℓ	53ℓ	55ℓ	-
모터 정격출력	85kW	-	88kW	88kW	50kW	70kW
모터 최고출력		60kW	-		-	80kW/3008~1000rpm
모터 토크	350Nm	340Nm	240Nm	240Nm	205Nm	254Nm/0~3008rpm
2차전지 형식	Li-ion/NiMH	리튬이온전지	리튬이온전지	리튬이온전지	리튬이온전지	리튬이온전지
2차전지총전압	396V	290V	361V	300V	360V	360V
2차전지총전력량	8.7kWh	6.4kWh	7.6kWh	7.6kWh	9.8kWh	24kWh / 30kWh
CO_2 배출량	-	48g/km	-	-		

특히 일본에서는 HEV라는 카테고리가, 그리고 모터로 휠을 구동하는 일이 도요타의 노력으로 인해 전혀 특별한 일이 아니게 되었다. 그래서 플러그인 대응이라는 것이 하이브리드가 일상화되고 난 뒤에 적용되어야 하는 부가가치인가 하면서 머리를 갸웃거리게 만들기 십상이다. 실제로 PHEV의 원가가 상승하면서 비싸지는 것은 피할 수 없지만, 그레이드 구성이나 순위 매김이라는 관점에서는 확실히 「HEV 이상」이라는 판매방식을 취하는 자동차도 종종 보인다. EV주행이 가능하도록 크게 키운 배터리 용량에 대해 「충전(充電)」이라고 하는 보통의 자동차와는 확실히 구분되는 사용방법에 선진성과 환경성을 강력히 앞세우고 있다. BEV만 하더라도 미쓰비시의 i-MiEV나 닛산 리프 등은 시내를 일상적으로 돌아다닌다. BEV 운전자 입장에서는 배터리 전력이 다 떨어져 갈 것 같은 상황에 겨우겨우 급속충전기 앞에 도착했는데 PHEV들이 충전기들을 독차지하고 있는 상황에 맞닥뜨리면 복잡한 기분이 든다고 한다. 이런 시장환경이기 때문에 더더욱

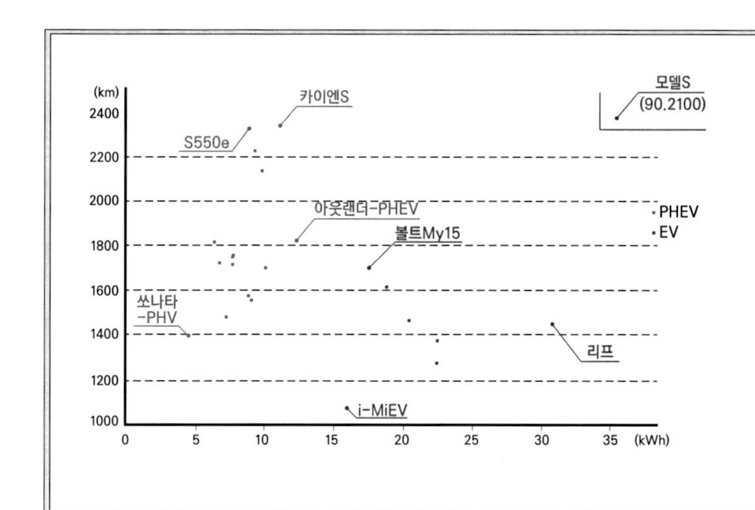

2차전지 총전력량과 차량무게

배터리 용량을 늘리면 체적과 중량 모두 증가하므로 자연히 자동차는 무거워진다. 그러나 EV와 PHEV의 구별이라는 관점에서는 앞의 사실이 꼭 들어맞는 것은 아니다. 구역은 나누어져 있지만 (모델S는 변함없이 예외적이고) 원래부터 큰 차는 역시나 무겁고 작은 차는 가볍다. 리프는 항속거리가 긴데도 불구하고 놀라울 정도로 가볍다. 그리고 아무렇지도 않다는 듯이 PHEV로서의 기능을 최소한으로 갖추고 있는 프리우스의 사상을 엿볼 수 있다.

미쓰비시자동차:i-MiEV	혼다:피트EV	BMW:i3REX	BMW:i3	테슬라:모델S	쉐보레:볼트 MY2016	쉐보레:볼트 MY2015
EV	EV	EV(REX)	EV	EV	EV(REX)	EV(REX)
3395×1475×1610mm	4115×1720×1580mm	4010×1775×1550mm	4010×1775×1550mm	4970×1435×1950mm	4582×1809×1432mm	4498×1788×1439mm
2550mm	2500mm	2570mm	2570mm	2960mm	2694mm	2685mm
1070~1090kg	1470kg	1390kg	1260kg	210kg	1607kg	1717kg
-	-	27.4km/ℓ	-		-	-
120km@10.5kWh 180km@16.0kWh	225km	196.1km	229km	420~550km@NEDC	85km@city	61km@city
110Wh/km	106Wh/km	9.34/kWh	98Wh/km	-	-	
-	-	21.0kWh/회	-	-	-	
-	-	0.7ℓ 직렬2 DOHC	-	-	1.5ℓ 직렬4 DOHC	1.4ℓ 직렬4 DOHC
-	-	28kW/5000rpm	-	-	75kW / 5600rpm	63kW / 4800rpm
-	-	56Nm/4500rpm	-	-	140Nm / 4300rpm	-
-	-	9ℓ	-	-	34ℓ	35ℓ
30kW	-	75kW	75kW	-	111kW	111kW
30kW / 47kW	92kW / 3695~10320rpm	125kW/5200rpm	125kW/5200rpm	285kW/RWD	386~568kW@AWD	-
160Nm	256Nm / 0~3056rpm	250Nm / 100~4800rpm	250Nm / 100~4800rpm	441Nm@RWD	398Nm / 525~967Nm @AWD	370Nm
리튬이온전지	리튬이온전지	리튬이온전지	리튬이온전지	리튬이온전지	리튬이온전지	리튬이온전지
270V / 330V	331V	355V	355V	350V	약355V / 400V	약365V
10.5kWh / 16.0kWh	20kWh	21.8kWh	21.8kWh	70kWh / 90kWh	18.4kWh	17.1kWh
		-	-			-

이 PHEV라는 카테고리 자체가 이해되지 않는다는 것이 무리한 이야기만은 아닐 것이다.

EV주행 기회를 늘리고 싶다면 더 레인지 익스텐더 EV로 만들어 엔진이 움직일 여지를 없애는 것이 좋다는 주장도 있다. 하지만 처음에 REX-EV로 등장한 쉐보레 볼트나 연료탱크 양을 대폭 줄여서 등장한 BMW i3의 사례에서도 알 수 있듯이, 레인지 익스텐더 EV라는 카테고리는 CARB(California주 대기자원국)에 의해 존재 의의가 좁아지고 있다. 그렇다고 환경규제에 대한 대응은 늦출 상황도 아니고, 그렇다면 PHEV로 가야 하는 것이 아닐까 하는 상황이 지금의 상황이다.

대체 PHEV란 무엇을 가리키는 자동차인지, 왜 PHEV인지, 왜 급속히 PHEV가 계속해서 나타나기 시작했는가에 대해서는 앞으로의 글을 통해 파헤쳐 나가 보겠다.

PHEV에 「세계적 유행」의 조짐 – 순수 전기자동차가 아니라 왜 플러그인인가.

향후 5~6년 동안 PHEV(Plug-in Hybrid Electric Vehicle)의 판매 대수는 급격히 확대될 것으로 전망되고 있다.
가장 큰 이유는 각 지역에서의 연비규제, 즉 CO_2 배출규제의 강화이다.
많은 자동차 회사가 「EV(전기자동차)보다 PHEV 쪽이 현실적인 해결책」이라고 생각하고 있다.

본문 : 마키노 시게오 그림 : 보쉬/다임러/미쓰비시 모터스/닛산/도요타

PHEV의 연비는 어떻게 계산할까.

$$UF(R_{CD})=1-\exp(29.1\times(R_{CD}/400))^6$$
$$-98.9\times(R_{CD}/400)^5$$
$$+134\times(R_{CD}/400)^4$$
$$-89.5\times(R_{CD}/400)^3$$
$$+32.5\times(R_{CD}/400)^2$$
$$-11.8\times(R_{CD}/400)$$

$$Fe_{EV}=9140/EC$$

$$Fe_{PHEV}=1/(UF(R_{CD})\times 1/Fe_{CD}+1/(9.14\times R_{CD}/E_1))$$
$$+(1-UF(R_{CD})/Fe_{CS})$$

Fe_{EV}: 발전에 필요한 열량을 보통 휘발유의 열량과 대비해 전기자동차의 JC08모드 연비를 산출한다. 줄(Joule) 대 줄이기 때문에 9140은 단위가 없는 숫자.

EC: JC08모드로 주행할 때의 교류전력량 소비율. 국토교통성에서 형식을 지정할 때 산정한다.

Fe_{PHEV}: PHEV의 전기소비율과 연비를 JC08모드 연비로 환산한 숫자.

Fe_{CS}: 외부충전을 통한 전력을 사용하지 않고 PHEV를 달리게 했을 때의 연료 1리터당 주행거리.

Fe_{CD}: 외부충전을 통한 전력을 사용해 PHEV를 달리게 했을 때의 연료 1리터당 주행거리.

R_{CD}: 외부충전을 통한 전력만 사용해 PHEV를 달리게 했을 때의 최대 항속거리. 플러그인 레인지.

E1: 1충전당 전력소비량. 즉 탑재한 전지를 최대로 충전했을 때의 충전량.

$UF(R_{CD})$: 외부충전으로만 주행할 수 있는 거리에 맞춰 산출되는 계수. EV의 경우는 1이며, 전력에 의존하지 않는 차량은 0이 된다.

PHEV의 연비를 계산하는 방법은 일본 법규상으로는 상당히 복잡하지만 기본은 지수(Exponent)이다. 위 괄호 안의 계산은 플러그인 레인지(외부충전으로 주행할 수 있는 최대 항속거리)를 바탕으로 한 지수함수이다. JC08모드의 주행패턴에 최대한 맞추려는 의도로서, 그런 의미에서는 통상적인 내연기관 및 기존의 HEV와 공평하게 다뤄지고 있다. 다만 이 계산식 때문에 「PHEV란 어떤 차고, 어떻게 연비를 계산하나」라는 소박한 질문에 대해 즉답을 하기가 어렵다. 정의 자체가 난해하다고 할 수 있다.

전동화 이외의 도약은 무리일까?

엔진과 그 주변은 언제나 연비 향상을 위한 개량이 거듭되고 있다. 상당히 세세한 부분까지 개량되면서 더 큰 도약을 하려면 내연기관의 열효율 자체를 향상시키는 방법 말고는 없어졌다. 한편 차량의 경량화는 의식은 하고 있지만, 재료 교체가 끼어들면 원가가 높아지기 때문에 드라이브 트레인만큼 개량되지 않고 있는 것이 실태이다. 그러나 CO_2를 낮추는데는 차량 무게가 큰 영향을 미친다.

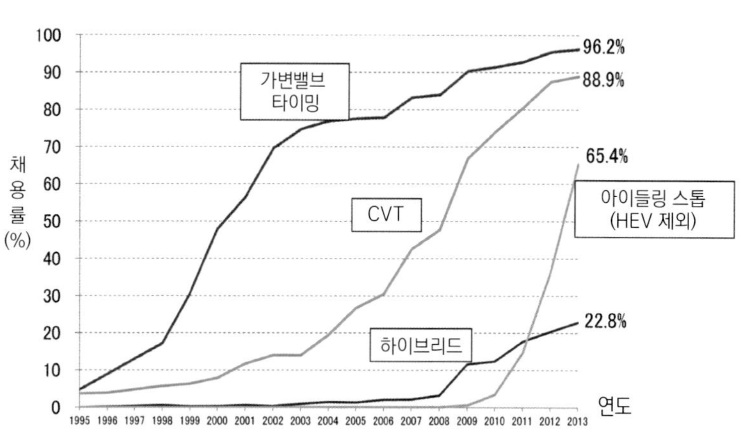

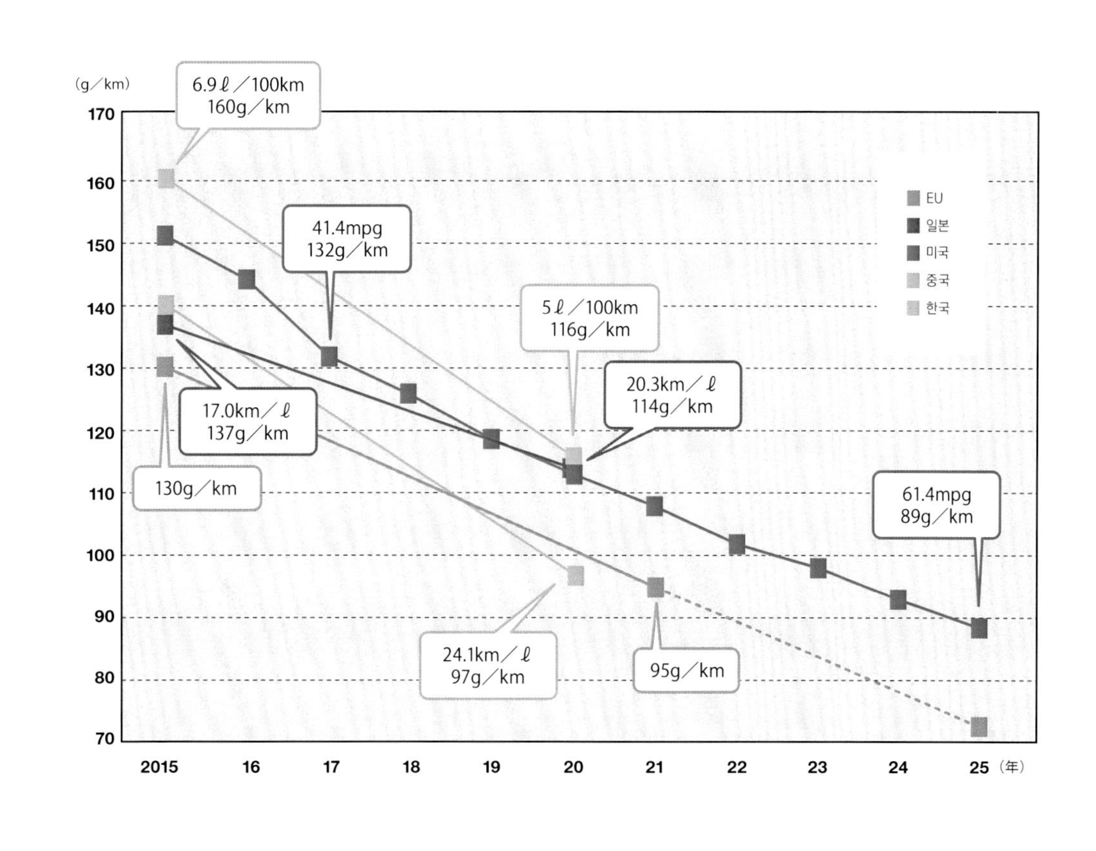

각 지역의 CO_2 배출규제 추이

CO_2 규제는 계속해서 강화되고 있다. 더구나 CAFE 방식에, 판매된 모델마다 CO_2 배출량과 대수를 곱한 다음 그것을 총합계하는 식의 총량규제로 통일되고 있다. 중국에서도 정부 주도하에 회사마다 카본 크레딧 제도를 도입하고 있다. 몇몇 연비 효율이 좋은 모델을 투입하는 정도로는 대응하지 못하게 된 것이다. 전동화가 필수라고 언급되는 이유가 여기에 있다.

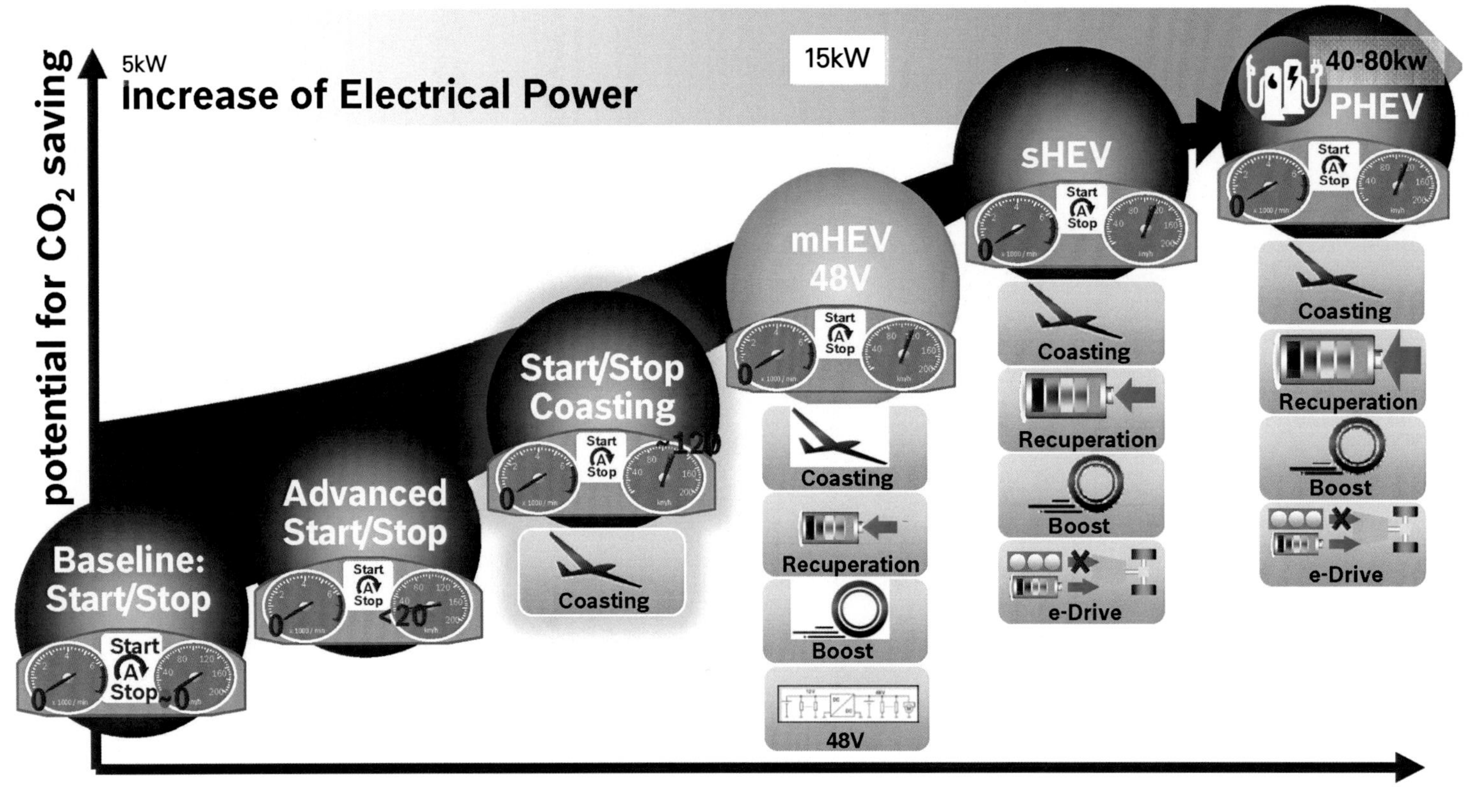

먼저 앞 페이지의 계산식에 대해 살펴보겠다. 이 계산식은 EV와 PHEV의 연비(電費)를 어떻게 계산할지에 대해서 일본의 국토교통성이 정한 계산식이다. EV에서는 발전에 필요한 열량을 가솔린의 열량으로 치환해서 「연료소비」 이미지를 끌어낸다. PHEV의 계산은 제곱연산을 사용함으로써 되도록 실제 주행에 부합하도록 식을 유도한다. 그런데 유럽에서는 이것을 의외로 간소하게 다룬다. ECE(UN 유럽경제위원회)에서 규정한 계산식을 10페이지에 나타냈는데, 단순한 나눗셈에 불과하다. 식의 분모는 25로, 분자인 25에 EV 항속거리를 더한 다음 그것을 25로 나눈 것뿐이다. 이 계산식에서 나온 숫자로 PHEV의 토대가 된 차량의 CO_2 배출량을 나눈다. EV주행거리가 25km일 경우 25+25=50이 되고, 이것을 25로 나누어 「2」라는 숫자가 나온다. 이 「2」가 「저감 계수(Reduction Factor)」라고 불리는 숫자로서, 바꿔말하면 PHEV의 계수인 것이다. 「2」는 「CO_2 배출이 2분의 1」 이라는 의미이다.

가령 베이스 차량의 주행 1km당 CO_2 배출량이 200g이라고 치자. 이 차를 25km EV주행이 가능한 배터리 장착 PHEV로 만들면 「2」라는 리덕션 팩터를 받게 되므로 카탈로그에 게재하는 CO_2 배출량 표시는 200÷2=100g이 된다. 반이나 줄어드는 것이다.
즉 25km 이상의 EV 항속거리가 있다면 EU 계산식으로는 리덕션 팩터가 1보다 커지기 때문에 이것으로 베이스 차량의 CO_2 배출량을 나누면 CO_2 배출량은 확실하게 줄어들 수밖에 없다. ACEA(유럽 자동차공업협회)에 따르면 하루 이동 거리가 50km 이하인 사용자가 반 이상으로, 근무처 등의 외부에서 충전하면 귀가도 EV주행이 가능하므로 주행단계에서 CO_2가 배출되는 것은 제로라는 의미라고 밝히고 있다. EU정부는 이 너무나 우호적인 CO_2 저감 대책 효과를 앞세워 전 세계를 EV로 유도하겠다는 계획이다. 이렇게 된다면 일부러 PHEV로 바꿔서 EV주행거리를 25km 이하로 하지 않아도 되는 것이다. 25km 이상이라면 혜택을 받을 수 있다는 것을 계산식으로 제시했다고 생각하면 될 것이다. 현재 EU 정부는 확실하게 전기자동차를 지향하고 있다. EV냐 PHEV냐의 문제가 아니라 화석연료소비를 억제하겠다는 방향이다.

CO_2 배출량은 바로 연비와 직결된다. 내연기관 엔진에서 CO_2 배출을 반으로 줄이기 위해서는 엔진 배기량을 줄일 수밖에 없는데 이 일은 그다지 녹록하지 않다. 물론 지금까지도 자동차 회사는 다양한 노력을 시도해 왔다. 그 결과가 11페이지 상의 그래프이다. 일본 자동차공업협회에서 내놓은 그래프로서, 현재 VVT는 필수에다가 아이들링 스톱도 급속하게 보급되고 있다. CVT가 연비에 효과가 있는지 어떤지는 논의가 필요하지만, 엔진과 그 주변에서 큰 도약을 기대하기 힘들어졌다는 것만은 사실이다. 그래서 전동화 얘기가 나오는 것이다. 일본이나 EU, 미국 모두 연비규제(즉 CO_2 배출규제)는 점점 심해지고

유럽에서의 PHEV는 그야말로 구세주 같은 존재.

앞 페이지 로드맵은 독일 로버트 보쉬가 그리는 차량 전동화에 대한 대응을 나타낸 것이다. 95g/km나 되는 CO_2 규제, 나아가 그 후에 논의되는 70g/km대의 규제까지 감안한 대응책이기도 하지만, 차량 전원의 48V 변화와 EV 및 PHEV에 주어지는 혜택이 계속된다는 전제를 깔고 있기도 하다. 우측 계산식처럼 PHEV는 CO_2 저감할 수 있는 지름길로서, 이런 수요에 보쉬 같은 거대 서플라이어는 여러 가지 제안을 하고 있다. 물론 현재 상태에서는 「PHEV가 최적의 해법」이라는 인식이 많아졌다.

$$\text{ECE R101 reduction factor} = \frac{25\text{km} + \text{EV주행가능거리}}{25\text{km}}$$

메르세데스 벤츠 AMG SL63은 CO_2 배출량이 229~234g/km이지만, 배기량을 줄이지 않고 이 5461cc 엔진 그대로 PHEV로 바꾸어 EV주행거리를 25km로 설정했을 경우, 위 계산식에 따르면 리덕션 팩터는 2가 된다. 이 수치로 234를 나누면 117이 나오는데, 이 수치가 PHEV로서의 CO_2 배출량을 말한다.

있다. 이런 흐름이 앞으로도 바뀔 가능성은 없어 보인다. 중국조차도 EV와 PHEV를 「신에너지 자동차」로 자리매김하고는 2020년까지 누계 500만대를 보급하겠다고 정부 차원에서 추진 중이다. 이런 상황에서 자동차 회사별 CO_2 배출량을 감시하고 벌칙규정까지 정한 것은 유럽과 미국이다. 흔히 말하는 CAFE(Corporate Average Fuel Efficiency) 규제이다.

미국 캘리포이나주(州)의 ZEV(Zero Emission Vehicle+무공해차) 규제는 자동차회사별로 일정량의 EV 및 초저공해 자동차를 생산하도록 하는 것인데, EV만으로는 보급이 어려우므로 PZEV(Partial ZEV)라는 카테고리를 설정해 이 안에 PHEV가 들어가도록 했다. 또 연방규제에서는 CAFE가 있어서, 한 모델별 연비에 판매 대수를 곱해서 그 합계가 규제치를 웃돌면 벌금을 내게 되어 있다.

유럽은 미국같이 연비(미국의 경우는 마일/갤론)가 아니라 CO_2를 환산해서 규제한다. 모델별 CO_2 배출량에 판매 대수를 곱해 연간 평균을 산출한 다음 규제치를 초과하면 벌금을 내야 한다. 21년에는 95g/km나 되는 강력한 규제가 기다리고 있는데, 이 규제를 벗어나기 위해 각 자동차 회사마다 PHEV 개발을 서두르고 있다.

일본에는 경제산업성이 정한 「연비목표」가 있는데, 사실 이것도 CAFE 방식이다. 일반적으로는 알려져 있지 않지만 벌금규정도 있다. 다만 일본의 경우는 전체 자동차 회사가 규제치를 맞추고 있다. 설령 초과했다 하더라도 범칙금은 없다. 이런 운영은 일본적이기도 하다. 그런 한편으로 자동차 연료의 다양화라는 이해가 확산하고 있다.

반면에 재무성은 자동차의 전동화에 부정적이다. 가솔린세금이라는 국세 수입이 줄어드는 정책은 예전부터 꺼리고 있기 때문이다. 지방세인 경유는 수요가 줄어도 상관없지만 가솔린 대체는 받아들이지 않으려는 자세이다. 또 한 가지, 전동화의 보조금 제도가 현실과 맞지 않는 측면도 있다. 공동주택에 대한 충전설비 시설지원은 2015년에야 겨우 시작되었다.

일본에도 이미 PHEV가 보급되고 있다. 유럽은 일반 자동차에 시스템을 추가하는 식으로 PHEV를 만들기 시작했다. HEV라고 하는 바탕이 없었다면 PHEV에 대한 이미지도 달라질 것이다. 세계 공통인 것은 CO_2 규제의 강화라는 배경으로, 이것이 차량의 전동화를 이끄는 힘으로 작용하고 있다. 일본 정부는 2030년에 전동화 차량 비율을 30%까지 끌어올린다는 목표를 세우고 있지만, 그런 한편으로 전력정책은 확실히 정하지 못하고 있다. 발전(發電) 방법에 따라서는 전동화가 꼭 환경부하가 적다고 말할 수 없을지도 모른다. 이런 배경을 예비지식으로 깔아놓은 상태에서 이후의 특집을 읽어주기 바란다.

자동차 회사 내에서도 PHEV에 대한 부정적 시각이 있다. 하지만 제도라는 순풍이 PHEV를 하늘 높이 끌어 올렸다. 과연 그 진위가 어디에 있는지도 따져봐야 한다.

일본의 사정과 전기자동차

일본은 1997년 말 도요타 프리우스가 발매되면서부터 HEV 시대에 돌입했다. 세계에서 가장 HEV 보급률이 높은 나라로서, HEV를 통한 연료소비량 저감 효과는 가솔린 소비량 감소에 반영되고 있다. 그러나 유럽과 중국은 HEV에 대한 혜택이 매우 약하다. 반면에 일본은 도로가 좁아서 소형 EV나 HEV를 운용하기에 적합하다. 동시에 총무성이 추진하는 국토강인화(强靭化)라는 정책에 자동차 업계도 가세하면서 자동차로부터 가정에 대한 전기공급(V2H) 수요가 등장했다.

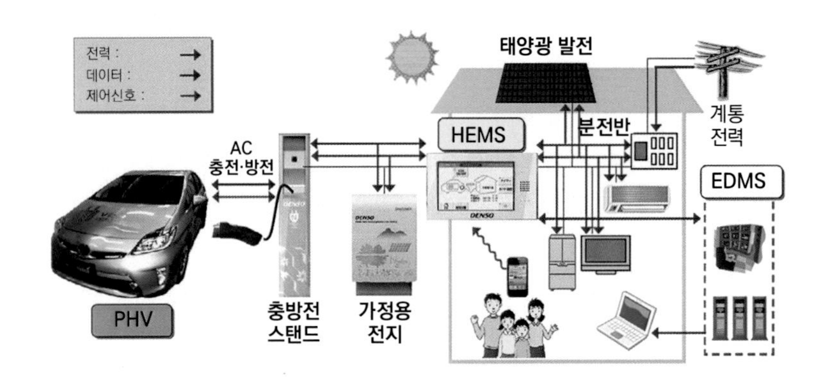

EV 및 PHEV 보급에는 충전설비가 필수이다. 그래서 정부는 최종적으로 충전소 2만개 설치를 목표로 하고 있다. 그런데 동일본대지진 후에 지급된 1조 원 정도의 충전설비 보조금 가운데 반이나 소비되지 않고 반납되었다. 공동주택에 대한 지원은 거의 없는 상태이다.

비접촉식 충전이 주목받고 있다. 각 방면에서 실증실험이 이루어지는 한편으로 실용화도 진행 중이다. 다만 이것은 전기 공급기기 스타일이 바뀌기만 한 것일 뿐, 어디에 어떻게 중점적으로 배치할 것인지에 관한 소프트웨어 부분이 아직 확립되지 않은 상태이다.

현재의 PHEV 기술

왜 플러그인 하이브리드로 바꾸었는가에 관해 묻다.

하이브리드를 구성할 때는 알려진 바와 같이 다양한 방법이 모색된다.
대개는 연비를 좋게 하기 위한 것이다. 그 때문에 많은 시스템이 투입된다.
그렇다면 플러그인 하이브리드 사양으로 바뀐 자동차에는 어떤 이유가 담겨져 있을까.
국내외 자동차 회사를 주체로 삼아 기구와 특징, 그리고 전략과 미래성에 관해 물어보았다.

PHEV | HEV | EV | MITSUBISHI **OUTLANDER PHEV** | 60km (EV주행 JC08)

아웃랜더 PHEV

모터 특유의 역동성을 「달리는」 HEV로 발전시키다.

2013년 1월에 등장한 미쓰비시자동차의 아웃랜더 PHEV가 2014년에 부분변경되었다.
앞뒤 축에 따로따로 모터를 장착한 4WD 시스템이나 발전과 구동 양쪽에 엔진을 사용하는 방법 등은
4륜 구동력 제어에서 세계적 첨단을 달려온 미쓰비시만의 특징이기도 하다.

인터뷰&사진 : 마키노 시게오 그림 : 미쓰비시 모터스/MFi

MFi : 2013년 1월에 아웃랜더 PHEV가 시판되었고, 작년에는 대폭적인 개량이 있었습니다. 미쓰비시자동차로서는 09년에 EV를 시판한 이후 전기 자동차의 실적이나 경험이 상당히 축적되었을 것 같은데요. 먼저 묻고 싶은 것은 채산성입니다. 시판 초기의 아웃랜더 PHEV는 상당이 가격을 낮게 잡은 것으로 생각합니다. PHEV를 투입하고 나서 과연 이익은 나오고 있습니까.

오카모토 : 물론 이익은 나옵니다. 유럽에 수출하는 대수가 많아서 환율 영향은 있지만, 판매 대수도 늘고 있고요.

MFi : 전지가격은 어떻습니까? 09년에 i-MiEV를 내놨을 때는 상당히 비쌌는데요.

오카모토 : 당시와 비교하면 셀 당 단가로 따졌을 때 약 3분의 1까지 떨어졌죠. 이유는 먼저 미쓰비시자동차에서 생산한 수량을 들 수 있습니다. 작년만 하더라도 아웃랜더 45,000대 정도를 생산했습니다. 이 숫자 효과로 전지뿐만 아니라 주변기기의 조달단가도 낮출 수가 있었죠. 세계적으로 리튬이온 2차전지 수요가 급증할 것이라는 예측 하에 소재 메이커는 신규투자를 단행했고, 전지 메이커에서는 라인

● 트랜스액슬을 매개로 하는 3가지 모드

아웃랜더 PHEV에는 우측 그림처럼 3가지 주행모드가 있다. 기본은 모터주행이지만, 여기에도 엔진으로 발전기를 구동하면서 달리는 직렬모드와 엔진의 구동력을 모터와 겸용하는 병렬모드가 있다. 직렬모드에서 엔진은 클러치에 의해 앞 축부터 분리되고, 병렬모드에서는 클러치를 연결해 엔진이 앞 축을 구동한다. 하지만 변속기는 개입하지 않는다. 뒤 축에 전용 모터를 장착한 4WD 라는 점도 주요 특징이다.

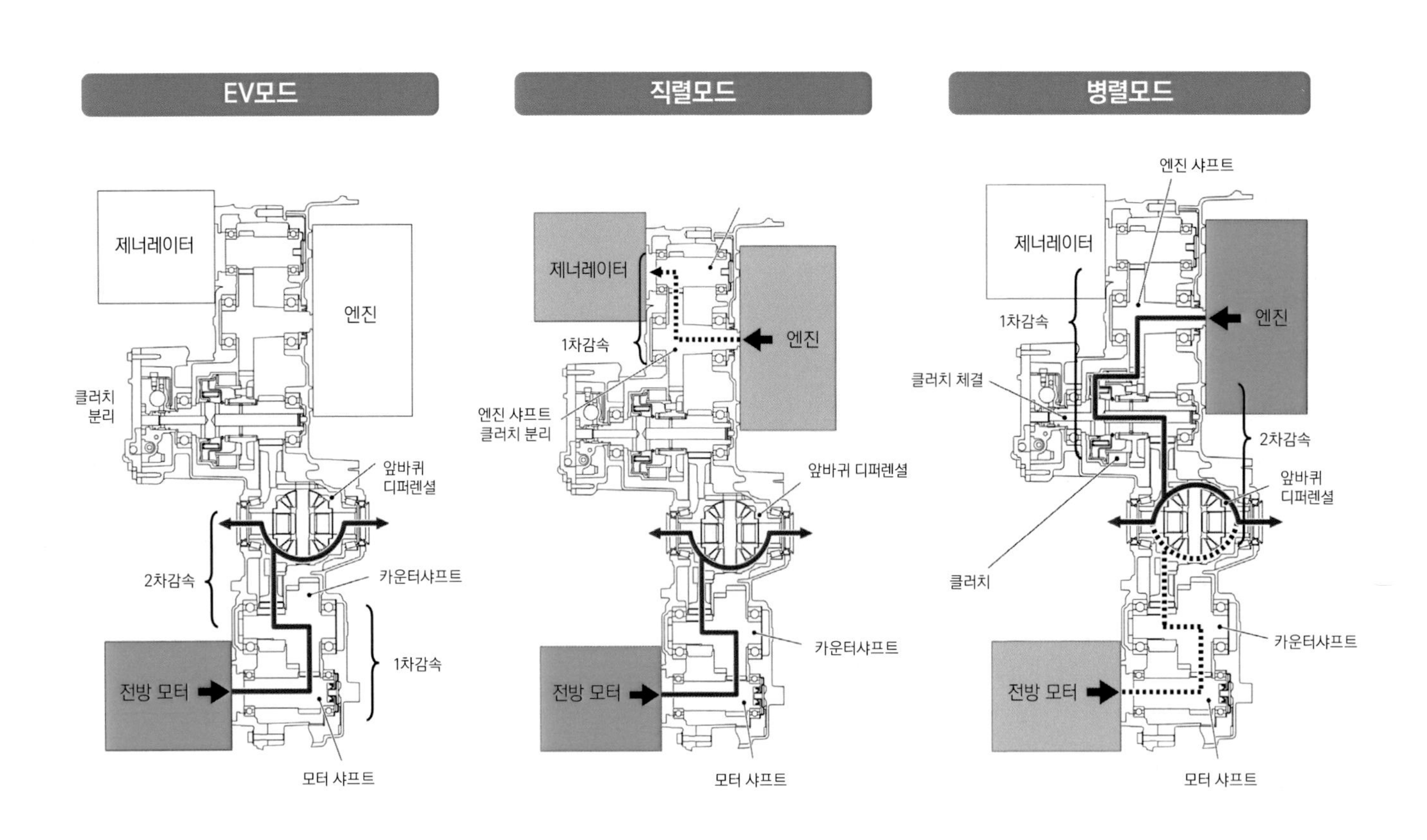

가동률이 올라가면서 많은 양이 처리되어 합리화도 진행되었습니다. 우리도 마찬가지고요.

MFi : 전지 사양은 변한 것이 있나요?

한다 : 전지 사양은 그대로입니다. 기본적으로는 아무 것도 바뀐 것이 없습니다.

MFi : 실제로 시승했을 때는 EV주행거리가 늘어난 느낌이었습니다만….

한다 : 정말로 전지 사양은 바뀐게 없습니다. SOC(State Of Charge=충전상태)도 바뀐 것이 없고요. 하지만 전지 매니지먼트나 인버터의 스위칭 주파수 변경 등과 같은 개량은 했습니다. 여유가 있었던 부분은 덜어내 가능한 전지를 최대로 사용하는 방향으로 나아가고 있죠. 차량 수명을 10년 이상을 상정하고 있어서 전지만 오버 스펙이 되지 않는 사용방법으로 개선하고 있습니다.

MFi : 공기조화 제어도 바뀌었습니까?

한다 : 네. 예를 들면 히터 같은 경우는 온도설정과 히터 작동을 세밀하게 감시하고 있습니다. 눈치채지 못하는 상태에서 말이죠. 부분변

경 때 스티어링 히터와 시트 히터를 적용했는데, 바로 몸과 접촉하는 부분을 따뜻하게 하는 편이 효율이 좋습니다. 실내 공기 전체를 따뜻하게 하는데 필요한 전력과 비교하면 소비량이 압도적으로 적게 들어가죠.

MFi : 전지의 연식 노화는 어떻습니까?

오카모토 : 딜러에게 정비를 위한 입고를 할 때 데이터를 받고 있습니다만, 충분히 예상한 범위 내입니다. 사용환경 차이에서 기인한 큰 차이가 나타나지 않도록 설정했기 때문에, 한랭지에서 사용되는 전지도 거의 차이가 없습니다.

MFi : EV주행거리가 일본의 JC08모드에서 약 60km인데, 이 거리를 소비자는 어떻게 보고 있습니까?

오카모토 : 다양한 목소리가 있습니다. 일본에서는 일상적인 주행패턴에서 60km 이내로 사용하는 분들이 90%를 차지하기 때문에 그런 데이터만 봐서는 많은 사람이 만족할 수 있는 거리라고 생각합니다만, 여러 가지 요청이 들어오는 것도 사실이고요. 유럽에서는 통근하는데 70km가 평균이기 때문에 70km는 되어야 한다는 요청도 있고요.

한다 : 전지 사용법을 연구하고 있기는 하지만, 현재의 전지 상태에서 더 최대로 사용하는 방법을 찾고 있습니다. 물론 수명은 유지한 상태에서요.

MFi : 충전환경은 어떻습니까. PHEV를 구매하는 사람은 집에서 충전할까요?

한다 : 매일 충전하는 사람이 일본에서는 약 70%로 나타났고, 유럽에서는 전체 평균으로 75%입니다. 주에 1회 이상 충전하는 사람이 일본은 85%, 유럽은 98%입니다. 북유럽 같은 경우는 매일 충전이 90% 이상이고, 주 1회 이상 충전은 거의 100%입니다. 주택사정이 좋기 때문이라고 생각합니다.

MFi : 북유럽에서도 팔립니까?

오카모토 : 나라별로 보면 일본과 영국이 연간 12,000~13,000대에서 1, 2위를 다투고 있습니다. 이어서 네델란드가 8,000대이고 노르웨이가 4,000대 조금 넘게, 스웨덴은 3,000대가 약간 안 되는 수준이고요. PHEV에 대한 혜택이 많은 나라에서 팔리는 경향이 강하죠. 영국에서는 개인이 구매하는 PHEV에 대해서는 15년도 2월까지 5,000파운드(약 800만 원)의 보조금을 지원했고요, 법인 차량의 경우는 사용자의 수입에 맞춰 소득세를 감면해주고 있습니다.

MFi : 자동차 시장 크기로 따져보면 유럽은 독일과 프랑스가 큰 것 같은데요….

오카모토 : 프랑스는 EV에 대한 지원은 많지만, PHEV에는 그다지 많지 않습니다. 독일은 왜 그런지 PHEV 전체가 팔리질 않습니다. 독일 메이커가 적극적으로 상품을 내놓는 것치고는 본국에서 팔리지를 않는 상태입니다. 「정부의 강력한 지원책을 대기」하고 있다는 분석도 있습니다.

MFi : 혜택이라는 의미에서 일본은 개인 집의 충전설비를 보조해야 한다고 봅니다. EV나 PHEV 모두 기본은 자택이나 사업소에서의 거점별 충전으로 사용하는 것이 이치에 맞다고 생각합니다. 예를 들어 일본에서 아웃랜더 PHEV를 구매한 사람 가운데 집에서 전혀 충전하지 않는 사람이 얼마나 될까요?

오카모토 : 전체의 14% 정도입니다. 이것은 우리의 예상 밖이었습니다. 근처에 충전설비가 만들어지고 나서 PHEV를 구매했다는 사람도 있습니다.

MFi : 아마도 EV에서는 있을 수 없는 일이겠죠. 반대로 얘기하면 충전설비라는 인프라를 깔아주면, 가령 공동주택에 살고 있어서 충전기를 설치하지 못하는 사람이라도 PHEV를 선택지에 넣을 가능성이 충분하다고 본다는 것이죠. 그런데 아웃랜더 PHEV에 대한 사용자의 반응은 어떻습니까. 어떤 점이 큰 구매동기였을까요.

오카모토 : 다양한 타입의 고객이 있겠지만, 제가 솔직하게 대화하면서 느낀 것은 「SUV의 환경차」로 인식하고 골랐다는 점입니다. 사람과 짐을 싣고 장거리를 이동할 때도 스트레스 없이, 반면에 연비는 좋게, S-AWC와 4WD 제어를 통해 노면을 가리지 않는 등, 여러 가지 감상을 들을 수 있었습니다. 그런 바탕에는 전기자동차인데도 방전에 대한 걱정이 없다는 신뢰성이 크다고 생각합니다.

MFi : 환경 부담이 적은 자동차인데 참아야 할 부분이 적다는 말이군요. 주행모드가 풍부하다는 의미가 직접적이 아니라 결과적으로 신뢰성이나 만족감으로 이어지고 있다고 생각하면 될까요.

오카모토 : 모터 주행으로 달리는 묘미는 고객도 느끼고 있다고 생각합니다. 그래서 더 EV 영역을 넓혀달라는 요구도 있는 것이겠죠. 부드러움과 조용함뿐만 아니라 좋은 가속 응답성도 높이 평가받고 있습니다.

MFi : 아웃랜더의 구동 시스템이 상당히 특징적입니다. 엔진은 발전과 구동에 사용하고, 게다가 변속기를 끼지 않고 바로 연결합니다. 직렬·병렬 양쪽의 HEV 모드도 있습니다. 그리고 기본은 전동 모터를 사용하는 EV 베이스인데도 단순한 레인지 익스텐더가 아니라는 점이죠. 여러 가지 PHEV가 세상에 나와 있는 상황에서도 특징이 많은 시스템입니다. 개발단계에서는 다른 시스템도 검토가 되었을까요?

오카모토 : 물론 여러 가지 시스템을 검토했습니다. 모터 하나에 클러치 2개로 변속기가 딸린 시스템까지 포함해서 말이죠. 유럽쪽 PHEV 대부분은 엔진 주행을 기본으로 생각합니다. 우리는 개발 당시부터 어쨌든 모터로 달리게 하려고 했습니다. 가능한 EV 베이스로 달리게 한다, 이 점이 시작점이었기 때문에 모터 출력은 필연적으로 커지게 되죠. 그렇게 되면 변속기는 필요가 없어집니다. 전지가 떨어지면 엔

진을 걸면 되고 엔진은 모터가 커버하지 못하는 영역을 보완하는 식으로 사용한다, 이런 생각이었던 겁니다.

MFi : 모터에도 2단 변속기를 넣는 쪽이 좋다는 주장도 있습니다.

한다 : 분명히 현재의 차량탑재 모터와 전지, 제어시스템을 감안하면 하이·로가 있는 편이 유리합니다. 다만 장래에도 그럴 것인가에 대해서는 의문이 있지만요.

MFi : 그리고 이것도 아웃랜더 PHEV의 특징이겠는데, 급속 충전구를 갖고 있습니다. 다른PHEV에서는 볼 수 없는 기능입니다.

오카모토 : 플러그인을 만들고 싶었던 것이죠. 어쨌든 외부전원 사용을 중요하게 생각하고 있습니다. 엔진으로 발전하면서 달린다기보다 모터 주행을 중시하는 것이죠. 12kWh라는 약간 큰 배터리를 장착한 이유도 거기에 있습니다. 그리고 SUV이기 때문에 장거리 운전 후에는 거기서 충전할 필요도 있죠. 그래서 급속충전 모드를 설정한 겁니다.

MFi : 다만 충전시간이 길더군요. 더 짧으면 좋지 않을까 하는 느낌이 들었습니다. 급속충전이라도 30분은 걸리던데요.

오카모토 : 고객한테도 지적받는 부분입니다. 전지를 손대지 않고 급속충전으로 시간을 단축하는 개발은 항상 하고 있습니다.

● 주행 시 작동

3가지 주행모드를 갖고는 있기만 엔진과 모터의 구동력 혼합은 비교적 간소한 편이라 양쪽의 역할분담이 명확하다. 이 점은 도요타 방식의 스트롱 HEV 시스템을 사용하는 프리우스 PHEV와 확연히 다르다. S-AWC를 이용한 4WD로서의 구동력 제어도 다른 PHEV에는 없는 특징이다.

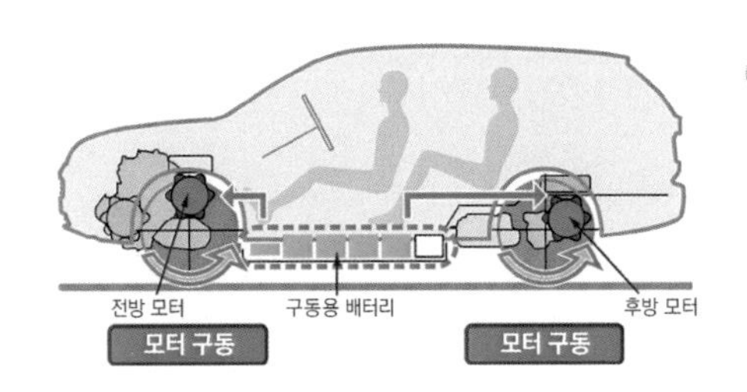

EV주행

수출지역별로 사양을 바꾸지 않기 때문에 일본 사양도 배터리 잔량이충분히 있을 때는 시속 120km까지 모터로 주행할 수 있다. 다만 시간당 전지 출력한계를 넘어서면 바로 엔진이 작동한다.

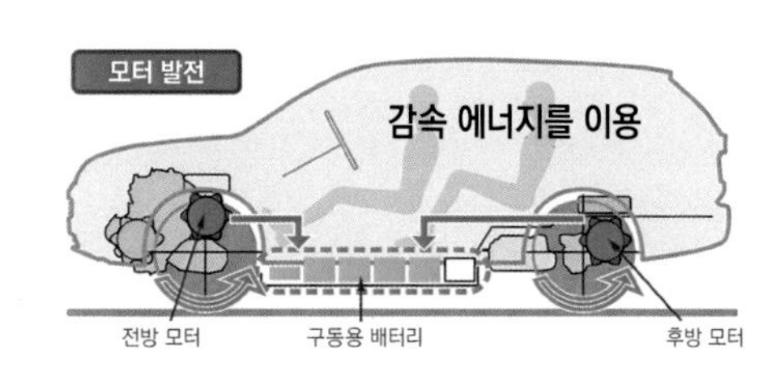

직렬주행

엔진에서 직접 발전기를 돌리면서 충전과 모터 구동을 병행한다. 배터리 잔량이 줄었을 때뿐만 아니라 급가속 때나 언덕길을 오를 때도이 모드로 바뀐다. 4륜에 큰 구동력이 걸리면서 지면을 박차고 나간다.

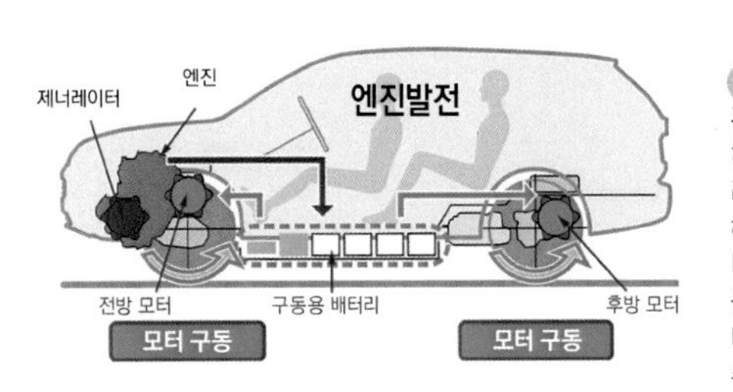

브레이크 회생

전지탑재 용량을 살려 철저히 에너지를 회생시킨다. 브레이크 회생은 패들을 사용해 6단계로 조절할 수 있으며, 내리막길에서는 이 기능을 변속기처럼 사용할 수 있다. 4륜 회생이기 때문에 회수율도 높다.

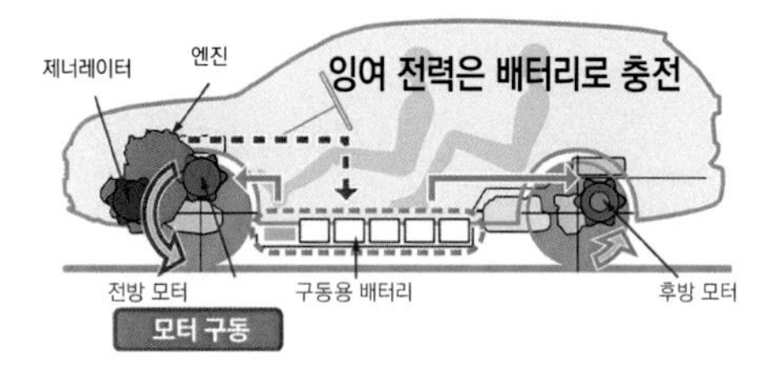

병렬주행

고속영역에서는 전동 모터의 효율이 떨어지기 때문에 엔진과 앞바퀴를 직결시켜 엔진으로 달린다. 발전기는 1차 감속으로 회전하고 여유분은 충전된다. 모터는 앞뒤 모두 구동력을 지원한다.

MFi : 전체적인 운용비용은 어떻습니까. EV주행이 60km이나 되니까 확실히 연료소비량은 줄어들 것으로 생각되는데요….

오카모토 : 같은 거리를 통상적인 동력 사양으로 달렸을 때의 연료소비는 PHEV 쪽이 유리합니다. 엔진 소모나 오일 소비는 어느 정도의 비율로 EV주행을 했느냐에 따라 달라집니다. 3개월 이상, 일정한 연료소비가 없을 때는 자동으로 엔진이 걸리는 프로그램을 넣어놨기 때문에 「엔진 시동이 저절로 걸렸다」는 문의가 많습니다. 바꿔 말하면 많은 고객이 EV차원에서 플러그인으로 사용하고 있다는 근거라고 생각합니다.

MFi : 순수 EV는 잘 안 팔리는 것 같습니다. 미니 캡 MiEV는 상당히 사용 편리성이 좋은 EV라고 생각하는데, 시장은 주목하지 않는 것 같고요.

오카모토 : 09년에 EV를 투입한 이후 현재까지 계속해서 개량해 오고는 있습니다. 그런데 기대한 만큼은 팔리지 않네요. 「차량가격이 비싸다」, 「항속거리가 짧다」, 「충전 인프라가 부족하다」 이 3가지 이유가 제일 많이 들립니다. 아웃랜더 PHEV는 이 3가지 이유 모두 그다지 걱정할 필요가 없는 자동차라고 생각합니다.

MFi : 아직까지는 순수 EV에 대한 장애물이 높은 것이겠죠.

오카모토 : 미쓰비시자동차는 SUV와 전동차량에 집중과 선택을 했기 때문에 SUV PHEV는 이 양쪽을 겸비한 상품이라 할 수 있습니다. 중요한 전략차종이기 때문에 앞으로도 계속해서 개량해 나갈 생각입니다.

MFi : PHEV라는 카테고리의 위치가 완전 전기자동차로 가는 「중계 위치」 이상이라는 겁니까?

SUV이기 때문에 레저로 사용한다. 그때 PHEV 배터리에 저장된 전력을 다양한 용도로 유용할 수 있다. 소음이 나는 엔진식 발전기를 일부러 갖고 다닐 필요가 없어진 것이다.

동일본대지진의 교훈으로부터 터득한 국토강인화 필요성이 호응을 받으면서 일본에서는 차량탑재 배터리에서 주택으로 전기를 공급하려는 움직임이 활발해지기 시작했다. 충전·급전 기능을 내장한 기기 하나로 전기를 공급할 수 있다.

● V2H=Vehicle to Home

리튬이온전지 팩은 차량 실내의 바닥 밑에 위치한다. 이 방식은 시판 이후 변함이 없지만, 14년의 부분변경을 거치면서 다이내믹 댐퍼가 추가되었다. 충전·방전 시 셀 온도가 일정 이상으로 올라가면 실내용 에어컨으로 냉각한다. 리튬이온전지가 극단적으로 열을 싫어하기 때문이다. 우측 사진들은 미쓰비시자동차가 힘 쏟고 있는 V2H(비클 투 홈)의 전기공급 모습이다.

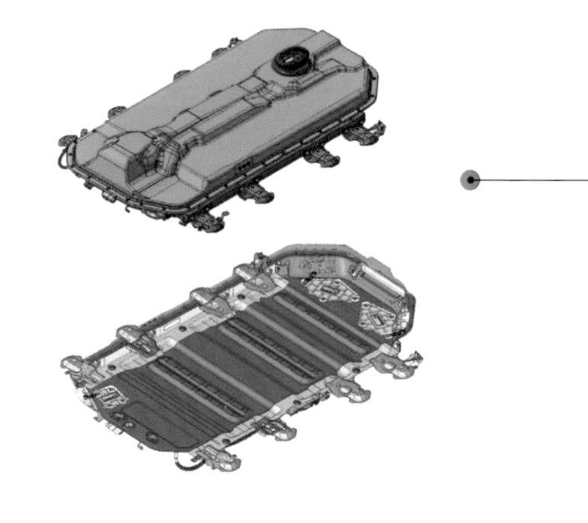

플러그인이란 이런 작업을 가리킨다. 외부로부터 자동차에 전기공급 플러그를 꽂아 전력을 공급한다. 전지용량에 따라 EV로서의 주행거리는 달라지지만, 전지를 사용 할 때는 CO_2가 배출되지 않는다.

오카모토 : 재생 에너지로 발전한 전력을 순수 EV에서 사용하는 것이 장기적인 목표라 하더라도 현재의 EV 항속거리로는 만족하지 못하는 고객도 많습니다. 중계 위치일지도 모르겠지만 중요한 카테고리인 것만은 틀림없습니다. 15년도 여름부터 미국에서도 PHEV를 판매하고 있습니다. V2H 수요도 일본만은 아닐 것이라 기대하고 있고요.

LEFT | 한다 가즈노리
Kazunori HANDA

개발본부 EV·파워트레인 시스템기술부 엑스퍼트

RIGHT | 오카모토 가네노리
Kanenori OKAMOTO

상무이사
프로덕트 관리 겸
전동차량 사업본부장

PHEV | HEV | **EV** | NISSAN **LEAF** | **280km (JC08)**

순수 EV의 현재 위치

항속거리가 어디까지 가능해야 EV는 「온전히 존재」하게 될까?

닛산 리프는 세계적으로 봐도 손색 없는 EV이다.
닛산이 EV로 방향을 틀겠다고 선언한 이후 데뷔 5년(15년도 기준).
전 세계에서 20만대가 달리는 리프 탄생의 주역으로부터 EV에 현주소에 관해 들어보았다.

본문 : 스즈키 신이치(MFi) 그림 : 닛산

NISSAN LEAF G (30kWh)
Technical Specifications

전장×전폭×전고 : 4445×1770×1550mm
휠베이스 : 2700mm
차량무게 : 1480kg
구동용 배터리 : 리튬이온전지
총전압 : 360V
총전력량 : 30kWh
모터 : EM57(삼상교류 동기모터)
최고출력 : 80kW/3008~10000rpm
최대토크 : 254Nm/0~3008rpm
JC08 교류전력량 소비율 : 117Wh/km
JC08 1회충전 주행거리 : 280km
충전 : 보통충전(200V 15A) /
급속충전(CHAdeMO)
가격 : 4천만 원

※국가 보조금 최대 510만 원

	2010년 12월	2012년 11월	2013년 4월	2014년 4월	2015년 3월	2015년 12월	
JC08 1회충전주행거리	200km	228km	←	←	←	←	30kWh
배터리용량	24kWh	←	←	←	←	←	30kWh
모터	EM61	EM57	←	←	←	←	←
모터출력/토크	80kW/280Nm	80kW/254Nm	←	←	←	←	←
가격	4,061만 원	4,140만 원	3,850만 원	3,680만 원	3,550만 원	3,620만 원	4,011만 원

● 닛산 리프(G)의 제원/가격 변화

2010년에 데뷔한 이래 가장 많이 변경된 것이 12년. 대폭적이 경량화나 저전력 난방시스템 채택하는 한편, 모터·인버터, 컨버터 등 고전압 장치를 일체화해 용적에서 30%, 중량에서 10%를 줄였다. 그러면서 항속거리는 200km에서 228km로 늘어났다. 장비 등의 차이는 있지만, 가격은 같은 24kWh 모델에서 약 500만 원이 떨어졌다.

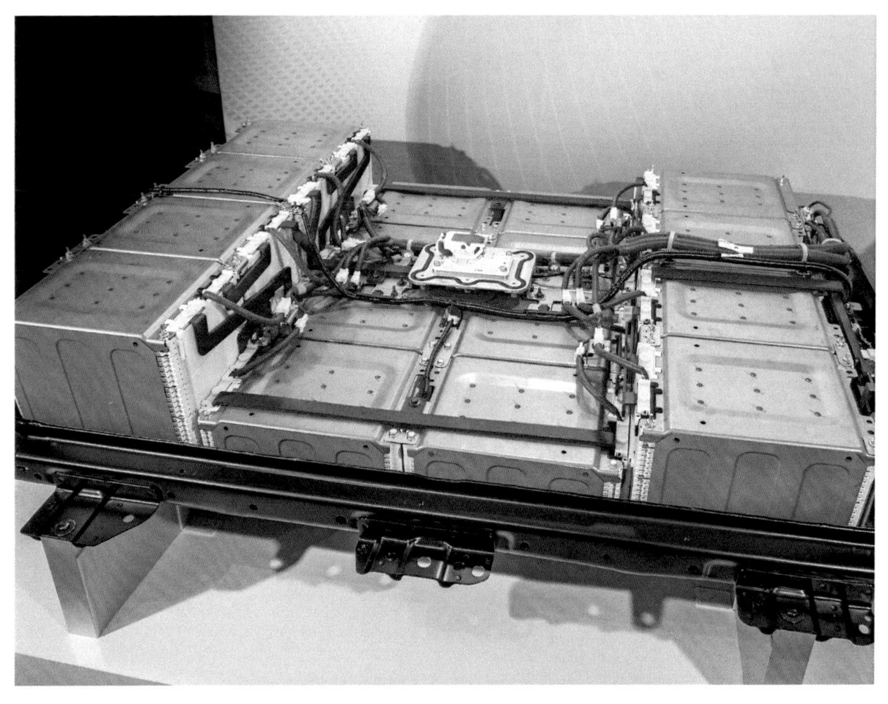

60kWh 리튬이온전지. 24kWh에서 30kWh로 용량을 높였을 때는 같은 용적이었지만, 60kWh는 용적에서도 약간 커졌다. 30kWh 배터리는 셀을 192개를 사용하지만 60kWh는 288개를 사용. 가도다씨는 60kWh를 그대로 차기 모델에 탑재하는 것은 아니라고 하지만 60kWh 정도면 JC08에서 500km의 항속거리를 달성할 수 있을 것이다.

가도다 히데토시

닛산 제1제품 개발본부
닛산 제1부품 개발부
제4프로젝트 총괄그룹
차량개발주관

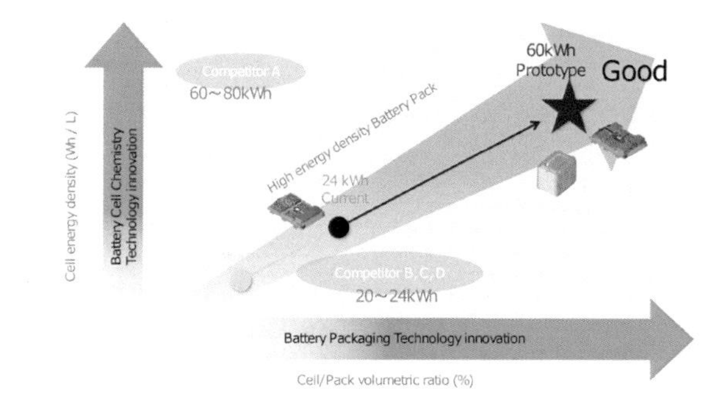

● 배터리의 에너지밀도에 관한 로드맵

닛산이계획하고있는에너지밀도로드맵.가로축이셀·팩체적비이고세로축이 셀의에너지밀도(Wh/ℓ).「리튬이온전지를개발할여지는아직도많다」는것이 가도다씨의 견해이다. 더불어서 60kWh가 되면 EV에 대한 인식이 달라질 것이라고.

순수 EV인 리프가 데뷔한 것이 2010년 12월. 24kWh짜리 리튬이온전지를 탑재하고 항속거리 200km의 성능을 가졌었다. 이후 5년(2015년 기준) 동안 20만대를 판매하면서 EV계의 베스트셀러로 자리한 리프. 리프는 데뷔 후 5년 동안 항속거리를 늘리고 가격을 낮추는 개량·가격개정을 몇 번 단행했다(상단표 참조). 15년 12월에는 배터리 용량을 30kWh로 확대한 모델도 투입. JC08모드에서의 항속거리는 마침내 280km에 이르렀다. 가격은 거의 제자리인데도 항속거리는 40%나 늘어난 것이다.

이 리프의 개발책임자인 가도다 히데토시씨에게 「순수 EV의 현재 위치」에 대해 들어보았다.

「항속거리 280km인 리프(30kWh 모델)는 최대 충전상태에서 시동 키를 돌리면 표시판에 항속 가능 거리 200km대가 나옵니다. 이 200km대의 항속거리가 요번 모델 변경의 가장 큰 포인트였죠. 100km대에서 하루의 생활을 시작하느냐, 200km대에서 시작하느냐는 심리적 차이가 매우 큽니다. 초기형 리프를 운전했던 사용자라도 "차를 바꾸고 싶다"는 생각이 들 정도일 겁니다. 앞으로 300km대까지 연

현재는 망간을 +극 재료로 사용하지만 60kWh 배터리는 망간, 니켈, 코발트 3가지로 바꾸었다. 라미네이트형 셀은 기존타입과 똑같지만 4셀이 1모듈이었던 것을 다층화했다.

충전시간의 진화

충전시간 단축도 EV가 안고 있는 과제이다. 내부저항을 줄여 충전시간을 단축한다. 닛산이 개발하는 60kWh 배터리는 50kW 충전기를 사용할 경우 잔량이 30%일 때부터 100km 주행에 필요한 전력을 충전하는데 소요되는 시간을 반으로 줄일 수 있다.

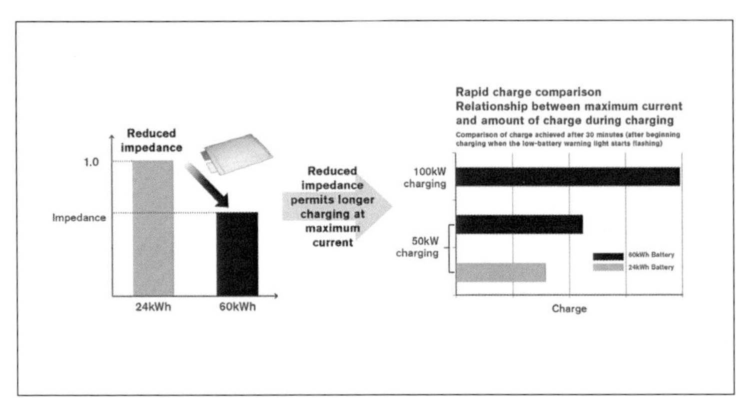

장된다면 EV에 대한 인식도 상당히 바뀌지 않을까 싶습니다」

그렇다는 얘기는 항속거리가 몇 km가 나와야 엔진 없이 EV로 충분하다고 할 만한, 분수령 같은 것이 있다고 생각하느냐고 물었더니 「그런 실감은 별로 없습니다. 이런 생각은 합니다. 전기라는 것으로 옮겨가는 타이밍은 무엇일까? 인프라? 인프라는 상당한 수준까지 와 있습니다. 현재의 EV는 항속거리가 짧아서 많이들 사지 않는다고 생각할지도 모르겠는데요. 그것이 어떤 의미에서는 맞는 말일 수도 있지만, 매달 연료비로 10만 원이나 20만 원은 당연하게 들어가는 것이 자동차라는 생각을 하고 있으면서도 "EV는 항속거리가 짧잖아"하고 습관적으로 말하는데 불과한 것은 아닌가 하는 생각도 해봅니다」라는 가도다씨의 대답이다.

「항속거리에 관해서는 이번에 280km까지 늘어나게 되었고, 기술적으로도 더 늘어날 여지가 있습니다. EV의 항속거리에 대해서 고객 모두가 만족 할 만한 지점까지 가야 할지 어떨지는 젖혀두더라도 많은 사람이 깨닫기 시작했다고 느끼고 있습니다. EV가 꽤나 멀리까지 갈 수 있게 되었다고 말이죠. 더 이상 지체할 여유 없이 CO_2 를 줄여야 하는 자동차 회사의 사정도 있다고 생각합니다. 그렇다고 EV와 PHEV에 대한 제원을 펼쳐놓고 이것이 좋다느니 이쪽이 떨어진다느니 하는 논의는 별 의미가 없습니다. 어떤 의미에서 EV와 PHEV는 전혀 다른 차니까요」

항속거리의 핵심인 구동 배터리 이야기도 들어보았다.

「리튬이온전지 가격이 상당히 내려갔습니다. 24kWh를 30kWh로 올려도 거의 차량 가격이 비슷할 정도이니까요. 어떤 기술이든 그렇지만 초창기에는 그럴 수밖에 없죠. 어느 시점부터는 한계에 이르지만, 리튬이온전지는 아직 그런 국면까지는 오지 않았습니다. 현재의 30kWh의 배인 60kWh짜리로 프로토타입을 만들었는데, 이 정도까지는 기술적으로 가능하죠. 현재 시점에서 할 수 있는 것이 60kWh이니까, 이것이 바로 다음 상품으로 넘어가지는 않겠지만 60kWh EV를 타보면 많은 차이가 느껴집니다. 오늘은 물론이고 내일도 충전하지 않아도 되면서 보통 차라는 느낌을 주니까요」

PHEV나 FCV와 달리 충전하는데 시간이 걸리는 점이 EV의 장애물로 작용하지는 않나요? 하고 물었더니

「24kWh에서 30kWh로 용량을 늘려도 내부저항을 줄였기 때문에 충전시간은 바뀌지 않습니다. 30분 동안의 급속충전으로 80%까지 충전할 수 있습니다. 물론 이 30분으로 80%를 채운다는 이미지를 바꿔나가야 한다고는 생각하고 있습니다. 리프 사용자 가운데 30분이나 급속충전을 하는 사람은 드물거든요. 100km를 달리는데 몇 분 충전, 이 정도 수준으로 바꿔나가려고 합니다」

PHEV가 보급되면 가정에서 200V로 충전하는 사용자가 늘어날 것이다. 이것은 EV에게는 순풍으로 작용하지 않을까?라는 질문에 「여러 가지 자동차가 나와서 다양한 논의가 되는 것은 환영입니다」라고 한다. 「5년 동안 20만대면 순탄한 편이기는 합니다. 세상의 움직임은 하루가 다르거든요. 세상의 변화를 예측하기도 힘들고요. 때로는 위태롭기까지 하니까요」라면서 가도다씨는 머리를 긁었다.

유럽의 플러그인 HEV 개발 상황

AVL의 하이브리드 시스템

유럽분만 아니라 전 세계의 자동차 회사로부터 파워트레인 개발을 의뢰 받고 있는 AVL.
그들이 생각하는 최적의 하이브리드 시스템은 어떤 것인지 들어보았다.

본문 : 만자와 류타(MFi) 그림 : AVL

Mild Hybrid

엔진 :
3기통 T-GDI 97kW/240Nm
변속기 :
6단 기어박스
전기기계 :
PSM 15kW/120Nm
배터리 시스템 :
리튬이온전지 1.2kWh

Range Extended Vehicle

엔진 :
2기통 MPI NA 42kW/71Nm
변속기 :
2단 기어박스
전기기계 :
PSM 40kW/160Nm
배터리 시스템 :
리튬이온전지 8kWh

All Purpose Plug In Hybrid

엔진 :
2기통 T-GDI 65kW/160Nm
변속기 :
4단 기어박스
전기기계 :
PSM 40kW/160Nm
배터리 시스템 :
리튬이온전지 5kWh

Pure Range Extender

엔진 :
2기통 MPI NA 28kW/68Nm
변속기 :
2단 기어박스
전기기계 :
PSM 55kW/225Nm
제너레이터 :
PSM 25kW/50Nm
배터리 시스템 :
리튬이온전지 8kWh

City Plug In Hybrid

엔진 :
2기통 T-GDI 55kW/140Nm
변속기 :
2단 기어박스
전기기계 :
PSM 40kW/160Nm
배터리 시스템 :
리튬이온전지 4kWh

Electric Powertrain

변속기 :
2단 기어박스
전기기계 :
PSM 55kW/225Nm
배터리 시스템 :
리튬이온전지 22kWh

● AVL이 생각하는 하이브리드 전략

		ICEV	마일드HEV	풀HEV	플러그인HEV	레인지 익스텐더EV	EV
기능	엔진주행	○	○	○	○	×	×
	에너지 회생	×	△	○	○	○	○
	모터주행	×	×	△	○	○	○
콤포넌트	엔진크기	큼	큼	큼	큼	작음	—
	모터크기	—	작음	중간~큼	큼	큼	큼
	배터리	—	작음	대출력 소용량	대출력 중~대용량	대출력 대용량	대출력 대용량

AVL은 2기통 또는 3기통 직접분사 터보 엔진, 다단이 아닌 변속기, 모터 그리고 구동용 배터리를 갖춘 형태로 한 다음, 각 장치의 용량과 성능을 적절하게 조합함으로써 마일드 HEV부터 EV까지 다양한 모델을 창출한다. 이 표는 나카지마 마사히로씨가 작성한 각종 차량의 특징을 나타낸 것이다. 휠을 어떻게 구동할지, 에너지 회생이 가능할 것인가에 대한 관점, 그것을 실현하기 위한 콤포넌트라는 관점까지 두 가지 관점에서 각각의 자동차 구성을 파악한 것이다. 나카지마씨에 따르면 AVL이 생각하는 PHEV에 관한 정의는 「모터로만 달릴 수 있는 한 풀 하이브리드」라고 한다.

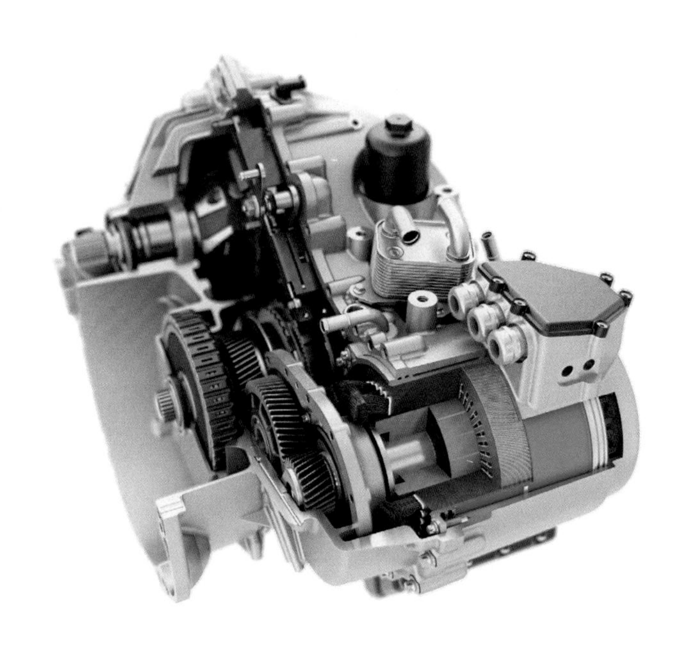

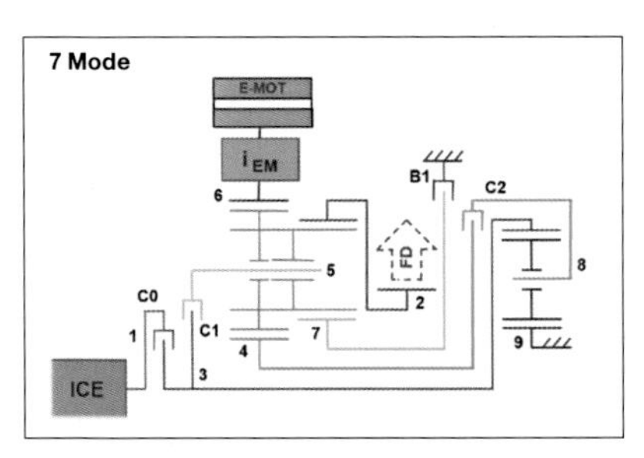

GEAR	C0	C1	C2	B1
E1		✓	✓	
E2a			✓	✓
E-CVT1	✓		✓	
E-CVT2	✓	✓		
G1	✓		✓	✓
G2	✓	✓	✓	
G3	✓	✓		✓

8 Mode

GEAR	C1	C2	B1	B2
1				✓
E2			✓	
E-CVT		✓		
G1	✓			✓
G2		✓		✓
G3	✓	✓		
G4		✓	✓	
G5	✓		✓	

● **7/8모드 하이브리드**

7모드는 유성기어 기구 2개를 클러치×3과 브레이크×1로 조작하고 모터를 갖추고 있다. 8모드는 유성기어 기구를 복렬식(復列式)으로 배치해 기구를 간소화했으며, 클러치×2와 브레이크×2로 구성된다. 모터의 고효율화를 추구해 EV모드에 변속기를 개입시키는 것이 특징이다.

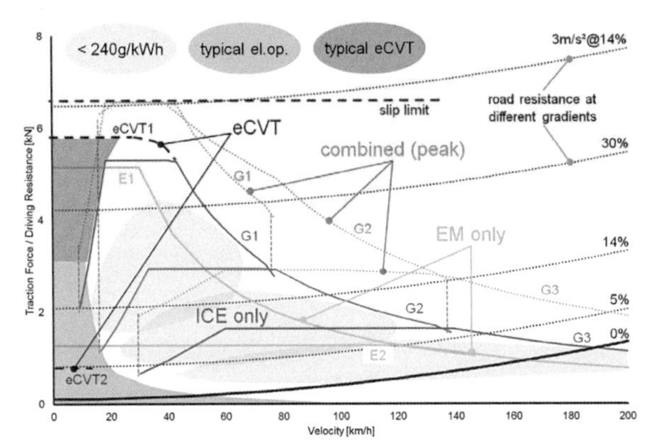

● **7모드 하이브리드의 출력 곡선**

유성기어 기구를 통한 스텝AT는 3단 변속으로서, 엔진을 이용한 토크 흐름을 보인다. 발진 직후의 토크 보완은 2단 모드로 되어 있는 eCVT 모드(토크 믹스)가 담당한다. 나아가 EV주행을 할 때는 역시나 유성기어 기구를 이용한 2단 변속을 통해 전체 영역의 고효율 운전을 실현한다.

● **8모드 하이브리드의 출력 곡선**

8모드에서는 유성기어 기구를 라비뇨 방식으로 해서 장치를 작게 하 수 있다는 것이 장점이다. eCVT모드는 중고속영역의 토크를 보완하는데 특화. 스텝AT+ICE는 5단 변속으로 엔진의 고효율 포인트를 끌어내는 설계를 하고 있다. EV주행은 7모드와 마찬가지로 2단 변속 방식.

AVL은 전 세계 자동차 회사로부터 파워트레인 개발을 의뢰받는 동시에 자사의 R&D를 통해서도 독자적으로 연구·개발하고 있다. ICEV(통상적인 엔진 탑재 차량)부터 BEV(배터리 EV)까지 모든 종류를 만들어온 AVL에게 있어서 HEV, 적어도 풀 하이브리드는 향후 주류를 차지할 만한 파워트레인이라고 평가받았다. 시스템이 너무 과도해도 ICEV나 EV보다 경제적인 이점이 떨어진다고 보았기 때문이다.

「흔히 말하는 5가지 요소 : 엔진, 변속기, 전동 모터, 배터리 그리고 제어. 이것들을 조합하면 어떤 자동차 파워트레인이라도 만들 수 있습니다. 따라서 현재 상태에서는 최적의 해법이라고 할 만한 것이 없다는 겁니다. 같은 동력 성능을 갖더라도 가격이나 연비, 배출가스 규제 등을 고려해 조건에 가장 적합한 것을 선택할 뿐입니다」

나카지마 키 어카운트 매니저는 현재 상태를 이렇게 설명한다. 그럼에도 불구하고 구미를 중심으로 계속해서 PHEV가 등장하는 것은 환경규제에 대한 대응을 더 이상 미룰 수 없는 상황에 내몰렸기 때문이다. 앞에서 언급한 5가지 요소를 모두 집어넣음으로써 선천적으로 커질 수밖에 없는 몸집의 HEV로 만들지 않으면 규제에 대응하지 못하기 때문에 외형을 신경 쓸 여지가 없기 때문이라는 것이다.

따라서 AVL은 HEV를 구축하면서 되도록 간소한 메커니즘을 지향하려고 한다. 그런 최신 사례가 여기서 소개하는 「7모드/8모드 하이브리드」이다. 먼저 「7모드」가 등장하고 「8모드」는 2016년 5월의 윈 심포지움에서 테스트 드라이브를 하기 위한 막바지 준비가 한창이라고 한다. 변속기를 다단화하는 작업은 장점도 있지만, 반면에 엔진 연비 효율의 최적 구간이 확대된다면 오히려 다단화할 필요가 약해지기도 한다. 엔진이 취약성을 보이는 영역에서는 모터로 커버하는 동시에 저부하 영역에서는 배터리에 충전하기 위해 엔진을 고효율로 운전하는 식의, 아주 원칙적인 사용방법을 추구한 이 장치들은 이름에서 알 수 있듯이 7가지 또는 8가지 드라이브 모드를 갖추고 있다. 특히 모터 토크에도 변속기를 맞물리게 한 것이 특징이다. 시판 승용차용으로는 아직 제품화되지 않은 「모터×변속기」이지만 효율을 추구하다 보면 앞으로 주목받게 될 기술이라고 나카지마 매니저는 말한다.

무선 충전 기술

「유선(Wired)」에서 「무선(Wireless)」로의 변화는 필연

현재 EV나 PHEV 충전에 사용되는 충전코드, 만약 이것이 없다면… 이라는 생각은 누구나 해 봤을 자연스러운 욕구이다. 무선 충전에 대한 개념이 새로울 것은 없지만 EV에 사용할 정도의 대전류를 효율적으로 다룰 수 있느냐가 문제였다. 그렇다면 현재는 ….

본문 : 다카하시 잇페이 사진&그림 : 세라 고타/롤스 로이스/퀄컴/MFi

노면 쪽 **포뮬러e의 세이프티 카에 채택**

포뮤러e와 파트너십을 맺은 퀄컴은 세이프티 카(BMW i8)용으로 무선 충전 시스템을 제공. 지면에 놓은 패드(트랜스미터 쪽) 위로 차량 쪽(리시버 쪽) 패드 위치를 맞추면 주차만 해 놔도 충전이 가능하다.

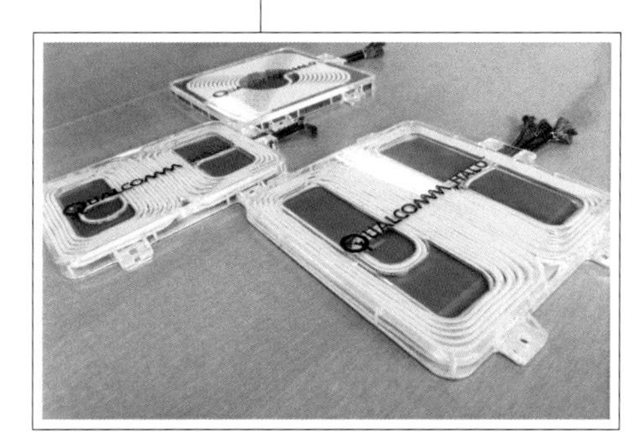

차체 쪽 **트랜스미터&리시버 패드**

차량과충전설비사이에서전기(엄밀하게말하면자기)를주고받는, 말하자면 안테나 같은 장치. 가장 안쪽에 보이는 것이 "원형(환형)코일" 구조의 기존타입이고, 사진 아래쪽 2개가 "DD코일"이라고 하는 신구조를 채택한 장치.

● 롤스 로이스 EX102

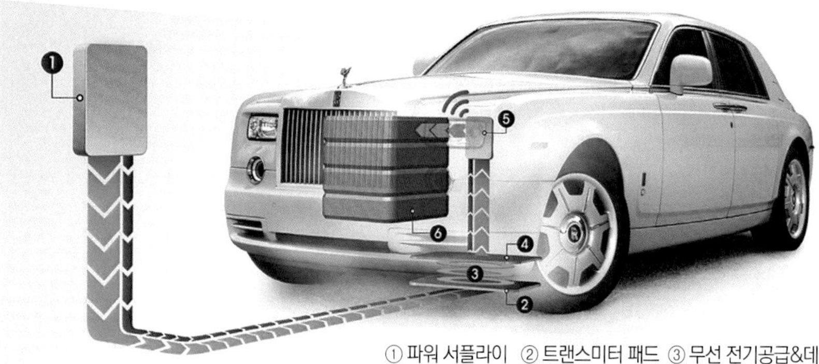

① 파워 서플라이 ② 트랜스미터 패드 ③ 무선 전기공급&데이터 전송 ④ 리시버 패드 ⑤ 시스템 컨트롤러 ⑥ 배터리

2011년의제네바쇼에서전시되었던실험적모델의무선 충전장치 이미지. 그림 속에 표시된 ②가 트랜스미터 패드이고 ④가 리시버 패드이다. 송신 쪽이나 수신 쪽 모두 기본적으로 똑같다.

최근 휴대전화 등에서 충전기를 연결하지 않고 놓기만 하면 충전이 되는 시스템이 보급되고 있다. 예전에는 전기면도기(셰이버) 등에서도 사용되었던 기술이지만, 지금은 문자 그대로 누구나가 휴대하고 다니는 휴대전화가 보급된 것이 하나의 계기가 되어 다시 주목받고 있는 것 같다.

이것을 EV 충전에 이용할 수 있느냐에 대한 생각은 예전부터 있어왔다. 또 이미 일부 EV버스 등에서 실용화한 사례도 있지만, 거기에는 언제나 효율이라는 문제가 따라다녔다.

어쨌든 EV에 필요한 전력은 kW급 규모나 될 만큼 크다. 따라서 이것을 효율적으로 다룬다는 것은 예를 들면 케이블을 이용해 유선으로 접속할 경우라도 개선이 필요하다. 덧붙이자면 현재 일반적인 유선접속을 통해 EV를 충전할 때 케이블 부분의 효율은 94% 정도라고 한다. 즉 직접 접속을 통해 충전하더라도 이 부분에서만 6%의 손실이라는, 생각했던 이상으로 손실이 크게 발생한다. 이와 같은 사실을 알고 있는 상태에서 무선 충전을 상상해 보면 그다지 현실적이라고 생각되지 않을 것이다.

실제로 기존 시스템에서는 송신 쪽(트랜스미터 쪽)과 수신 쪽((리시버 쪽)의 거리를 근접시키거나, 송수신하는 패드를 크게 만들지 않으

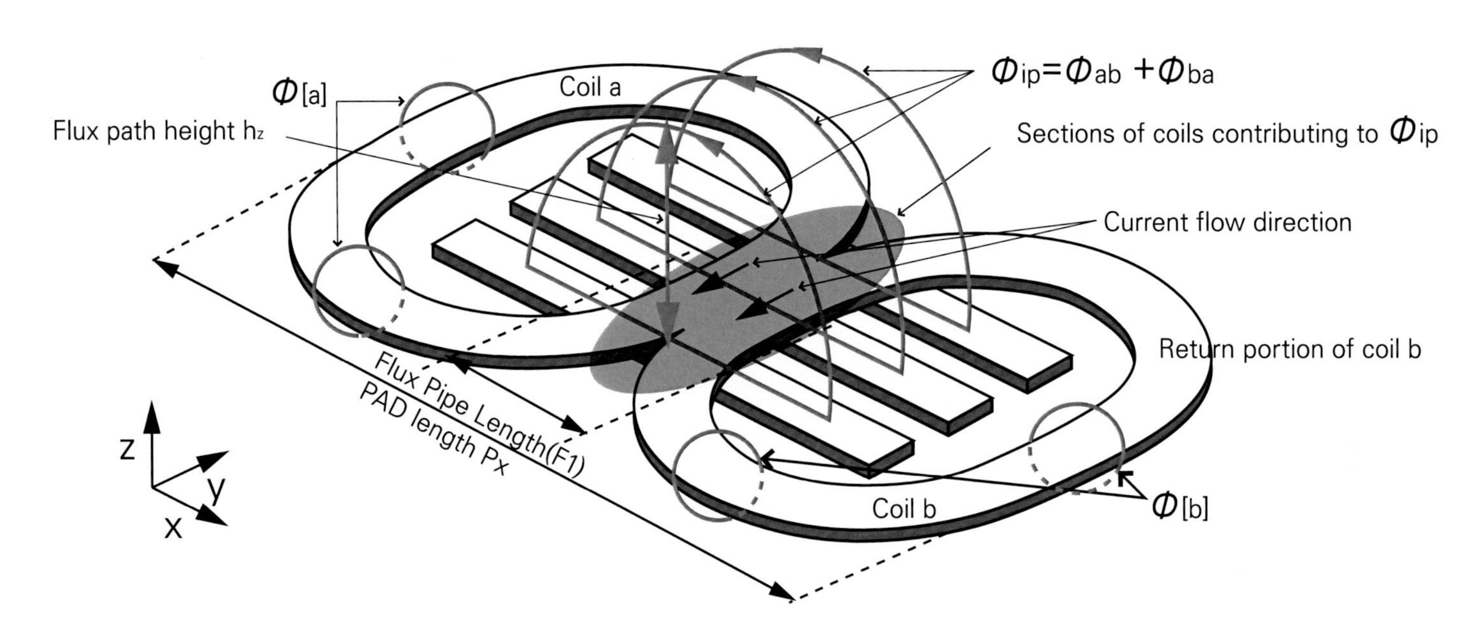

● **DD코일에 의한 자속 패턴의 개량**

전기의 전송을 매개하는 자속을 목적하는 방향(위로)으로 높이 보내려는 것이 DD코일의 개념이다. 두 개의 코일을 배치한 다음 양쪽 코일 선이 이어지는 부분에 자속이 지나는 길인 페라이트를 직행으로 배치함으로써 그림 같은 형태로 자속이 위쪽(그림 속 z축 방향)으로 높이 올라간다. 이를 통해 "원형(환형)코일" 구조의 기존형과 비교해 같은 크기라도 약 2배나 많은 전력을 전송할 수 있다고 한다.

1	전원장치	전원장치
2	직류-고주파 변환	증폭과 전압변환
3	임피던스 정합	튜닝, 스위칭 입출회로
4	시그널링/시스템제어	인밴드, 아웃오브밴드
5	안테나/코일	리피터
6	무선 전력 필드	균일성, 간섭경감, 방사, 안전성
7	부하관리	부하/배터리로 전력을 전송 또는 차단
8	사용자 인터페이스	사용자 인터페이스
9	호환성	다른 솔루션(유선 등)과의 접속성
10	용도/사용사례	공공장소에서의 충전 등
11	보조시스템	이물질 검출, 생체보호, 위치 맞추기

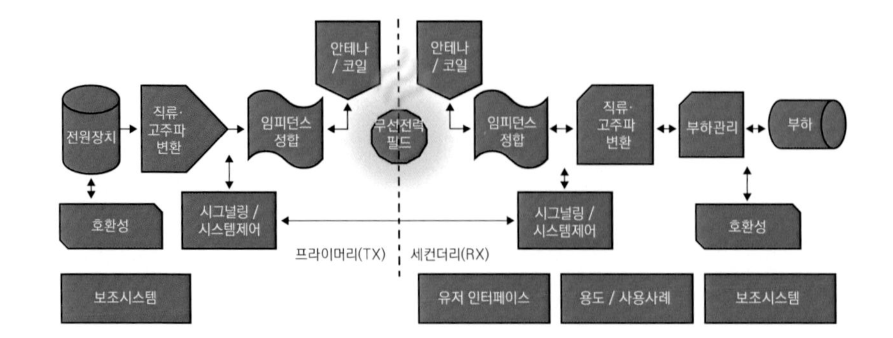

● **WEVC 시스템의 전기적·전자적 기능도**

차량 쪽과 충전설비 쪽에서 조건을 맞추기 위해 통신을 통해 정보를 거래해야 하는 것은 전기공급 케이블을 이용하는 현재의 충전시스템도 마찬가지이지만, 무선 전기공급에서는 고주파(80~90kHz)를 다루어 자계공명이라는 현상을 이용하기 때문에 튜닝 조건이 더 복잡하다. 발열로 인해 시스템의 고장이나 화재를 유발할 가능성이 있는 패드 위의 이물질(특히 금속), 인간이나 동물 등과 같이 고주파 전자파로 인해 영향을 받는 영역에 생물이 들어가지 않아야 하는 안전확보도 필수 요소이다.

면 안 되는 제약이 있었다. 시험적으로 실용화된 버스용 무선 충전 장치도 이런 제약이 있었기 때문이다. 누구든지 어떤 차량에서나 사용할 수 있는 수준의 충전기술이 아니었다.

그런 가운데 통신기술로 유명한 퀄컴에서는 이런 제약을 크게 불식시킴으로써 보급이 기대되는 무선 충전 시스템 개발에 성공했다. 지면과 차체의 거리나 위치조정 같은 문제를 해결한 차량용 시스템이다. 핵심이라고 할 수 있는 부분은 자계공명(磁界共鳴)이라는 원리의 응용과 "DD코일"로 불리는 새로운 구조의 코일을 채택한 것이다. 자계공명 원리는, 대전력을 다루는 무선 전기공급 시스템으로서는 현재 상식이라고 할 수 있지만, 후자는 퀄컴의 특허기술이다. 이것이 차이가 커도 고효율 전송을 가능하게 한다. 아래 그림과 같은 패드로 대략 3~6.6kWh의 전력을 취급할 수 있으며, 그 효율은 90%에 이른다고 한다. 유선접속과의 차이가 불과 몇 %에 지나지 않는다.

차이가 큰 상태에서의 전력전송은 단순한 충전 편리성 향상에 그치지 않고 주행 중의 전기공급 등 새로운 가능성까지 만들어낸다. EV용 배터리에 대한 개념이 바뀔 것이다. 그러면 EV분만 아니라 자동차를 둘러싼 사회 자체가 크게 바뀔 것이다.

원형코일

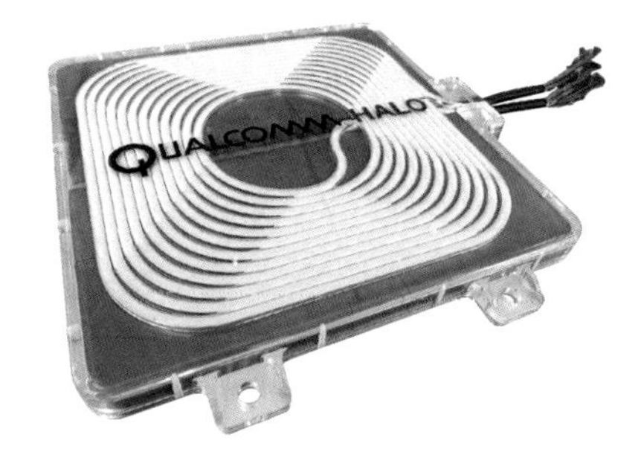

DD코일

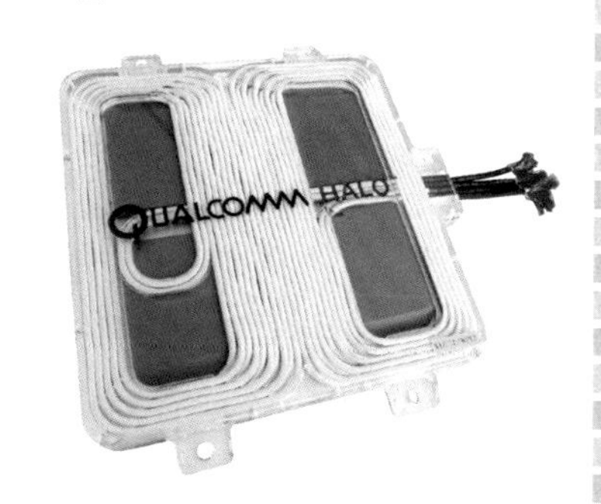

	원형	DD	요점
전송가능한 전력	-	++	원형과 비교해 약 2배의 전력을 전송 가능
			(같은 패드 크기, X, Y, Z축 위치 편차 최대)
차량쪽 패드 크기	-	++	DD패드는 약 40% 소형(동일 전송전력일 때)
차량쪽 패드 무게	-	+	DD패드는 약 35% 경량(3kg의 경량화)
			(동일 전송전력일 때
시스템재료비	-	+	DD는 약 10% 저가(동일 전송전력일 때)
			주로 DD쪽이 VA요건이 낮기 때문.
X/Y위치 편차 허용도	-	++	DD는 X=±100mm, Y=±150mm이고,
			원형은 X=±75mm,
			Y=±100mm에서만 최대 출력을 전송가능
			(둘 다 동일 패드 크기일 때)
Z축 차이 범위	-	++	DD는 160~220mm의 Z축 차이
			범위 전체에서 최대 출력전송,
			원형의 출력은 Z=220mm에서 대폭 저감
			(어느 쪽이든 동일 패드 크기일 때)
자속방사	++	+	국제적인 불필요 방사 요건 값에 두 가지 모두 적합

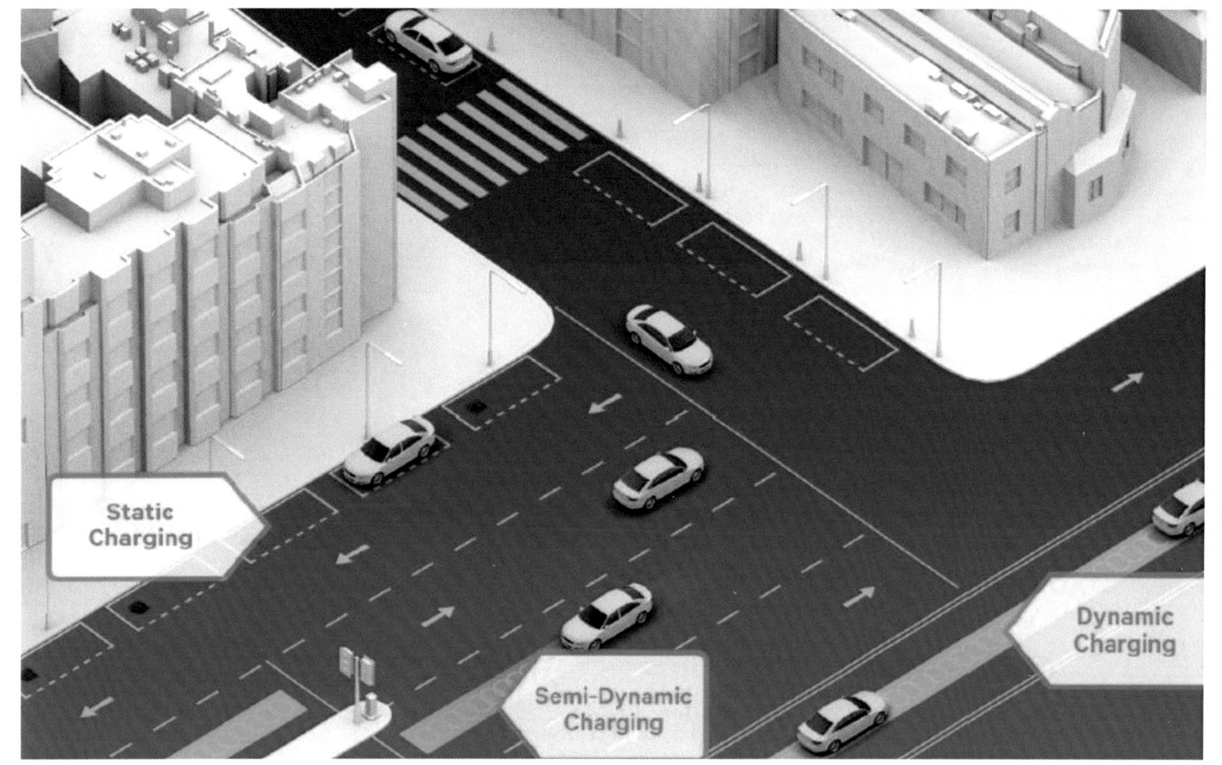

WEVC의 미래

무선 전기공급 기술은 EV의 존재 방식을 크게 바꿀지도 모른다. 정차 상태에서 충전이 편리해질 뿐만 아니라 신호대기 중일 때의 충전이나 전기공급에 의한 부스트, 심지어는 회생 전력을 시스템으로 회수하는 것까지 가능해진다.

독일과 일본의 PHEV 3대를 시내, 고속도로, 산악도로에서 테스트해 보다.

Illustration Feature
PHEV/HEV/EV

CHAPTER 3

PHEV on the ROAD

도로 위의 PHEV

PHEV는 대체 어떤 차일까. EV나 하이브리드 자동차와는 무엇이 다른가.
그리고 그 존재 의의는 어디에 있을까.
어쨌든 해답은 분명 현실의 도로 위에 있을 것이다.
다양한 도로 상황에서 달려본 인상을 각종 데이터와 비교해 가면서 살펴보았다.

본문 : 미우라 쇼지 사진 : 히라노 아키오

品川302
ね 70-73
品川302
ね・8 59

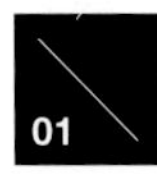

TEST Vehicle 테스트 차량

Mitsubishi **Outlander PHEV**

▸ 미쓰비시 아웃랜더 PHEV

차체 치수	4695×1800×1710mm
휠베이스	2670mm
차량 무게	1840kg
엔진형식	2.0ℓ 직렬4 DOHC
엔진 최고출력	87kW/4500rpm
엔진 최대토크	186Nm/4500rpm
모터 정격출력	앞25kW/뒤25kW
모터 최고출력	앞60kW/뒤60kW
모터 최대토크	앞137Nm/뒤195Nm
2차전지 형식	리튬이온전지

Mercedes-Benz **C350e**

▸ 메르세데스 벤츠 C350e

차체 치수	4690×1810×1430mm
휠베이스	2840mm
차량 무게	1830kg
엔진형식	2.0ℓ 직렬4 DOHC 터보
엔진 최고출력	155kW/5500rpm
엔진 최대토크	350Nm/1200~4000rpm
모터 정격출력	-
모터 최고출력	60kW
모터 최대토크	340Nm
2차전지 형식	리튬이온전지

에너지 관련 제원

	엔진 최고출력(kW/rpm)	엔진 최대토크 (Nm/rpm)	모터 최고출력 (kW)	모터 최대토크 (Nm)
미쓰비시 아웃랜더 PHEV	87/4500	186/4500	앞60/뒤60	앞137/뒤195
미쓰비시 아웃랜더 4WD	124/6000	220/4200	-	-
메르세데스 벤츠 C350e	155/5500	350/1200-4000	60	340
메르세데스 벤츠 C250 sport	155/5500	350/1200-4000	-	-
VW 골프 GTE	110/5000-6000	250/1500-3500	80	330
VE 골프 GTI (DSG)	162/4500-6200	350/1500-4400	-	-
도요타 프리우스 PHV G	73/5200	142/4000	60	207
도요타 프리우스 A프리미엄	72/5200	142/3600	53	163
BMW i3 REX	28/5000	53/4500	125	250

*HEV연비는 JC08값의 80%로 해서 계산

「HEV 이상, EV 미만」. 어쩌면 이것이 PHEV의 정체일지도 모른다.

IC(내연기관) 차는 배출가스와 연비 문제해결에 한계가 있고, 순수 EV는 항속거리에 불안이 있다. 특히 유럽이나 미국에서는 EV주행에 대해 「CO_2 배출량 제로」라는 특혜 차원에서 크레딧을 주기 때문에 자동차 회사로서는 라인업에 추가할 필요가 있다. 도요타의 개발담당자는 PHEV로 바꾸면 HEV보다 모터의 전체 효율을 높일 수 있다고 한다.

요는 순수 EV가 최선이기는 하지만, 현재 상태에서는 많은 과제로 인해 「하이브리드와 전기자동차의 하이브리드」라는 기이한 동거할 수밖에 없다는 뜻일 것이다.

자동차가 대체로 그런 편이지만 PHEV는 특히나 행정이나 자동차 회사의 상황과 밀접하게 관련된 느낌이 강하다. 분명 연비에서는 HEV보다 이점이 있는 것 같지만, 사용자에게도 정말로 혜택이 있다고 할 수 있을까. 그것을 확인하기 위해 실제 도로에서 PHEV를 운전하면서 실제 사용상황에 맞춰 테스트를 해보기로 했다.

테스트 차량은 PHEV 3대, 여기에 비교 대상으로 삼기 위해 전통적인 가솔린차 1대.

먼저 미쓰비시 아웃랜더 PHEV. 도요타 프리우스 PHV에 이어 2012년에 등장한 일본산 PHEV이다. 앞뒤 바퀴에 모터를 장착한 4WD로서, 앞바퀴는 엔진 출력과 모터 출력을 혼합하지만 뒷바퀴는 모터로만 구동한다. 변속을 위한 변속기는 없고 엔진만으로는 주행하지 않는 이른바 직렬 하이브리드에 속하는 기구로 구성되어 있다. 뒷바퀴는 앞바퀴와는 독립적으로 제어되기 때문에 미쓰비시가 자랑하는 AYC를 적용해 요 제어를 반영한 구동력을 주문형(On Demand)으로 발휘한다. 메커니즘만 보면 혼다 레전드(이 차는 후륜이 2모터이기는 하지만)와 유사성이 있다. 카탈로그상에는 모터만 사용하는 EV주행가능거리가 60km로, 현재의 PHEV 가운데는 가장 뛰어나다.

이어서 메르세데스 벤츠 C350e. AMG 이름을 붙이지 않은 보통 C클래스는 가솔린 엔진의 경우 2.0ℓ 직렬4기통 터보엔진으로 통일되었지만, 이 차는 그 가운데서도 고강도로 튜닝된 155kW 사양 엔진의 C250에 최대 출력 60kW짜리 모터를 추가한 것이다. 엔진→변속기→모터 순서로

Volkswagen **Golf GTE**

▸ 폭스바겐 골프 GTE

차체 치수	4265×1800×1480mm
휠베이스	2635mm
차량 무게	1580kg
엔진형식	1.4ℓ 직렬4 DOHC 터보
엔진 최고출력	110kW/5000~6000rpm
엔진 최대토크	250Nm/1500~3500rpm
모터 정격출력	55kW
모터 최고출력	80kW
모터 최대토크	330Nm
2차전지 형식	리튬이온전지

Mitsubishi **Outlander 4WD**

▸ 미쓰비시 아웃랜더 4WD

차체 치수	4695×1810×1680mm
휠베이스	2670mm
차량 무게	1570kg
엔진형식	2.4ℓ 직렬4 DOHC
엔진 최고출력	124kW/6000rpm
엔진 최대토크	220Nm/4200rpm
모터 정격출력	-
모터 최고출력	-
모터 최대토크	-
2차전지 형식	-

연료탱크용량(ℓ)	배터리 단자전압(V)	배터리 용량(Ah)	EV주행가능거리(km)	전비(km/kWh)	연비(km/ℓ)	EV+엔진 항속거리(km)
45	300	40	60.2	5.90	20.0	780
60	-	-	-	-	14.6	700
50	290	22	25.4	4.36	17.2	713
66	-	-	-	-	16.0	845
40	352	24.7	53.1	6.90	23.8	815
50	-	-	-	-	15.9	636
45	200.7	21.5	26.4	8.74	37.2	1365
43	-	-	-	-	31.6	1087
9	360	61.1	196.1	9.34	27.4	393

직렬배치, 모터로만 주행이 가능한 메커니즘은 선행 S클래스 하이브리드와 똑같다. 변속기는 C250과 동일한 7G 트로닉으로, 변속비까지 동일하다. 다만 파이널만 3.067에서 3.058로 약간이긴 하지만 변속비가 높아졌다. 연료탱크는 C250의 66ℓ에서 55ℓ로 약간 줄었다. EV주행가능거리는 테스트 차 가운데서 가장 짧은 25.4km이다. 마지막 PHEV 테스트 차량은 VW 골프 GTE. 1.4ℓ 이상의 연비에 2.0ℓ 수준의 출력을 발휘한다는 점을 전면에 내세우고 있다. 엔진은 1.4ℓ TSI의 상위차종인 하이라인과 거의 비슷한 사양(110kW:103kW)으로, 카탈로그상의 연비는 GTI가 15.9km/ℓ인데 반해 23.8kmℓ(1.4T SI는 19.9km/ℓ)나 된다. 파워트레인은 메르세데스와 똑같은 변속기를 매개한 직렬배치(다만 가로로 장착). 이 변속기는 1.4가 7단인데 반해 허용 토크 때문에 GTI와 똑같은 6단 DSG를 사용한다. 기어비는 1단의 전체 비율이 13.939→13.125, 6단의 전체 비율이 2.197→2.422로 GTE 쪽이 변속비 폭이 좁다(Cross Ratio). EV주행 가능 거리는 53.1km이다.

마지막으로 비교 대상으로 갖고 나온 전통적 4WD인 미쓰비시 아웃랜더. 엔진은 PHEV의 DOHC 2.0ℓ·4B11과 비교해 SOHC이면서 가변 밸브타이밍&리프트 기구를 장착한 2.4ℓ·4J12이다. 당연히 변속용 변속기를 장착하고 있다(CVT). 4WD 시스템은 전자제어 클러치로, 평상시에는 앞바퀴를 구동하는 온디맨드 방식의 할덱스 회사 타입이다. PHEV와 똑같은 AYC를 장착하고 있지만, 좌우 엔진 출력을 유압으로 제어한다. 카탈로그상의 연비는 네 가지 차 가운데 가장 낮은 15.9km/ℓ이지만 반대로 차량 무게는 가장 가벼운 1570kg이다.

테스트하면서 중시했던 것은 3가지이다. 모터로만 실제로 얼마큼이나 달릴 수 있는가. 엔진 시동이 걸리고 나서 하이브리드 주행으로 들어갔을 때의 연비. 그리고 양쪽의 운전 느낌에 어느 정도의 차이가 있는가이다. 특히 세 번째 항목은 실제로 차를 사서 매일 같이 사용해야 하는 사용자 입장에서는 직접 타보지 않고는 모르는 부분이라, 구매 안내를 주제로 삼지 않는다는 본지로서도 PHEV의 존재 의의를 확인하기 위해서 유의하면서 시승했다는 점을 밝혀둔다.

02 TEST Stage

테스트 주행 경로

테스트를 시작하기에 앞서 가장 먼저 확인해야 했던 것은 출발 지점. 이번 테스트의 점검 항목 가운데는 EV 항속거리가 중요하기 때문에, 출발 지점에 충전기가 있어서 3대를 동시에 충전한 다음 출발하는 것이 바람직했다. 충전시설 즉, EV 스테이션이 계속해서 보급되고 있기는 하지만, 급속충전기가 1대인 곳이 대부분이고 단상교류 200V의 보통충전기를 다수 설치하고 있는 곳도 드문 상황이다. 보통충전기에 신경 쓰는 것은 고전압 급속충전기는 배터리를 보호하기 위해 어느 정도 충전량이 차면 전압을 억제하므로 최대로 충전하기가 어렵다고 이야기되기 때문이다. 보통충전을 하면 시간도 걸리고 테스트 차량 때문에 공공시설을 독점하기가 꺼려지는 이유도 있다.

이런 조건을 수도권 근교에서 충족시킬만한 장소로 선택한 곳이 사가미하라시(市)에 있는 쇼핑몰 아리오하시모토. 넓은 주차창 부지 내에 보통충전기가 150대 가까이 설치되어 있다. 여기서 일단 배터리를 최대로 충전하고, 근처 주유소에서 휘발유까지 주유한 다음 테스트를 시작했다. 테스트는 오전·오후 2번으로 나눠서, 오전 중에는 가나가와현 중앙부의 주요 국도를 3각형으로 잇는 약 50km 거리의 시가지 주행.

테스트 차량 가운데 카탈로그상 아웃랜더의 EV 항속거리가 60km로 가장 길게 나와 있으므로, 마침 80% 수준인 50km라면 배터리를 다 사용할 수 있을 것이라는 계산이 나왔다. 아리오하시모토로 돌아와

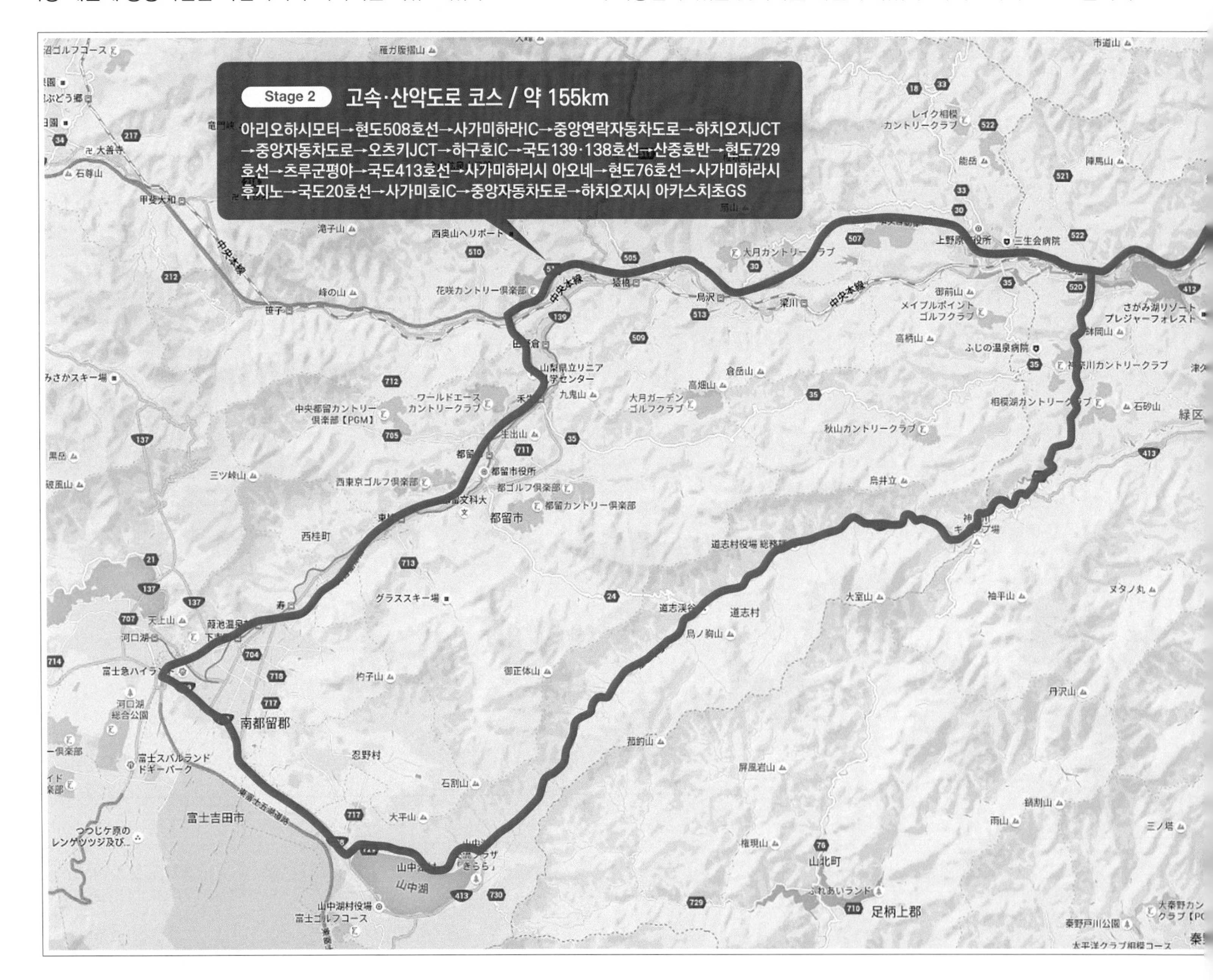

서는 점심 식사 때 충전하고 나서 오후에 수도권 중앙 연락 자동차도로→중앙 자동차 도로에서 하구호(湖)까지 약 70km의 고속주행. 거기서 산중호(湖)를 거쳐 국도 413호선, 통칭 꼬부랑길인 와인딩 로드를 달려 하치오지에 도착하는 155km 경로이다.

PHEV 3대는 엔진제어 관련 기능이 제각각 독자적이라 순수하게 통일할 수는 없지만, 출발 단계에서는 모터만 사용하는 EV주행을 우선하는 모드로 달리고, 배터리 잔량이 적어지면 운전자가 따로 조작하지 않고 각 차량의 제어에 맡기기로 했다. 에어컨은 24℃로 설정, 타이어 공기압은 출발 전에 표준 설정값으로 조정했다.

테스트 결과인 에너지 관련 데이터와 각종 테스트 보고는 뒤쪽 글을 참조하길 바라고, 여기서는 개요와 주변적인 내용만 소개만 하겠다.

먼저 가장 중요한 충전에 관해. 굳이 보통 충전을 했던 이유는 앞서 언급한 바와 같지만, 역시나 시간이 걸리는 일은 어쩔 수 없었다. 특히 배터리 용량이 큰 아웃랜더는 휴식하는 동안에도 최대로 충전하기가 불가능해서 일정상 급속충전을 하지 않을 수 없었다. 당연히 충전량에 차이가 발생했을 것으로 생각된다. 또 급유량을 알고 있으므로 충전량까지 기록하려고 했었는데, 보통충전기를 사용하면 충전량은 고사하고 요금도 알 수 없는 것으로 판명. 전기비용에 대해서는 계측이 안 되고, 충전량은 자동차의 배터리 제어에 의존하기 때문에 최대 충전(이라고 생각되는) 후의 EV주행거리는 어디까지나 참고적으로만 생각해 주기 바란다.

오전 중의 시가지 테스트는 각 차량 모두 상당히 EV주행을 할 수 있어서 모터 주행다운 부드러운 힘을 실감할 수 있었던 것 같다. 다만 C350e는 모터 주행의 정숙성과는 반대로 실외 소음과 타이어 소음이 발생했다.

오후의 2차 테스트 때가 되자 평가가 확 바뀐다. C350e를 예로 들면, 처음 중앙 연락 자동차 도로에서부터 배터리가 일찍 소진해 엔진이 주체가 되는 하이브리드로 바뀐다. 그러자 자동차에 제어를 맡길 때는 가능한 모터로 달리게 하고 엔진 출력은 발전을 우선시하는 경향을 띠었다. 또 가능하면 배터리도 세이브하려는 것이겠지만, 모터는 액셀러레이터를 밟았을 때의 어시스트와 순항할 때의 완만한 가속 때만 사용하고 대부분은 엔진이 주체가 된다. 이건 이것대로 문제가 될 것이 없지만, 출력특성이 EV주행 때와는 전혀 달라지기 때문에 의식하지 않고 달리기가 어렵다. 골프 GTE의 담당자에 따르면 DSG 제어가 될 때까지는 부자연스럽다는 것이다. 시내에서 천천히 브레이크를 밟을 때도 그랬지만 꼬부랑길의 와인딩 로드에서도 C350e는 회생 브레이크 제어가 일본산 HEV와 비교했을 때 미숙한 편이어서, 브레이킹 답력과 거리를 계산하기에 어려움이 있다. 또 치고 나가야 할 때 스로틀을 약간 많이 열면 순간적으로 모터 어시스트를 한 뒤 「역시나 부족했다」는 듯이 엔진이 일거에 가속해 준다. 그러자 엔진 정지부터 약 2000rpm까지 올라가는 동안 터보 랙에 의한 토크 변동에 애를 먹었다. EV와 ICE의 경계선은 명확한 편이어서, 숙성된 HEV보다 운전 편리성에 대해서는 한 걸음 이상 뒤처진다는 것이 공통적인 견해였다.

ⒸGoogle Maps

Test Result & Report

테스트 결과&보고

Mitsubishi **Outlander PHEV** ▸ 미쓰비시 아웃랜더 PHEV

이번 테스트에서는 시가지를 중심으로 한 주행에서 47.8km 거리를 EV주행을 할 수 있었다. 테스트 시작 전에 다 같이 모였을 때 배터리를 방전시킨 나의 실수로 인해 급속충전을 할 수밖에 없었기 때문에(급속충전 후에 통상적인 충전기로 다시 충전), 완벽한 최대 충전상태가 아니었을 가능성이 있다는 점까지 고려하면 (시가지 주행에서는) "모드 전력소비"와의 괴리가 생각했던 것보다 적은 것 같다. 어디까지나 주행 중에 표시된 수치를 보고서 느낀 것에 불과하지만, 60km/h 정도로 속도를 내면 순식간에 EV주행 가능 거리가 줄어들고 교통량이 많거나 속도가 나기 전의 신호대기 같은 상황이 계속되면 생각 외로 전기 소비량이 적다. 이 부분과 관련해서는 차량이 정지했을 때는 에너지 소비를 전혀 하지 않고 제로 발진이 장기인 모터 주행이기 때문에 가능한 것이다.

덧붙이자면 테스트 당시의 기온 상태에서 히터를 넣으면 열원 확보를 위해 엔진이 가동되기 때문에 에

Mercedes-Benz **C350e** ▸ 메르세데스 벤츠 C350e

C클래스 엔진 차에는 「다이내믹 실렉트」로 불리는 전자제어 스로틀, 터보의 부스트압, 변속기와의 협조제어를 임의의 4가지 모드로 변경할 수 있는 기구가 부착되어 있다. 350e에는 여기에 모드와 배터리 사용법을 제어하는 패널 스위치까지 있다. 「E-mode」는 배터리 용량이 허용하는 한 모터로 주행한다. 「Hybrid」는 요구 토크와 배터리 용량에 맞춰 엔진과 모터의 동력을 적절하게 혼합한다. 「E-save」는 엔진 주행 비율을 높여 배터리 용량을 세이브한다. 「Charge」는 충전 우선으로, 아이들링 스톱도 하지 않는다.

출발은 최대 충전이기 때문에 「E-mode」를 선택한다. 히터를 사용하는데도 불구하고 엔진은 가동하지 않고 순수하게 EV로 달린다. 다만 변속기는 속도와 스로틀 개도에 의해 같이 돌고 변속하면서 주행한다. 모터의 스펙 상 토크는 있지만, 기어를 약간 높게 유지하려고 하므로 토크 감은 그다지 없다. 배터리 잔량이 15% 정도 남으면 자동적으로 「Hybrid」

Volkswagen **Golf GTE** ▸ 폭스바겐 골프 GTE

골프 GTE는 이름 그대로 GTI와 어깨를 같이하는 골프의 스포츠 모델이다. 운전 모드는 E, HV, GTE 3가지. 배터리의 총전력량은 8.7kWh이지만 1회 충전 소비전력량은 7.7kWh이다. 카탈로그에서는 53.1km(JC08)를 EV주행이 가능하다고 나와 있지만, 이번 테스트에서는 시가지에서 38.5km, 고속도로에서 31.0km를 달릴 수 있었다. 표시기 내의 항속가능 거리표시가 2~3km까지 용량이 줄어든 시점에서 자동으로 엔진 시동이 걸린다. E모드로 주행할 때는 EV 자체이다. 닛산 리프가 무게 1480kg에 모터출력 80kW/254Nm인데 반해 GTE는 무게 1580kg에 80kW/330Nm인 점을 고려하면, 무게/토크가 리프는 5.83, GTE는 4.79가 되면서 데이터상으로는 GTE가 더 가볍게 달리는 것으로 나타난다. 하지만 실제로는 거의 비슷한 수준의 주행 느낌이었다. E모드일 때의 최고속도는 130km/h. 일본의 고속도로에서는 충분히 EV주행이 가능하다. E모드에서 액셀러레이터를 OFF로 해도 회생 브레이크

테스트 데이터

	오전 경로1 주행거리 (km)	오전 경로1 EV주행거리 (km)	오전 경로1 충전시간	오전 경로1 급유량 (ℓ)
미쓰비시 아웃랜더 PHEV	50.6	47.8	30min* (2.3kW/h)	1.7
메르세데스 벤츠 C350e	51.9	22.1	1h56min	2.7
VW 골프 GTE	49.9	38.5	2h24min	1.8
미쓰비시 아웃랜더 4WD	52.5	-	-	4.0

*메르세데스 벤츠와 골프는 200V(최대 3kW/h) 보통충전. 아웃랜더는 완전충전까지 오랜 시간이 걸릴 것이 예상되었기 때문에 급속충전(327V/18A)을 이용.

어컨 OFF, 액셀러레이터 조작에 대한 반응을 늦추는 식의 제어로 인해 배터리 소비를 낮추는 ECO 모드도 OFF인 상태로 주행한다(뒤에서 소개할 고속주행 중심의 경로도 포함).

고속주행 위주인 경로에서는 출발 후 32.1km에서 엔진 시동이 걸렸다. 역시나 공기저항 등을 포함해 주행저항이 커지는 고속주행에서는 배터리 소비속도가 현저히 빨라진다. 한편으로 인상 깊었던 것은 고속주행에서 엔진 시동이 걸릴 때인데, 특별히 주의하지 않으면 엔진시동을 눈치채지 못할 만큼 자연스러웠다. 시동이 걸리는 동시에 적절한 회전속도로 운전이 되기 때문에 일반도로에서는 위화감이 없었다. 또 고속주행에서도 풍절음이나 도로 소음 등에 묻히는 것 말고도 주행상태나 엔진 회전속도가 동조하는 것같이 느껴지기도 해서 전혀 신경이 쓰이질 않는다. 부하가 큰 고속주행에서는 엔진 동력을 구동바퀴로 직접 보내는 병렬주행 모드로도 자주 들어가지만, 이때의 전환도 상당히 부드러워서 그다지 주의를 끌지 않기 때문에 EV주행의 연장선에서 운전을 즐길 수 있다. 회생과 기계적 브레이크를 구분해서 사용하는 브레이크도 마찬가지여서, 일찍부터 이 부분의 EV를 개발해 왔던 미쓰비시의 기술력을 느낄 수 있다.

배터리를 다 사용한 뒤에는 기본적으로 엔진으로 발전해 충전하면서 모터로 주행하는 직렬 하이브리드 모드, 부하가 걸리면 병렬모드로 이행하는 아웃랜더 PHEV는 EV 항속거리도 나름대로 긴 편이어서 PHEV라고 하기보다 잘 만들어진 레인지 익스텐더 내장의 EV에 가깝다는 느낌이다. 그중에서도 특히 인상적이었던 것은 배터리를 다 사용한 뒤에도 회생을 포함해 배터리를 충전함으로써 적극적으로 EV주행을 늘리려고 하는 점이다. 이번 테스트 종반에 달렸던 산악도로 같은 장면에서도 EV주행 가능 거리가 20km 가까이나 길어졌다. (다카하시 잇페이)

로 바뀐다. 「E-save」를 선택하지 않아도 충전에 무게를 두는 듯, 회생뿐만 아니라 엔진은 틈만 나면 충전을 위해 출력을 나눈다. 다운사이징 과급 탓에 엔진은 가능한 낮은 회전속도를 유지하고 기어도 바로 6단·7단으로 들어가기 때문에 시가지에서의 운전 편리성은 약간의 아쉬움이 있다. 스로틀을 열면 배터리가 적을 때는 모터의 어시스트도 약간 적어서 자주 킥 다운된다. 그러면서 연비계 숫자는 바로 떨어진다. 어느 정도 속도가 붙으면 엔진 토크 쪽이 우위에 서는 느낌으로, 모니터에 모터 어시스트가 표시되기는 하지만 그다지 토크가 상승하는 느낌은 없다. 결국 적극적으로 달리려면 과급이 본격적으로 시작되는 2000rpm 이상을 많이 사용하게 되는데, 그렇게 하면 실용상 불만은 거의 없어진다. 엔진은 항상 움직여서 아이들 회전이 1200rpm 가깝게 올라간다. 연비는 바로바로 떨어지지만, 충전 속도는 보통충전기를 사용할 때와 비교해 훨씬 빨라서 30분만 달리면 최대로 충전된다.

다른 테스트 차량보다 배터리 용량이 작고 모터의 (실효)출력과 비교해 차량 무게가 무거워서 그런지 하이브리드로서는 모터의 혜택이 작다. 특히 고속으로 주행하면 순식간에 전력이 다 소비된다. 다만 모니터상의 고속연비는 상당히 뛰어났다. 즉 성격상으로는 고속 투어러 같아서 C클래스가 타깃으로 삼는 소비층의 목적에는 부합하겠지만, 반대로 20km가 넘는 EV주행을 위해 500만 원이나 되는 비용과 230kg의 증가를 정당화할만한 특별한 이유도 찾아보기는 쉽지 않다. EV 항속거리가 짧은 편인데다가, 하이브리드 자동차로서도 모터주행과 HEV주행의 격차가 상당히 나는 편이어서 연비도 눈길을 끌 정도는 아니다. 회생 브레이크 제어도 숙련되었다고는 말하기 어려워서, 도요타의 일련의 THS시스템과 비교하면 자연스러운 운전 편리성이라는 측면의 격차를 상당히 느낄 수 있었다. (미우라 쇼지/MFi)

에 의한 감속은 거의 없는, 말하자면 타행(아이들링 상태의 관성주행)을 한다. 적극적으로 회생 브레이크를 사용하고 싶을 때는 DSG 레버를 한 번 앞으로 당겨 B단을 선택할 필요가 있다. B단으로 두면 액셀러레이터 OFF에서 약간 강한 회생 브레이크가 걸리므로 액셀러레이터 페달만으로도 속도조작이 가능하다. 덧붙이자면 GTE의 1.4ℓ TSI 엔진 무게는 102.8kg이므로 GTE에서 엔진을 내리면 거의 리프 무게와 비슷해진다.

배터리 용량이 줄어들어 엔진이 걸리면 모터 스위치로 전환하지 않아도 HV모드로 들어간다. 물론 발진은 모터가 담당. HV모드에서 모터와 엔진 동력을 섞는데 별다른 위화감은 없었지만, 아주 저속에서 엔진과 모터, DCT가 연결되면서는 약간의 부자연스러움을 주기도 했다. HV모드에서 배터리 충전 모드를 선택하면 아이들링 스톱도 취소되면서 엔진을 발전기 대용으로 돌려 배터리를 충전한다. 당연히 연비도 7~8km/ℓ까지 떨어질 때도 있었다. 현실적으로 이 모드를 사용할만한 가치는 느끼지 못했다.

마지막은 GTE 모드. GTE 모드는 엔진과 모터의 능력을 최대로 (150kW/350Nm) 발휘시키면서 주행성능을 즐기는 모드이다. GTI와 똑같다고는 할 수 없지만, 골프의 하이라인보다는 빠르고 스포티한 주행을 즐길 수 있다.

골프 GTE의 매력은 EV와 HEV, 핫해치 3가지 모습을 1대에서 다 즐길 수 있다는 점이다. 주중에 출퇴근할 때는 완전 EV로, 장거리는 연비가 좋은 HEV로, 주행성능은 GTI수준으로 즐길 수 있는 차인 것이다. 이런 자동차 생활을 원하는 운전자에게 딱 맞는 차이다. 다만 가격은 GTI(4000만 원)보다 1천만 원이 비싸다. 가격 차이를 연료대로 회수하기는 불가능하다. 상황에 맞춰 자동차를 적절하게 사용하고자 하는 운전자에게 어울리는 모델이다. (스즈키 신이치/MFi)

	오전 경로1 연비 (km/ℓ)	오후 경로2 주행거리 (km)	오후 경로2 EV주행거리 (km)	오후 경로2 급유량	오후 경로2 연비 (km/ℓ)
	28.1	155.2	32.1	7.2	21.6
	19.2	155.4	14.9	11.0	14.1
	27.7	153.0	31.0	6.5	23.5
	13.1	155.4	-	14.2	10.9

04 General Comment 총평

앞 페이지의 표에서 보듯이 가솔린 소비량을 기준으로 하는 연비에서는 아웃랜더 PHEV와 골프 GTE가 20km/ℓ대 중간의 수치를 보였다. 벤츠는 시가지에서 상기 2대에 10km/ℓ 가까이 차이가 났다. 오후 경로2, 특히 산악도로에서 연비가 나빴다. 최하위는 예상했듯이 ICE인 아웃랜더였다. 오후 경로 2의 평균연비와 카탈로그 연비와 비교하면 다음과 같다.

[아웃랜더 PHEV]
- 평균 : 24.85km/ℓ ▪ 비율 : 1.24

[C350e]
- 평균 : 16.65km/ℓ ▪ 비율 : 1.14

[골프GTE]
- 평균 : 25.35km/ℓ ▪ 비율 : 1.07

[아웃랜더 4WD]
- 평균 : 12.0kam/ℓ ▪ 비율 : 0.82

EV일 때 「연비무한대」인 PHEV 차는 이번 거리 정도의 주행 같은 경우는 카탈로그 연비를 웃도는 실효 연비를 발휘했는데 반해, ICE 차량은 일반적으로 이야기되듯이 카탈로그 연비의 80% 정도였다.

그럼 비율이 아니라 절대값으로 「연료비용」을 적산하면 어떻게 될까. 아웃랜더는 일반 휘발유 지정이므로 리터당 105엔, 수입차 2대는 고급휘발유이므로 리터당 115엔, 전기비용은 아리오하시모토의 충전기에 기재된 「최초 15분은 30엔, 이후 1분에 2엔」을 바탕으로 한다. 다만 아웃랜더는 시간상 급속충전기를 사용했기 때문에 보통충전으로 최대로 충전할 때 4시간이 걸린다는 자동차 회사 발표치를 적용한다.

CO_2 배출량(g/km) *각 에너지원 배출량 데이터는 전력 중앙연구소 조사자료/송전 손실 5%를 고려

	JC08적합값 (g/km)	석탄 (943g/kWh)	석유 (738g/kWh)	천연가스 (474g/kWh)	원자력 (20g/kWh)
미쓰비시 아웃랜더 PHEV	42 (NEDC)	168.2	131.7	84.5	3.6
미쓰비시 아웃랜더 4WD	158	-	-	-	-
메르세데스 벤츠 C350e	48 (NEDC)	227.7	178.2	114.4	4.8
메르세데스 벤츠 C250 sport	145	-	-	-	-
VW 골프 GTE	98	143.9	112.6	72.3	3.1
VW 골프 GTI(DSG)	146	-	-	-	-
도요타 프리우스 PHV G	73	113.6	88.8	57.1	2.4
도요타 프리우스 A프리미엄	62	-	-	-	-
BMW i3 REX	13 (NEDC)	105.3	83.2	53.4	2.2

*각 에너지원 배출량 데이터는 전력 중앙연구소 조사자료/송전 손실 5%를 고려

초기비용 & 유지비 비교

	차량본체가격	에코카보조금(최대)	취득세	중량세	자동차세1
미쓰비시 아웃랜더 PHEV	4,590,000	-290,000	0	0	39500-75%=9875
미쓰비시 아웃랜더 4WD	3,210,000	0	96300-25%=72225	30000-25%=22500	45,000
메르세데스 벤츠 C350e	7,070,000	-170,000	0	0	39500-75%=9875
메르세데스 벤츠 C250 sport	6,570,000	0	197100-40%=118260	30000-25%=22500	39500-50%=19750
VW 골프 GTE	4,990,000	-380,000	0	0	34500-75%=8625
VW 골프 GTI(DSG)	3,999,000	0	99,700	36,900	39,500
도요타 프리우스 PHV G	3,210,000	-120,000	0	0	39500-75%=9875
도요타 프리우스 A프리미엄	3,120,000	0	0	0	39500-75%=9875
BMW i3 REX	5,060,000	-750,000	0	0	29500-75%=7375

[아웃랜더 PHEV]

■ 경로1 : 659엔 ■ 경로2 : 1206엔

[C350e]

■ 경로1 : 341엔 ■ 경로2 : 1457엔

[골프GTE]

■ 경로1 : 351엔 ■ 경로2 : 1025엔

[아웃랜더 4WD]

■ 경로1 : 420엔 ■ 경로2 : 1491엔

시가지 충전시설을 사용하는 경우는 PHEV와 ICE 차량의 연료 비용 차이가 거의 없었다. 덧붙이자면 경로2는 시설 문제로 충전을 하지 않았기 때문에 ICE 차량이 더 유리했을 것이다.

이 결과에서 추측할 수 있는 것은 「PHEV가 아니어도 보통 HEV나 가솔린차도 좋은 것 아닌가」하는 것이다.

그래서 테스트 차량과 원래 모델이었던 ICE 차량, 거기에 비교 차량으로 도요타 프리우스와 BMW i3 REX의 초기비용과 유지비를 대략적으로 계산해 1년 동안 타면 얼마나 나올지에 대해 뽑아보기로 했다. 하루 주행거리를 20km로 잡은 것은 C350e의 EV 항속거리가 이 정도 수준이기 때문으로, 즉 PHEV에 관해서는 모든 차가 매일같이 EV 주행을 한다는 전제이다.

그 결과, 프리우스 말고는 모든 감세나 보조금 혜택을 활용해도 1년 동안 소유해서는 전혀 본전을 뽑지 못한다는 것이 명확해졌다. 심야 전기요금을 사용하면 확실히 가솔린 비용의 1/4 정도면 된다. 다만 이것을 하루치로 따지면 약 1천 원 차이에 불과하다. 계산에 있어서 일일이 집에 충전설비를 갖추는 것으로 했기 때문에, 콘센트만 설치하면 되는 사용자 같은 경우는 200만 원 정도의 차이가 줄어들기는 하지만, 그렇다 하더라도 예를 들어 골프 GTE를 구매한 뒤 GTI와 균등해지는 시기는 구매 이후 12년은 걸려야 한다. PHEV 차는 결코 싸지 않다. 또 임대주택에 거주하는 사람에게는 충전설비 문제도 있다. 극단적으로 얘기해서 경제성으로만 따지면 경자동차로도 충분하다는 것이 일본의 현재 상태를 보면 명확하다.

그렇다면 EV 최대의 장점으로 이야기되는 CO_2배출량은 어떨까. 공공기관에서 발표한, 각 연료의 발전(發電) 시 발생하는 CO_2배출량을 PHEV 차량의 공식 전비(電費)에 적용해서 계산해 보았다. 그랬더니 원자력 발전이 아닌 한은 카탈로그 수치를 충족하지 못하는 것으로 나왔다. 물론 「제로」는 아니다. ICE 차와는 비교가 되지 않을 만큼 적은 양이지만, 프리우스의 예를 보면 명확하듯이 목표달성을 위해서는 HEV만으로도 충분한 것이다.

이번 테스트에서 각 차량을 테스트한 운전자가 이구동성으로 말한 것은 PHEV의 하이브리드 주행 시 운전 편리성에 대한 위화감이었다. 단적으로 말하면 EV주행을 할 때와 엔진 시동이 걸린 다음의 스로틀 제어에 너무 차이가 난다는 것이다.

특히 유럽차 2대는 기존 ICE 차의 파워트레인에 모터를 그냥 장착하기만 한 것 같이, 중간에 변속기가 있다는 것이 큰 이유라고 생각될 만큼 생각한 대로 운전이 안 되는 상황이 종종 있었다. 아웃랜더 PHEV는 기본적으로 직렬 하이브리드이므로 EV에 더 특화된 설계이기는 하지만, 병렬 모드로 들어간 순간에는 역시나 위화감을 불식시키지는 못했던 것 같다.

테스트 종료 이틀 뒤, 취재 때문에 닛산 스카이라인 하이브리드를 빌렸다. 베이스 엔진이 3.5ℓ V6이기 때문에 연비는 잘 해야 13km/ℓ였지만 출력 전달에 관해서는 전혀 불만스러운 것이 없었다. 시스템적으로는 충전기구만 갖추지 않았을 뿐 C350e와 다를 것이 없는데도 말이다.

유럽에서 높아지는 PHEV 열기는 연비와 CO_2에 대한 혜택이 바탕에 깔려있지만, RDE 대응 관련을 포함해 실제 자동차 제조는 아무래도 너무 성급한 경향이 있다. 기존의 차체 구성을 활용해 모터와 배터리를 장착하고 규제치를 통과하기만 하면 되는 일련의 과정은 실제로 타보고도 느낄 수 있었다. 그와 비교해 20년의 숙성기간을 거친 일본 HEV는 프리우스를 필두로 모든 측면에서 ICE 차량의 대체물로 기능하고 있다. 가격면에서도 B세그먼트 클래스까지 보급이 진행되고 있고, 일상적인 사용 편리성도 ICE 차량과 별 차이가 없다. 거기에 운전성능도 거의 비슷하다. HEV 왕국인 일본에 사는 한 EV라면 어떨지 모르지만, PHEV를 일부러 선택할 이유는 굳이 없다는 것이 결론이다.

북미우세는 가솔린 가격의 하락으로 인해 V8이 크게 각광 받고 있다고 한다. 결국 이것이 의미하는 바는 사용자는 대의명분이 아니라 기호나 생각으로 자동차를 고른다는 것이다. 자동차에 매력이 없으면 PHEV는 그림 속의 떡에 지나지 않을 것이다, 적어도 지금은.

초기구입비용	PHEV/콤베차액1	충전설비도입비*2	20㎞/일·연간전기료*3	20㎞/일·연간전기료*4	당초1년간총비용	PHEV/콤베차액2
4,309,875	↓	250,000	14,102	-	4,573,977	↓
3,552,225	-757,650	-		61,650	3,613,875	-960,102
6,909,875	↓	250,000	19,053	-	7,178,928	
6,730,510	-179,365	-		56,250	6,786,760	-391,268
4,618,625	↓	250,000	12,064	-	4,880,689	↓
4,175,100	-443,525	-		56,604	4,231,704	-648,985
3,099,875	↓	250,000	9,526	-	3,359,401	↓
3,129,875	30,000	-		24,300	3,154,175	205,226
4,302,625	-	250,000	8,902	-	4,561,527	-

Illustration Feature
Plug-ins change the car of the way?

[COLUMN]

1

긴자의 초밥집과 EV 충전소

주유소에서 기름을 넣을 때는 연료계와 리터당 단가를 보고 가득 채울지 말지를 결정한다. 하지만 전기자동차를 충전할 수 있는 시가지 충전소에서는 그렇지도 않은 것 같다. 일단 신용카드가 없으면 문전박대를 당하기 쉽다.

본문 : 미우라 쇼지 사진 : 히라노 아키오

긴자의 초밥 가게들은 비싸기로 유명하다. 그래서 무서워서도 가기가 쉽지 않다. 무심코 먹었다가 월급의 반이나 날아갔다는 이야기도 들린다. 더구나 나같이 세를 사는 사람한테는 그림의 떡이 아닐 수 없다.

긴자의 초밥은 이런 이유로 체험해 보지 못했지만 얼마 전에 이와 비슷한, 무서운 경험을 한 적이 있다. 우연히 반숙된 계란 같이 생긴 PHEV 자동차를 타게 되어 충전기가 쭉 늘어서 있는 EV 충전소에 들르게 되었다. 전기 충전소는 처음 와 보는 거라서 휘발유 주유소처럼 현금을 넣고 콘센트만 꽂으면 되겠지 하고 생각했는데, 그렇지 않은 것이다.

우선 카드가 없으면 안 된다고 한다. 나는 아직도 현금을 주로 사용하는 타입이라, 미안하게 같이 있던 친구한테 카드를 빌릴 수밖에 없었다. 물론 빌린거니까 돈은 나중에 갚기로 하고 말이다. 얼마나 들어갈까? 하고 충전기를 보는데 아무리 찾아봐도 금액 같은 것이 나오질 않는 것이다. 여기저기 찾아보고 충전요령 같은 것이 적혀 있어서 봤더니「최초 15분은 30엔, 이후 1분에 2엔」이라고 나와 있다. 전기가 꽤 싸다고 생각한 순간, 뭔가 불길한 예감이 휙 하고 지나간다. 타고 온 PHEV의 배가 가득 찰 때까지 얼마나 걸리는지를 모르겠는 것이다. 친구한테는 2시간이면 충분하겠지 하고 안심시켰지만, 이 난감한 느낌은 뭘까?

결국은 2시간이 채 걸리지 않아 충전이 끝나긴 했지만,「앞으로 몇 분이면 끝난다」고 알려주는 표시가 전혀 없다. 더구나 황당했던 건 충전이 끝났어도 영수증 한 장 나오지 않았다는 것이다. 요는 친구한테 카드 청구서가 날아올 때까지는 얼마를 내야 하는지 모른다는 말이다. 이런 상황이라 충전요령에 적혀 있던「최초 15분 운운」 표시가 정말인지조차 의심이 갈 정도이다.

주유소와 비교하면 시간도 더 길고 불친절도 이런 불친절이 없다고 생각하는 것은 나만의 생각일까. 어쩌면 전기자동차를 타기 위해서는 지갑이랑 마음의 여유가 없으면 포기해야 하지 않을까 싶은 경험이었다.

처음 접하는 사람한테는 사용방법도 어렵다.

PHEV 테스트 때 이용한 충전 컨트롤러 장치로서, 그냥 카드 리더기에 불과하다. 충전기는 다른 장소에 있을 뿐만 아니라 컨트롤러 쪽에는 상세한 설명도 기재되어 있지 않아서 찾으러 돌아다녀서야 겨우 충전기 앞에 다다를 수 있었다. GS의 셀프주유소도 불친절하다고 하면 그렇게 볼 수도 있지만, 그래도 종업원은 반드시 있으니까 최소한 이용방법을 물어볼 수는 있다.

(좌) 200V 보통충전기. 충전 노즐을 손으로 빼서 차에 꽂기만 하면 충전할 수 있는 것처럼 보이지만 그렇게 쉽게 봐서는 큰일이다. 충전 컨트롤러까지 가서 센터로 전화를 건 다음 인증번호를 받는 식의 순서를 따라야 한다. 어떤 장치에도 충전량이나 요금이 표시되지 않는다. 이해하기 어려운 주의사항을 읽고서 상상하는 수밖에 없다. (우) 이 장치는 급속충전기. 순서는 똑같지만, 충전량과 시간에 대한 기준은 표시된다.

기하E200 : 직렬HEV

하이브리드 차는 환경 친화성을 앞세우기 좋은 관광지 중심으로 운용되고 있다. 또한 전동화 방식과 관계없이 달릴 수 있어서, 교류전동화인 도호쿠 본선과 직류전동화인 센세키선을 비전동화 연락선이 연결해 하이브리드 차를 직통시키고 있다.

EV-E301 : 배터리 EV

(위) 축전지 전차는 전동화 구간부터 비전동화 구간에 전차를 직통시키는 수단으로 실용화되었다. 가라스야마선의 「ACCUM」은 직류전동화 대응 차량이지만 교류전동화 대응 차량이 아키다지역이나 규슈지역에 도입될 예정이다.

(아래) 가라스야마선의 충전설비로 급속충전 중인 축전지 전차 「ACCUM」. 대전류로 급속충전하기 때문에 충전설비는 강체로 된 선을 깔았다. 또한 「ACCUM」에는 대전류에 대응하는 팬터그래프를 탑재하고 있다.

일본의 철도차량은 다양한 방식의 하이브리드 시스템을 실험해 왔지만 현시점에서 실용화된 것은 직렬 하이브리드 방식뿐이다. 시스템은 디젤발전 장치와 리튬이온전지, 구동용 모터로 구성된다. 필요에 따라 발전전력과 회생 브레이크 전력을 충전하고 리튬이온전지의 전력과 발전전력으로 모터를 구동한다.

이 디젤발전 장치 대신에 팬터그래프를 탑재한 것이 축전지 전차이다. 전동화 구간에서는 팬터그래프로 집전(集電)한 전력으로 주행하고 리튬이온전지에는 충전도 한다. 비전동화 구간에서는 리튬이온전지의 전력으로 달린다. 또한 비전동화 구간 기차역에 설치된 급속충전설비를 통해 짧은 시간에 충전할 수도 있다.

어떤 의미에서는 팬터그래프가 플러그 같은 역할을 한다고 할 수 있지만, 엔진을 탑재하지 않고 있으므로 PHEV라고 하기보다 순수한 EV에 가깝다. EV와 다른 점은 달리면서 충전할 수 있다는 것이다. 이것은 가선(架線) 집전설비를 갖춘 철도이기 때문에 가능하다고 할 수 있을 것이다. 한편 규슈전차에서도 축전지 전차의 실용화를 예정하고 있다.

직렬 하이브리드 방식이나 축전지 전차의 목적은 연비개선이나 배출가스 저감, 소음저감 외에도 전차와 구동부품을 공통화해 초기비용과 유지비의 저감, 아나가 디젤 차량에 탑재되는 액체변속기 등과 같은 유지(油脂)사용부품을 없앰으로써 보수유지 비용을 줄이려는데 있다. 즉 기본적인 생각은 「스스로 전력을 공급할 수 있는 전동차」이다.

현시점에서 아직 실용화되지 않았지만, 병렬 하이브리드나 마일드 하이브리드도 시험 진행 중이다. 또한 연료전지 하이브리드 차도 연구 중이라 이들 시스템을 탑재한 차량이 가까운 시일 안에 등장할지도 모른다.

Illustration Feature
Plug-ins change the car of the way?

[COLUMN]

2

전차에는 왜 발전기를 장착할까.

철도의 하이브리드 사정

철도=전동차라고 해도 과언이 아닐 정도로 전기+모터를 사용해온 철도.
그런데도 구태여 축전지를 장착하거나 발전기를 장착하는 차량이 나타나기 시작했다.
그 목적은 무엇인지 살펴보겠다.

본문&사진 : 마츠누마 다케루

Illustration Feature
PHEV/HEV/EV?

PHEV는 어디로 가고 있나.

기껏해야 20km, 그래도 20km라는 평가 - EV주행이 가능하다는 의미

정확히 8년 전, 도요타가 개발 중이었던 프리우스 PHEV 콘셉트 차량에 대해
당시 다나카 요시카즈 치프 엔지니어에게 물어본 적이 있다. 그리고 현재 또다시 새로운 PHEV가 개발되고 있다.
도요타에게 있어서 플러그인이라는 의미는 그동안 8년 동안 변해왔을까, 아니면 아직도 똑같을까.

인터뷰&사진 : 마키노 시게오 그림 : 도요타

도요타는 14년 2월부터 아이치현 내에서 비접촉 충전시스템과 관련된 실증실험을 해오고 있다. 자계공명 방식으로 불리는 기술로서, 지면(보내는 쪽)과 차량(받는 쪽) 각각의 코일 사이에서 발생하는 자계(磁界)의 공명을 이용해 충전하는 방식이다. 양쪽 코일끼리 서로 정확한 위치에 오도록 제어하는 자동주차기술과 더불어 EV 사용 편리성이 향상될 것으로 기대되고 있다. 입력전압 200V, 충전전력 2kW 사양으로 시험 중이다.

프리우스 PHEV(도요타는 하이브리드 차를 HEV가 아니라 HV로 부르기 때문에 PHEV는 PHV가 되지만, 여기서는 PHEV로 통일한다)가 개발되고 있을 때 본지에서는 주사인 다나카 요시카즈씨에게 개발상황에 대해 들어본 적이 있다. 집과 도요타 본사를 왕복하면서 매일 같이 시작 PHEV를 타고 다니는 실증실험(물론 차량은 정부승인 완료)을 스스로 체험하고 있을 때였다. 그때 다나카 주사는 PHEV를 「앰비벌런트(양면 가치의, 상반되는 감정을 갖는다는 의미) 같은 차」라고 표현했다. 수긍이 가는 말이라고 느꼈었다. 그럼 실제로 프리우스 PHEV가 시판되고 연내에 신형이 등장할 것이라는 실적까지 쌓아온 현시점에서, 도요타 내부에서는 PHEV를 어떻게 보고 있고 어떻게 키워나갈 계획일까. 차기 프리우스 PHEV에 관한 이야기가 아니라 도요타가 생각하는 PHEV 모습을 알아보기 위해 다케우치 히로아키 주사를 만나보았다.

마키노(이하 : M) : 먼저 실제로 프리우스 PHEV를 구매한 사용자가 집에다 충전설비를 갖추고 있는가에 대한 흥미가 생기는데요. EV는 필수이지만 PHEV는 필요 없다고 생각하는 사람도 있는 것 같습니다만, 어떻습니까? 플러그인이니까 플러그를 준비하는 것이 중요할 것 같은데, 200V(볼트)짜리 전원 콘센트를 집이나 회사 주차장에 설치한 사람이 많을까요?

다케우치 : 집을 보면 단독주택은 200V 콘센트를 설치한 사람이 상당히 많습니다. 회사 주차장까지 전원을 끌어올 때 아예 200V로 바꾸려는 사람이 많은 걸 보면 우리가 예상한 것보다 충전설비가 더 도입되고 있는 것 같습니다.

M : 탑재하는 리튬이온 2차전지의 전력량은 4.4kWh인데요. 가장 초기에 구매한 사람은 이미 6년 차인데 전지의 노화는 어떻습니까?

다케우치 : 생각 외로 「유지」가 잘 되고 있다는 중간보고가 있었습니다. 설계단계에서는 다양하게 최악의 조건을 가미해서 사양을 결정하기는 했지만, 전 세계에서 사용되는 프리우스 PHEV는 전지를 그다지 건드리지 않는 것 같습니다. 예상을 벗어난 노화 관련 보고는 아직 없는 상태이고요.

M : 전지 노화의 지역적 차이는 어떻습니까? 일본은 괜찮겠지만 북미나 유럽에서도 판매되니까 상당히 가혹한 기후조건에서 사용하는 사람도 있을 것 같은데요.

다케우치 : 원래 사막이나 혹한까지 고려해서 개발했기 때문에 기후 대응도 예상 내입니다.

M : EV주행을 할 수 있는 거리가 현실적으로 20km 정도라고 알고 있습니다. 이 EV로서의 항속거리에 대한 반응은 어떤 편입니까?

● PHEV 개발 관련 기초 데이터

우측 막대 그래프는 도요타 사내에서 설문조사를 토대로 집계한 1일당 주행거리 분포이다. 20km 이내인 사용자가 50%를 넘고, 30km 이내로 보면 전체 가운데 4분의 3을 차지한다는 것을 알 수 있다. 프리우스 PHEV의 EV주행 거리를 설정할 때 이 데이터를 참고로 했다. 개발 당시 다나카 요시카즈 주사는 집에서 회사까지 편도 14km를 「방전 한계까지 도달해 달리지 못한다」고 했다. 표는 전동차량을 평가한 것이다. PHEV는 HEV를 바탕으로 하는 것이 유리하다고 판단했다. 하지만 배출가스 이외의 성능에서는 당시의 HEV도 충분히 양호했다.

	EV	PHV (EV 베이스)	PHV (HV 베이스)	HV
CO_2	◎	○~◎	○~◎	○
대기오염	◎	○~◎	○~◎	○
항속거리	×	○	◎	◎
충전시간	×	△	○	◎(불필요)
전용충전 인프라	× (필요)	× (필요)	○ (불필요·필요에 따라)	◎ (불필요)
가격	×	△~×	○	◎

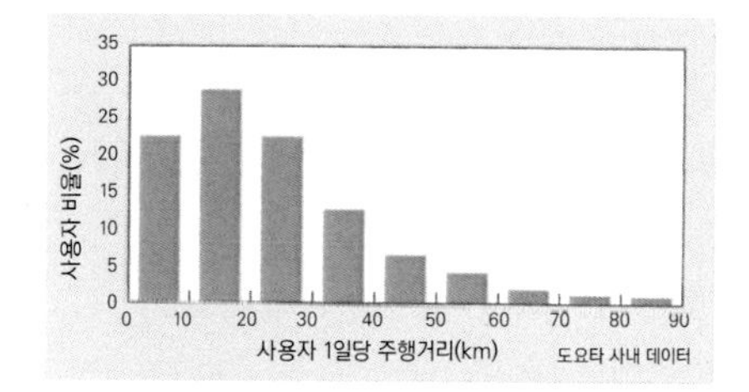

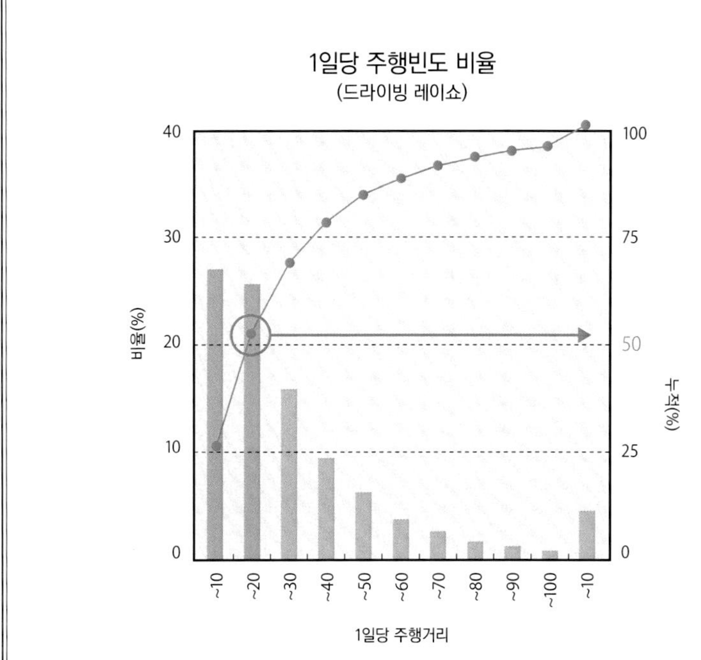

2005년도 교통조사 데이터. 1회 주행으로 달릴 수 있는 거리의 「빈도」를 조사한 것으로, 전체의 50%가 20km 이내이다. 북미의 데이터와도 차이가 있을 정도로 일본은 잠깐씩 많이 타는 것을 알 수 있다.

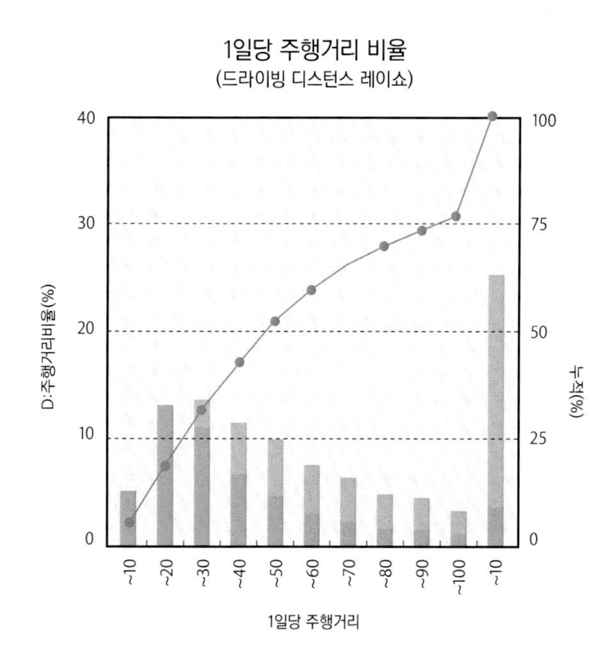

마찬가지로 교통조사 데이터. 이 그래프는 빈도가 아니라 1회 주행 때의 「거리」를 집계한 것으로, 거리를 기준으로 하면 빈도 데이터와는 차이가 난다. 빈도와 거리를 겹쳐놓으면 1회에 30km 주행이 가장 많다.

다케우치 : EV 드라이빙을 더 즐기고 싶다는 목소리도 있습니다. 그것은 단순히 항속거리뿐만 아니라 모터 특유의 토크 특성을 살린 「발진 가속」 같은 운전 원활성 부분에서도 마찬가지입니다. PHEV가 환경부하를 낮추는 자동차라고 실감해 주시는 분들도 물론 계시지만, 모터 동력에 대한 기대가 큰 분들도 계신 때문이라고 생각하는데요. 통상적인 프리우스와 프리우스 PHEV가 어떻게 다른지, PHEV를 사는 이점이 어디에 있는지에 대해 고객 입장에서는 약간 알기 어려운 부분이기는 합니다.

M : 프리우스가 있어서 그런 것이 아닐까 생각되는데요. 연비 챔피언인 프리우스가 이미 존재하고 있고, 세상의 지지를 얻고 있으므로 PHEV라고 하는 새로운 형태에 대한 기대치가 큰 것은 아닐까요. 프리우스가 없다면 크게 환영받을 만한 성능이라고 생각합니다. 반대로 프리우스가 있으므로 해서 실현된 자동차이기도 하므로 그 대목이 상반되는 감정(Ambivalent)일지도 모르겠네요.

다케우치 : 단순히 EV 주행거리를 늘리면 좋으냐 하면 꼭 그렇지만은 않습니다. 일본에서 자동차를 사용하는 패턴은 1번 운전할 때 20km 이내인 경우가 50%, 40km 이내인 경우가 약 75%입니다. 실제로 프리우스 PHEV를 사용한 실증실험에서는 통상적인 비슷한 크기의 가솔린 자동차와 비교해 70% 이상의 연료소비 절약 효과를 보았다는 사람이 16%입니다. 그런데 전지를 장착하고 EV 주행거리를 늘리면 그 무게로 인해 전비(電費)가 나빠집니다. EV 주행거리 20km를 매일 사용하는 쪽 감각으로는 확실히 짧게 느껴지겠지만, 비용과 효과의 균형으로 보면 그렇게 나쁘지는 않다고 생각합니다.

M : 아무래도 4.4kWh 전력의 반은 노화대응을 위한 보류가 아닐까 하는 생각이 듭니다. SOC(State Of Charge=충전상태)가 발표되었나요? 전지용량의 상한과 하한을 어느 정도로 남겨두고 사용하고 있는지 말이죠.

다케우치 : 발표하지는 않았습니다만, 개발단계에서는 전지교환 없이도 10년은 탈 수 있도록 진행했습니다.

M : PHEV 효과를 알기 어렵다고 말씀하셨는데, 데이터를 보면 연료소비가 확실하게 줄었다는 결과가 나타나지 않나요?

다케우치 : 그렇습니다. 90대의 프리우스 PHEV를 사용한 실증실험을 통해 전체의 61%에서 통상적인 동급 클래스의 가솔린차와 비교했을 때 50~70%의 연료소비 절약 효과가 있었다는 결과를 얻었습니다. 반면에 통상의 프리우스와 연료소비량이 별로 차이가 없다는 사례도 있기는 합니다.

M : 편차가 크다는 말씀인가요?

다케우치 : 그렇습니다. 그 이유가 어디에 있는지 찾아보면, 충전횟수와 1회 충전당 주행거리가 깊이 관련되어 있습니다. 개발할 때의 예

프리우스 PHEV 운전자의 실제 사용법

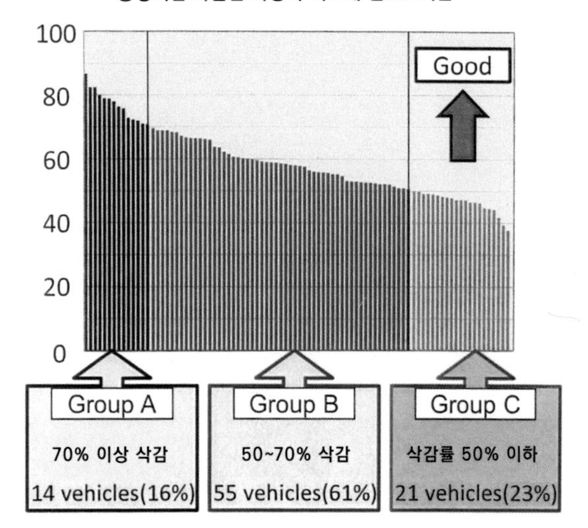

도요타가 프리우스 PHEV로 실증실험을 통해서 얻은 데이터 결과. 그룹A는 통상적인 가솔린 차량과 비교해 80%대의 연료소비 절약 효과가 있는 것으로 나타났지만, 평균으로 따지면 60% 정도의 효과가 있다. 여기서는 HEV 효과까지 포함되어 있어서 도요타의 HEV 자체가 연비 측면에서 상당히 뛰어나다는 분석도 가능하다.

충전하느냐 마느냐로 연료소비량은 바뀐다.

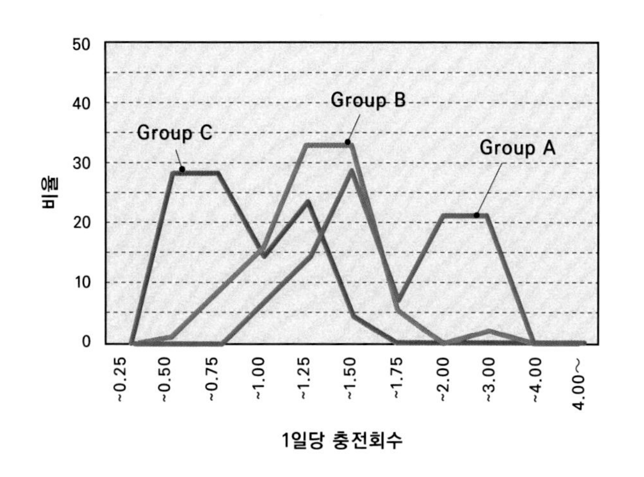

Group A ··· 1.62
Group B ··· 1.21
Group C ··· 0.72

위 그래프는 왼쪽 표의 A, B, C그룹이 각각 어느 정도의 빈도로 충전했는지를 나타낸 것이다. 연비성적이 좋았던 A그룹은 매일 2회 정도 이상 충전했다는 것을 알 수 있다. 사용 후 곧바로 충전해 EV 거리를 확보하려는 사용법이다.

상은 1일 1회 충전이었습니다. 매일 충전하고 가능한 한 EV로 달리는 식의 사용방법이죠. 연료소비 절약 효과가 그다지 안 나오는 그룹은 매일 충전하지 않았던 겁니다.

M : 다음 날 전지가 거의 없는 상태에서 외출하는 셈이군요. 달리고 나면 바로 엔진이 걸리게 되는….

다케우치 : 네, 그런 셈이죠. 그리고 매일 충전하는 그룹에서도 연료소비 절약 효과에 차이가 있었습니다. 그 이유는 매일 움직이는 주행거리였는데요. 가장 연료소비가 많이 절약된 그룹의 평균 주행거리가 28.3km였던데 반해, 이것이 41.6km인 그룹에서는 연비개선 효과가 약간 적었던 겁니다. 1회 충전당 주행거리가 긴 사람일수록 대가 약간 적었던 것이죠.

M : 그래도 실제 연비를 들어보면, 저를 포함해서 「그 이상 무엇을 원하십니까」하고 물어보고 싶어지던데요(웃음).

다케우치 : 도요타로서는 구태여 고가의 전지를 장착한 차량을 고객에게 파는 상황이라 투자한 만큼의 효과를 드려야 한다고 생각합니다. 다만 PHEV를 개발할 때의 애초 콘셉트는, 예를 들어 EV주행이 20km이든 또는 매일 30km나 40km를 달리는 운전자든 간에 기본 바탕에 20km의 EV주행이 깔려있다는 점에 의미가 있다는 것이었습니다. 누구나 항상 20km를 달리는 만큼의 CO_2를 줄일 수 있다는 것이죠. 이런 식으로 20km라도 PHEV화에 따른 효과가 있다고 우리

하루 주행거리가 긴 운전자는…

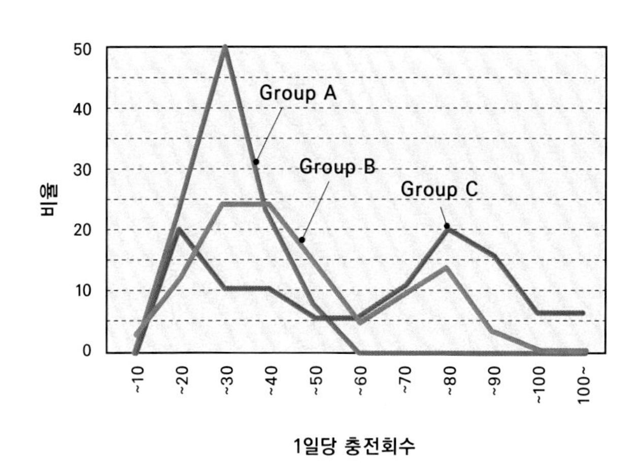

Group A … 28.3
Group B … 41.6
Group C … 58.2

위 그래프는 마찬가지로 왼쪽 A, B, C그룹에 대한 1일당 주행거리를 비교한 데이터. 연비 성적이 좋은 그룹A는 1일 30km 정도의 주행거리가 많다. 게다가 좌측 표에서 알 수 있듯이 자주 충전하고 있다.

1회 충전당 항속거리가 짧은 EV는 집이나 회사에서 충전하는 것만으로는 활동이 제한받는다. 따라서 인프라 충전설비가 필요하다. 반대로 충전설비를 갖추지 않으면 사회적으로 도입하기가 어렵다. 애초부터 EV는 거점 충전형 차량이다.

는 생각했습니다. 20km 이상의 효과는 우리가 자랑하는 HEV로 내면 된다고 말이죠.

M : 일본에서는 특히 도요타 색깔의 HEV가 그 장점을 발휘할 수 있는 도시권에서는, 자동차를 2대 이상 보유하기가 매우 어려운 상황이라, 100km를 달릴 수 있는 EV를 갖고 있을 때는 EV로만 생활하게 됩니다. 하지만 공동주택이 많으니까 반드시 내 집에 충전설비를 설치할 수는 없겠죠. 차고문화가 없는 일본은 충전이 필요한 자동차를 개인적으로 소유하는 형태에 아직 익숙하지 않은 것이 현실입니다. PHEV도 유럽 쪽이 효과가 크지 않을까 하는 생각이 드는데요.

다케우치 : 일본은 상용 속도가 유럽이나 북미보다 낮아서 PHEV로 인한 연료삭감 효과가 큽니다. 유럽이나 북미 모두 도시 사이의 고속도로는 자동차 흐름이 빠른 편이죠. 장거리 고속이동은 통상적인 엔진 차량보다 무게가 더 나가는 PHEV가 더 힘들죠. 반대로 그 부분을 가솔린으로 달릴 수 있으면 되는 겁니다. HEV 바탕으로 해서 PHEV를 개발하는 의미가 거기에 있는 것이죠.

M : 프리우스 엔진은 세세한 부분까지 개량되면서 현재 모델은 최대 열효율이 40%까지 와 있습니다. 그런 엔진을 바탕으로 해서 PHEV를 만든다는 것이 도요타의 강점이라고 생각하는데요. 그럼 무거운 전지를 장착하지 않고 자동차를 가볍게 만들면 되지 않나 하는 것이

저 같은 사람들의 생각입니다만.

다케우치 : 도요타로서는 그 점이 난처한 대목이기는 합니다만, 한 가지 PHEV의 장점으로 말씀드리고 싶은 것이 회생 브레이크입니다. 전지용량이 HEV보다 크기 때문에 실용영역의 회생효과가 나옵니다. 고객들로부터 곧잘 「내리막길을 계속 내려가며 달리고 있는데 EV주행 가능거리가 점점 늘어난다. 이것이 맘에 든다」는 얘기를 듣습니다. 지금까지 버려졌던 에너지, HEV에서조차 다 살리지 못했던 에너지를 PHEV는 다 살려낼 수 있다는 것이죠.

M : 그것은 단순히 전지용량의 여유 때문인가요?

다케우치 : 그런 것도 있습니다만, 1회당 회생 출력도 HEV보다 많이 낼 수 있어서 제동에 대해서도 회생을 크게 취할 수 있는 겁니다. 한 번에 대량의 전력이 되돌아와도 받아낼 수 있습니다.

M : 약간 짓궂은 질문 같지만요, 내리막길을 내려간다는 것은 그 전에 올라가는 과정이 있다는 얘기인데, 왕복을 합산해도 HEV보다 연비가 좋아지는 건가요? 그리고 「HEV와 비교해 PHEV에 어떤 이점이 있는지 고객이 알기 어렵다」고 말씀하셨습니다만, 실증실험 데이터상으로 연비효과가 나타납니다. 그런데도 이 정도의 효과로는 납득하지 못할 것이라는 뜻인가요?

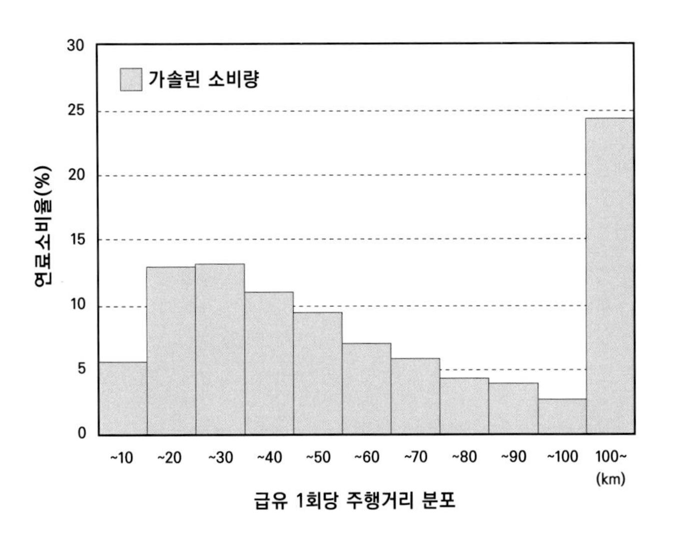

통상적인 가솔린 엔진 차량의 주행거리 별 연료소비를 계측한 결과 그래프. 주행거리에 따라 소비 수치가 크게 다르기는 하지만 100km를 넘으면 단순한 확대를 나타낸다. 유럽에서는 머지않아 시속 130km 영역에서도 시험모드가 적용될 예정이다.

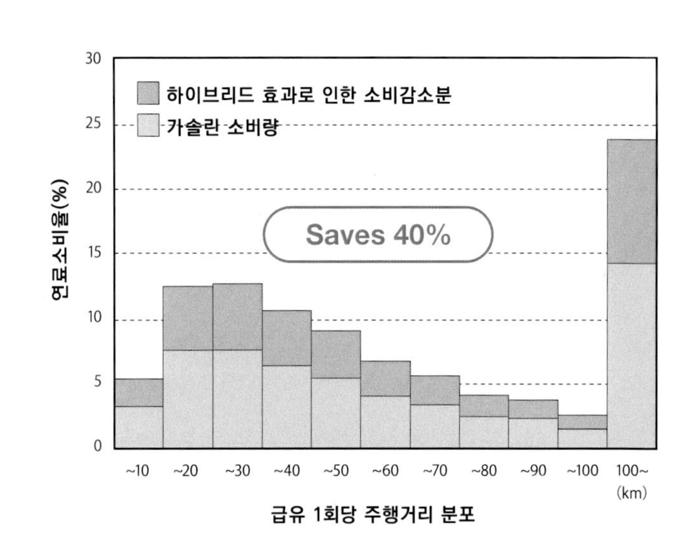

도요타의 HEV는 각각의 주행거리마다 확실한 연료소비 억제 효과를 나타낸다. 회색 부분이 줄어든 소비량이다. 전체적으로는 40%의 삭감률을 보인다. 특히 장거리 주행에서 삭감 비율이 크다는 것에 주목하기 바란다.

다케우치 : 역시나 고객들로부터는 모터 특유의 주행성능을 갖고 싶다는 이야기가 있습니다. EV운전에 대한 요구가 상당히 높은 편이라고 할 수 있죠. 환경성능으로 따져도 도요타의 HEV는 가격 만족도까지 포함해서 상당히 높은 편이지만 뭔가 다른 상품력이 필요하다고 봅니다.

M : 어떤 것을 생각하고 있습니까?

다케우치 : EV만이 갖고 있는 모터의 강력함, 뛰어난 운전 원활성입니다. 반복해서 말씀드리는 것이지만요(웃음).

M : 개인적으로는 크게 환영합니다만, 너무 운전을 즐겨서는 전지가 못 버틸텐데요.

다케우치 : 하지만 도전해야 한다고 생각합니다. 우리의 PHEV는 HEV와 EV를 겸용한 것입니다. 전기가 못 해내는 부분은 엔진으로 보완한다는 콘셉트이므로 그 점은 이치에 맞습니다. 하지만 현재 상태에서 고객의 요구와도 반드시 합치하느냐고 한다면 그렇다고 말씀드리지 못합니다. 시장의 요구와 우리의 콘셉트를 더 조화롭게 균형 잡을 필요가 있습니다. 이상은 「장점만 모은다」는 겁니다. 되도록 엔진을 걸지 않고 달려야 한다, 하지만 모터 특유의 토크 특성도 발휘해야 한다. 그런 방향이라는 말씀입니다.

M : 저도 반복하게 되지만, PHEV가 확실하게 연비효과를 나타내고 있다는 점은 데이터로도 확인할 수 있습니다. 도요타의 실증실험 데

이터를 보면 통상적인 가솔린 차량과 비교해 HEV의 효과가 40%이고, 나아가 EV주행 효과는 34% 좋아진다고 나옵니다. 합계 74%인 셈인데요. 뭐 반대로 HEV 효과가 40%나 된다는 점이 상당한 효과를 발휘하고 있다는 것도 분명합니다만.

다케우치 : 그래서 필요한 것이 추가 상품력인 겁니다.

M : 또 하나 이야기하고 싶은 것은 도요타에는 FCEV가 있는데요, 수소로 달리는 연료전지차 말이죠. 예전부터 무엇이든 해보는 것이 도요타이기는 합니다만, FCEV를 양산하기 시작했다는 점이 PHEV의 자리매김을 어렵게 할지도 모릅니다. 미묘하게라도 흔들리고 있을까요?

다케우치 : 아뇨, 단순한 「중계」역할의 존재라고 생각하지 않습니다. EV주행 거리는 아직 더 늘릴 수 있다고 봅니다. 그러면 CO_2 삭감과 관련된 비용효과 측면에서는 EV 이상이라고 생각합니다.

M : 전지가 발전하면 마찬가지로 EV도 쉽게 사용하게 되겠죠.

다케우치 : 그래도 인프라에 의존할 수밖에 없는 차라고 생각합니다. 반대로 PHEV는 집이나 회사 등과 같이 장거리 주차가 가능한 장소에서 충전하는 거점 충전형 자동차이죠. EV의 CO_2 제로라는 장점이 크기는 하지만, PHEV는 EV를 보완하는 안전망이 될 수 있습니다. 무엇보다 인프라 의존도가 EV보다 훨씬 낮으니까요. 그런 의미에서 현시점에서의 PHEV는 CO_2 삭감을 위한 현실적인 대응책이라고 생각합니다.

하이브리드 차의 효과

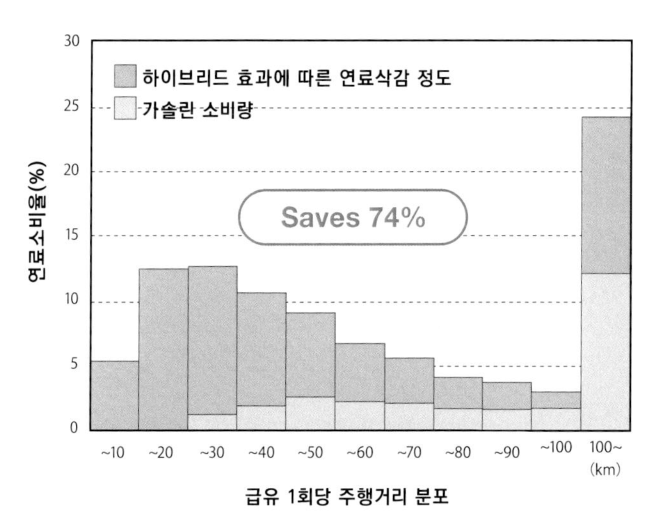

급유 1회당 주행거리 분포

회색 부분이 PHEV화를 통한 연료삭감 분이다. 특히 거리 30km 이내까지는 EV주행이 가능하기 때문에 이 사이의 연료소비는 거의 제로에 가깝다. 그 이후는 HEV 효과와 브레이크 회생 및 발전을 통해 회수한 전지 효과가 겹쳐진다.

● **프랑스 그르노블의 프로젝트**

도요타는 14년 가을부터 프랑스 그르노블시와 제휴해 공공 교통기관차용인 초소형 EV 차량공유 프로그램 참가하고 있다. 차량 70대를 도요타가 제공하고 시나 전력공사 등이 시내 27곳에 총 120개의 충전설비를 설치하고 있다. 충전소 사이의 주차장(즉 편도이용)을 이용할 수 있는 렌탈 사이클 형태의 코뮤터로서, 공공교통기관의 정기권을 갖고 있으면 할인도 받을 수 있다.

M : 그럼 사실을 더 널리 알려주시기 바랍니다. 제 생각에도 FCEV의 대량 보급은 30년 이상 뒤이야기라고 생각합니다. 모든 차가 수소로 달리는 시대는 영구적으로 오지 않을지도 모릅니다. 수소 사회를 9회 말이라고 한다면 HEV가 등장한 것은 1회 초, PHEV는 1회 말에 비유할 수 있을지 모릅니다. 아직 세상은 2회 초에 불과하지 않을까요. 9회까지는 아직도 갈길이 멉니다.

다케우치 : FCEV는 가솔린 차량 정도로 5분이면 에너지 보급이 끝나고, 제로 CO_2에다가 500km를 달릴 수 있지만 그런 자동차가 주류가 되기까지는 앞으로 10년 안에는 생각하기 어렵다고 봅니다. PHEV는 호흡이 긴 기술이라고 보고 있고, 그렇게 자리매김해야 한다고 생각합니다.

M : 꼭 세상에도 그런 점을 강조해 주기 바랍니다. 모든 것이 EV면 되는 것이 아니라 현시점에서 가장 최적의 해결책이라고 말이죠.

다케우치 : 다행히 HEV는 THS라는 하이브리드 시스템을 바탕으로 하고 있고, 이것은 PHEV와 친화성이 아주 높은 시스템입니다. 개발해 보고서야 비로소 알 수 있었던 사실이죠. THS를 활용하면서 PHEV를 만들 수 있다는 것은 큰 강점이 아닐 수 없습니다. 전용

PHEV 시스템을 개발하는 것이 아니라 이미 몇백만 대나 되는 중추적 양산 경험이 있는 THS를 사용할 수 있으니까요.

M : 그런 흐름 차원에서 보면 프리우스가 TNGA(Toyota New Global Architecture) 플랫폼이 되겠지만, 만약 PHEV에 최적화한 플랫폼을 생각할 기회가 있다면 현재와는 다른 패키징도 생각할 수 있을까요?

다케우치 : PHEV 최적의 플랫폼이 있을지 어떨지는 검토해봐야 알 수 있겠죠. 전지 탑재방법은 각 자동차 회사마다 다양하게 연구하는 중이고요. TNGA에 대해 얘기하자면, 경량화도 진행되었으니까 여기서 PHEV를 위한 시스템을 잘 조합해서 균형 잡힌 자동차로 만들려고 합니다.

M : 당연히 프리우스 이외에도 PHEV화를 검토하고 있을 것으로 생각하는데요.

다케우치 : 요즘에 와서 각 자동차 회사마다 SUV 계통의 PHEV를 내놓고 있습니다. 특히 유럽 진영은 엔진 배기량이 큰 모델을 PHEV화해서 메이커 차원의 CO_2 삭감효과를 노리고 있습니다. 어디서 CO_2를 줄일 것인지에 대한 흐름이 명확한 것이죠. 시장 요구도 높다고 생각합니다. 도요타도 PHEV를 라인업으로 검토할 생각입니다.

M : 그리고 세상에는 PHEV와 EV의 차이는 전지 탑재량이라는 해석도 있는데, PHEV가 전지를 장착하고 있는 차만은 아니라고 생각합니다. 앞에서도 운전 원활성에 관한 언급이 있었습니다만, 모터를 사용하면 정말로 내연기관은 흉내 낼 수 없는 기능을 발휘할 수 있습니다.

다케우치 : 말씀대로입니다. 기본적으로는 EV이고 보조적으로 발전용 엔진을 장착한 것이 레인지 익스텐더입니다. 엔진을 사용하는 것은 예비적인 상황이고 평소에는 아니죠. 충전할 수 있는 장소로 이동하기 위한 엔진이라고 할 수 있습니다. 그런 면에서 PHEV는 다른 차라고 생각합니다. 엔진이 잘 하는 영역에서는 엔진을 사용하고 고속순항도 제대로 해내죠. 이것이 PHEV입니다. 전지 탑재량이 적은 EV가 아니라는 겁니다. 그렇다고 어느 쪽이 우위에 있냐는 논의는 난센스 같은 얘기로, 적재적소에 나누어서 사용해야 한다고 생각합니다.

M : 네, 그런 PHEV의 발전을 크게 기대해 보겠습니다.

세상사는 계산으로는 좀처럼 표현할 수 없는 것들이 부지기수이다. 마치 소수로만 구성된 것 같은 것이다. 다나카 주사가 개발단계에서 앰비벌런트로 부른 PHEV는 유감스럽게 도요타가 목적한 것만큼은 팔리지 않고 있다. 전 세계에서의 판대매수는 약 8만 대이다. 하지만 많은 자동차 개발자가 「PHEV는 현재의 최적 해결책 가운데 하나」라고 말하고 있다. 전지기술은 아직 발전할 여지가 많아서 중량당 에너지밀도와 출력밀도가 높아지면 환경성능은 도약할 수 있다고 말이다. 다케우치 주사도 똑같은 의견이었다.

이번 인터뷰에서 흥미로웠던 점은 드라이브 트레인을 오랫동안 담당했던 다케우치 주사가 「연속적이고 액셀러레이터 응답성이 좋은 PHEV」도 생각하고 있었다는 것이다. 유럽 메이커의 PHEV를 타보면 단순히 CO_2 면죄부로서의 특별한 모델이라는 측면뿐만 아니라, 자동차 차량동역학에도 뭔가 새로운 경지를 끌어내려는 의도가 엿보인다. 「주행성」이 상품성이 되기 어려운 일본에서는 「어쨌거나 연비」로 귀결되기 십상이지만, 앞으로 PHEV는 중국이라는 거대시장을 포함한 국제경쟁이 펼쳐지고 있어서 그 속에서 일본 메이커도 이 경쟁에 적극적으로 뛰어들어야 한다. 본지가 PHEV를 특집으로 다룬 의미도 거기에 있다.

다케우치 히로아키

도요타자동차 주식회사 / HV시스템 개발총괄부 / HV시스템 개발실 주사

오랫동안 드라이브 트레인을 설계해 왔다. 토크 컨버터와 MT 설계 경험도 있으며, 09년부터 현재 부서에서 전기자동차 개발에 관여하고 있다. 「운전 원활성(Drivability)이야 말로 전동차의 장점」이라고 말한다.

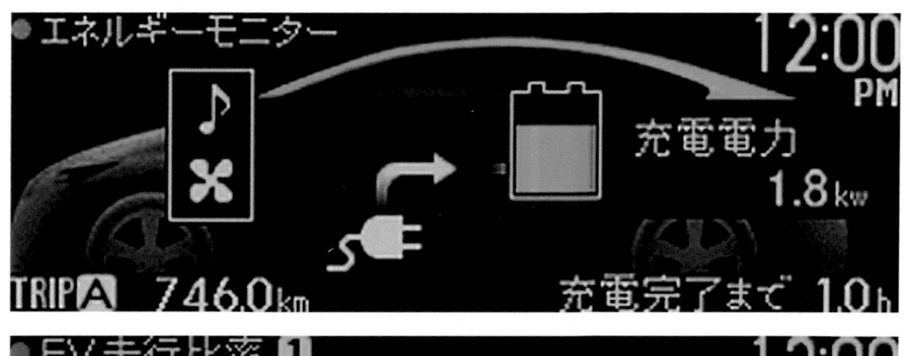

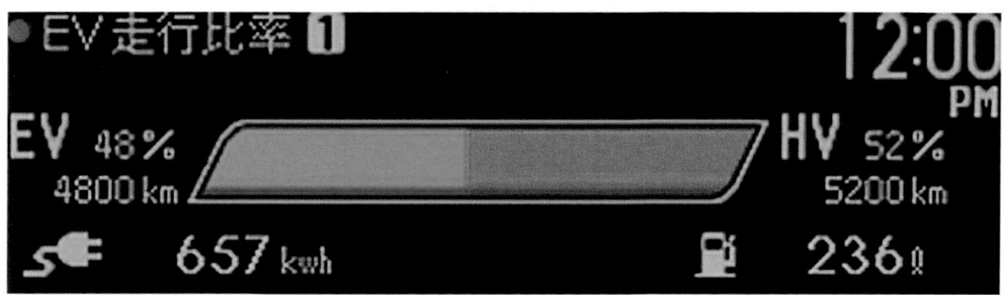

위 사진은 에너지 모니터 화면으로, 전기의 사용·보충 모습을 확인할 수 있다. 아래는 EV주행 비율을 바 그래프로 표현하는 부분. 이런 표시는 운전자에게 「에너지를 절약하는 좋은 운전」을 자연스럽게 촉구하는 효과가 있다.

프리우스 PHEV

2009년 12월에 판매되기 시작해 11년 11월(15년도 시점)에는 감속 기어를 장착한 모델로 바뀌었다. EV주행 거리는 JC08모드로 26.4km이다. PHEV의 JC08모드 연료소비율은 57.0km/ℓ이다. 16년도에 다시 신형이 등장했다.

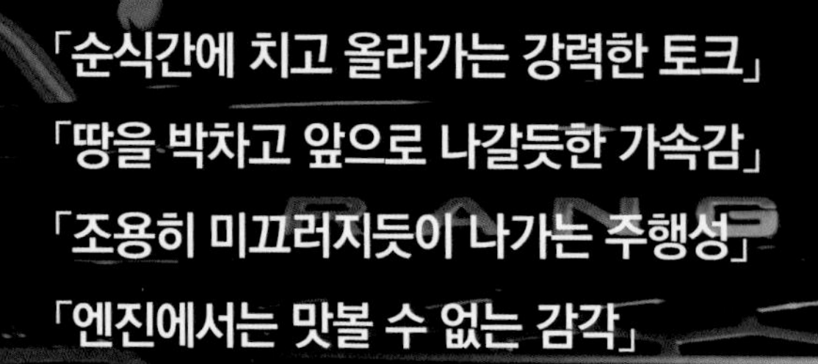

「순식간에 치고 올라가는 강력한 토크」
「땅을 박차고 앞으로 나갈듯한 가속감」
「조용히 미끄러지듯이 나가는 주행성」
「엔진에서는 맛볼 수 없는 감각」

모두 다 전동모터에서 느낄 수 있는 인상이다.
100여 년, 자동차는 동력원으로 내연기관을 사용했고
그것을 조금씩 개량해 오면서 성능과 효율을 높여 왔다.
하지만 그런 세월의 축적을 일격에 뿌리칠 만큼
전동모터의 능력은 충격이 크다.

이 전동모터의 혜택을 누리기 위해서는
배터리의 엄청난 개선이 뒷받침되어야 한다.
배터리의 비약적인 개선이 진행 중인 도중에
내연기관과 전동모터의 장단점을 서로 보완하려는
절충안으로 하이브리드가 고안되었다.

하지만 하이브리드 차에 쏠리는 감상은 모터에 관해서 뿐이다.
과연 엔진과 모터는 50:50의 대등한 관계일까.
익숙해 질대로 익숙한 엔진이 「있는 것이 당연」할까.

장차 엔진은 모터의 노예로 전락할지, 두 가지 동력원을 품고 있는
하이브리드에 대해 다시 한번 생각해 보겠다.

Illustration Feature

2개의 동력원 ENGINE

< MOTOR

미스터 토크 벡터링

SH-AWD를 타보다.

몇 년 전부터 화제가 되었던 신형 NSX가 시판되었다.
주목할 것이 여러 가지 있지만, 필자의 최대 관심사는 레전드에 적용되었던 4륜 구동력 제어 시스템을 앞뒤가 반대되게 배치한 스포츠 하이브리드 SH-AWD이다.
레전드 시스템을 앞뒤가 반대되게 배치하면 앞바퀴 좌우 사이에서 토크 벡터링을 하게 된다.
앞바퀴 토크 벡터링의 어려움에 관해서는 2년 전 본지 Vol.94(구동력 제어는 미드십을 제압할 수 있을까)에서도 자세히 다룬 바 있다. 좌우 바퀴 각각의 구동 토크 차이로 인해 생기는 조향력에 대한 영향을 어떻게 요리할 것인지가 자동차로서의 시스템 구현을 위한 핵심이다.
이번에 짧은 시간이었지만 다행히도 일반도로에서 신형 NSX를 만나볼 기회를 얻었다.
이때 강하게 인상 받았던 것은 「앞바퀴 좌우 사이의 토크 벡터링 제어는 역시나 어렵다」이다.

본문&그림 : 사와세 가오루(이치노세키 공업고등전문학교 기계공학과 교수)
사진 : 히라노 아키오/MFi

앞바퀴 토크벡터링은 역시나 어렵다.

이번 시승은 도쿄를 기점으로 일반도로부터 수도고속도로, 도메이고속도로를 거쳐 하코네 턴 파이크까지 갔다가 오는 왕복 코스이다. 신형 NSX에는 IDS(Integrated Dynamics System)이 탑재되어서 운전자가 4종류의 주행모드를 선택할 수 있다. 시동을 걸면 반드시 기본 모드인 SPORT 모드가 선택된다. 독특한 시프트 버튼으로 D단에 넣어 SPORT 모드로 시내의 일반도로를 천천히 돌아보았다. 그랬더니 생각 외로 승차감이 좋다. 9단 DCT(Dual Clutch Transmission)의 변속도 아주 부드러워서 차고 높이만 아니면 일상적으로 사용해도 전혀 불편함을 느끼지 못할 것 같다. 비스듬한 후방 시야도 나쁘지 않다. 2년 전에 슈퍼카 람보르기니 아벤타도르를 시승하면서 일반도로를 달렸을 때의 불편함이 떠올라, 과연 일본 메이커가 만든 슈퍼카는 일상적인 사용을 희생하지 않았다는 감탄까지 나온다.

하지만 수도고속도로를 탔다가 계속해서 도메이고속도로로 진입하면서 많은 차량과 감속으로 이어지자 일반도로에서 느꼈던 호감도가 흐려져 간다. 본연의 고속도로를 달리는 속도영역에서 승차감이 너무 들뜬 느낌을 주는 것이다. 몸체가 대각선으로 방향을 바꾸면서 전후좌우로 빙빙 흔들리는 움직임을 보이면서 마치 우주선을 (탄 적은 없지만) 탄 것 같은 인상이다. 고속도로의 경계선을 넘어갈 때도 한 번에 넘어가지 못하고 앞뒤로 2번이나 느낌이 전달되어 온다. 그래서 더 주행기능을 발휘하는 SPORT+ 모드로 바꿔보았다. 하지만 SPORT 모드보다 차체 움직임은 억제되지만, 기본적인 움직임의 방향이나 속성은 바뀌지 않고 다만 다리에 힘만 들어간다는 인상을 준다.

이때부터 또 하나 신경 쓰이기 시작한 것이 있다. 아무래도 조향장치에서 전달되는 정보가 약해서 지면에 다리가 안 붙어 있는 느낌이랄까, 노면과 타이어 사이에 발생하는 힘을 느끼기가 힘들어 자동차를 조종하고 있다는

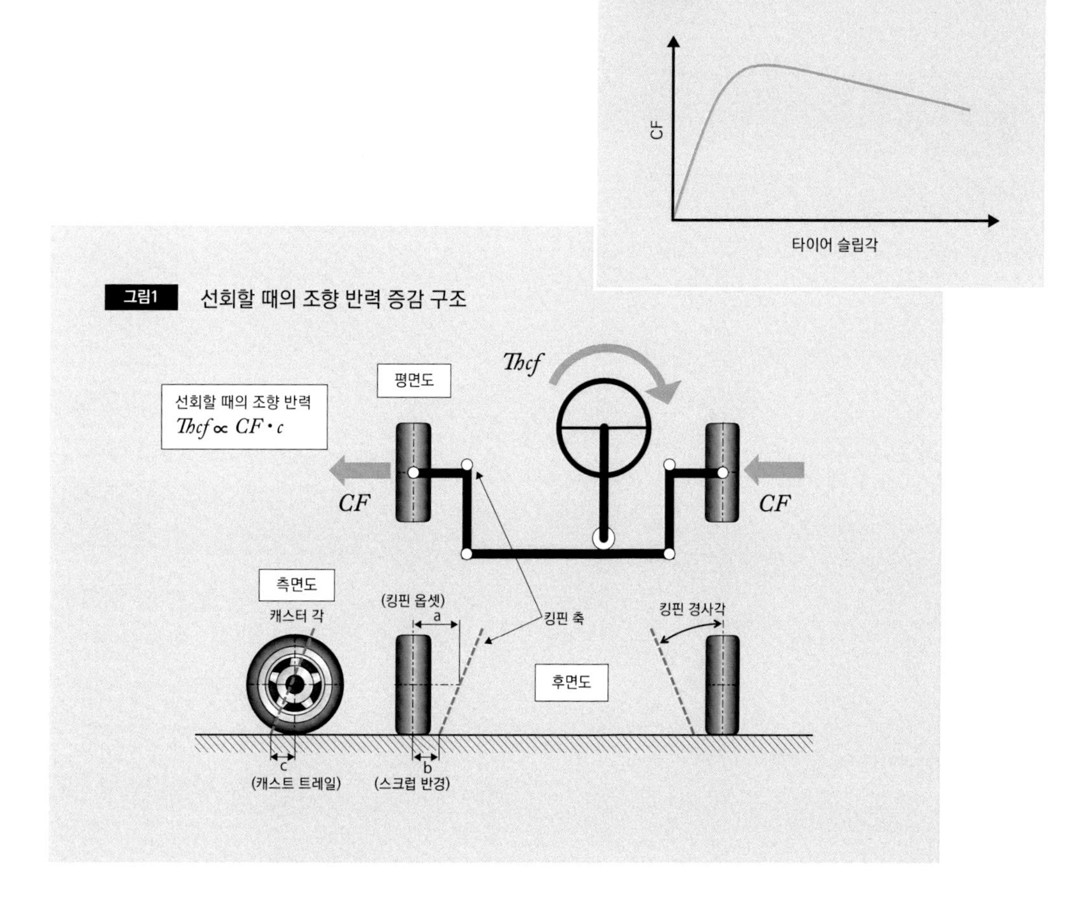

감각이 약한 것이다. SPORT+ 모드에서는 전동 파워 스티어링의 지원 특성을 운전자 피드백을 증대시켜 제어하고 있다고 하는데, 조향핸들 중립 부근에서 미세하게 조향할 때부터 항상 조향 반력이 무거워지면서 오히려 마찰손실감이 커져 조향장치에서 전달되는 정보가 나빠지고 있다. 이런 인상은 하코네 턴 파이크에 들어가 구불구불한 길(사행 도로)을 달리면서 더 강해졌다.

사행 도로를 어느 정도의 속도로 달려 본다. 직선에서 코너로 들어가 천천히 조향을 하면 앞바퀴에 슬립각이 붙는다. 그 슬립각에 맞춰 뒷바퀴에는 선회력(Conering Force)이 발생하고, 이 CF와 캐스터 트레일(그림c:실제로는 타이어의 탄성이 변형되면서 착력점이 타이어 중심에서 뒤쪽으로 옮겨가 뉴매틱 트레일이 생기기 때문에 그 거리도 추가된다)과의 곱에 비례한 조향 반력(Thcf, 그림1)이 발생한다. 또한 타이어가 발휘할 수 있는 마찰력에는 한계가 있으므로 슬립각이 작은 범위에서는 슬립각 증가에 비례해 CF도 증가하지만, 어느 슬립각에서 CF도 최대값에 이르게 되고 그 이상 슬립각이 커지면 CF는 감소한다. 따라서 일반적인 서스펜션 지오메트리를 가진 자동차는 조향 각도를 늘림에 따라 조향 반력이 커지면서 조향 감각이 무거워진다.

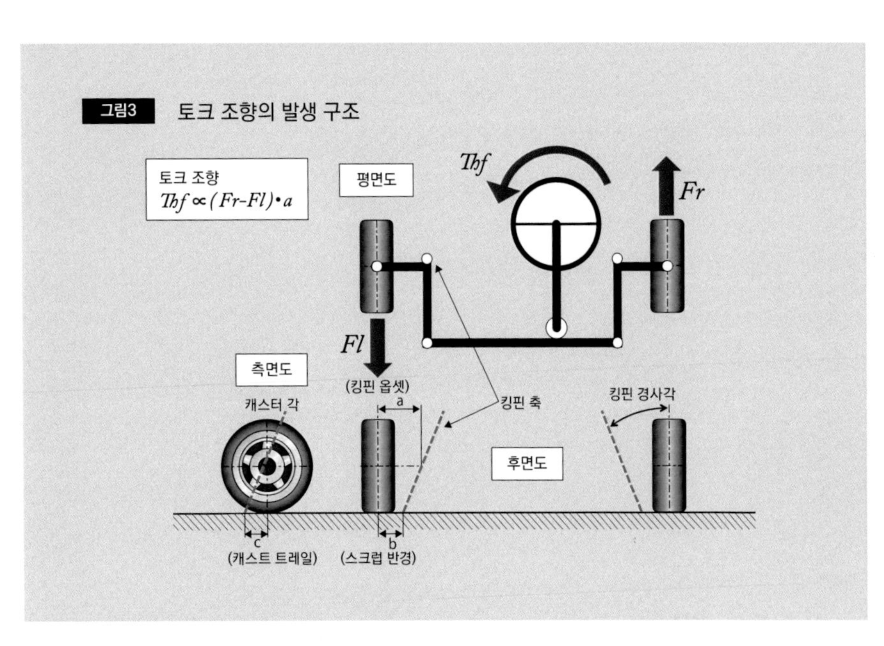

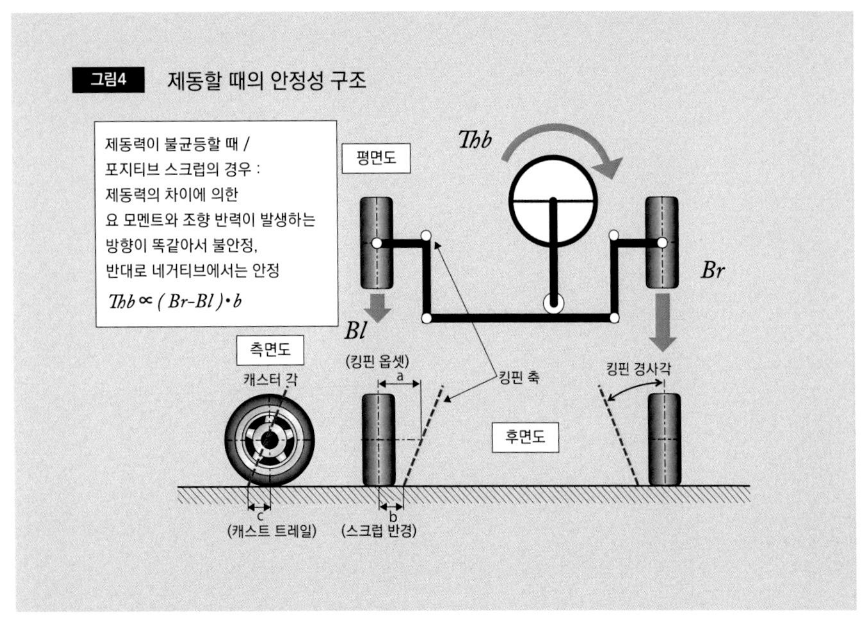

나아가 조향각을 늘려 타이어의 마찰력 한계에 다가가면 조향각을 더 꺾어주는 양에 대한 조향 반력의 증가량이 적어지기 때문에, 그로 인해 운전자는 앞바퀴의 그립 한계를 느낄 수 있다. 이것이 조향장치에서 전달되는 중요한 정보 가운데 하나이다.

고속도로 본선에 합류하기 위해 크게 원형으로 꺾인 진입도로에서 가속하면서 계속해서 선회할 때는 SH-AWD가 실력을 발휘하면서 기대 이상으로 기분 좋게 돌아주었다. 하지만 사행 도로에서는 직선에서 코너로 진입하면 이 조향장치에서 전달되는 정보가 약해진다. 더구나 직진에서 조향핸들을 틀었을 때 CF가 증가하면서 횡G가 커지는 변화에

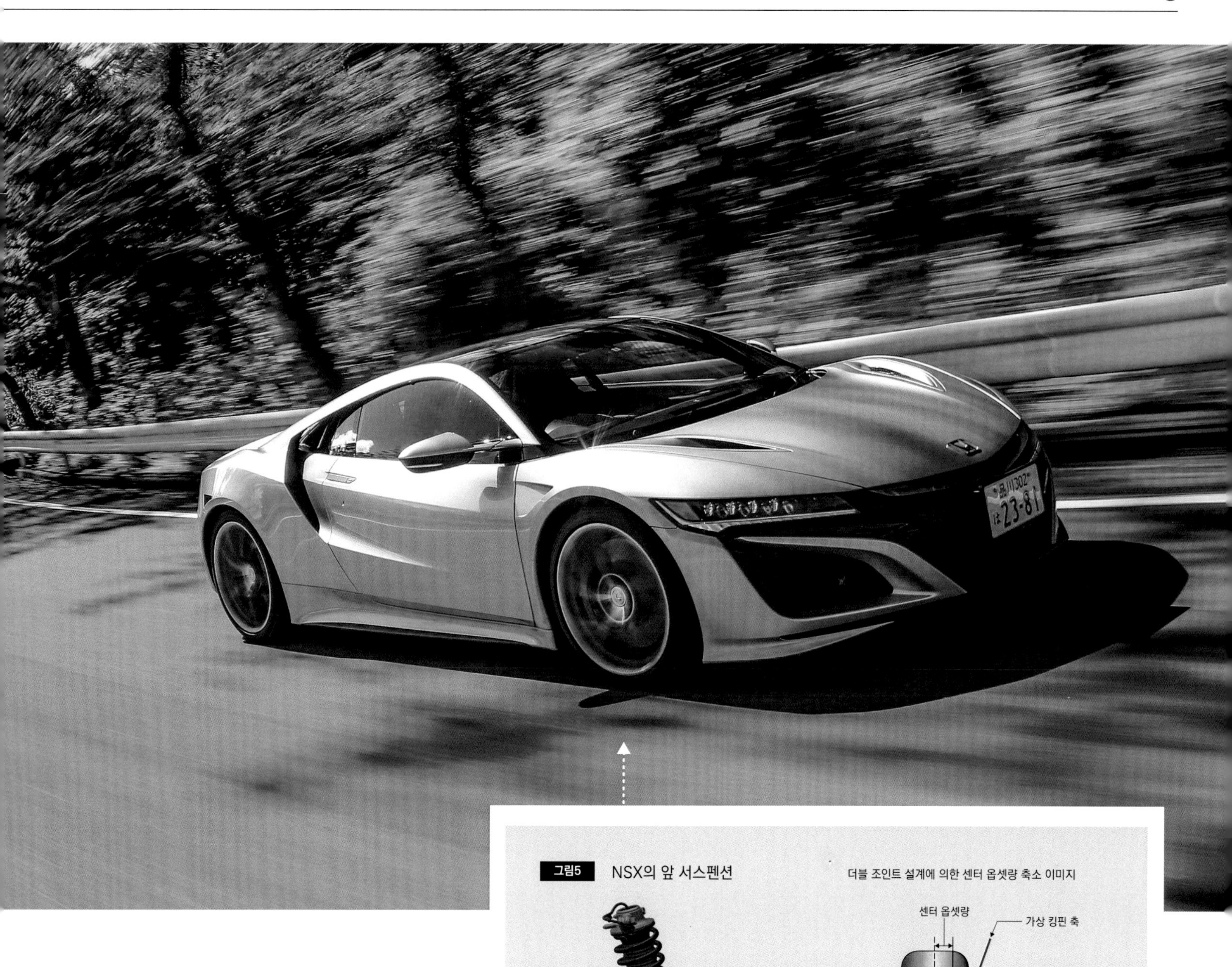

그림5 NSX의 앞 서스펜션

올 알루미늄 인휠 더블위시본 앞 서스펜션

로어 볼조인트를 싱글에서 더블로 바꾸면 킹핀 축을 가상적으로 휠 센터에 접근시킬 수 있어서 센터 옵셋량을 줄일 수 있다.

있어서 조향 반력 증가는 한 템포, 감각적으로는 아주 약간 뒤처진다. 또 S자 코너에서와 같이 조향핸들을 좌우로 번갈아 틀어줄 때는 중립 부근의 조향 반력이 흐트러지는 느낌을 주면서 자동차가 좌우 어느 쪽으로 가려고 하는지 모르게 된다. SPORT 모드에서 받은 이 느낌은 SPORT+ 모드로 바꿔도 마찬가지로, 항상 조향 반력이 무거워지는 동시에 오히려 그립(grip) 한계를 모르게 되는 인상을 받게 된다.

왜 이런 특성을 갖게 되었을까, 신형 NSX 특유의 앞바퀴 토크 벡터링과의 관계 속에서 생각해 보았다. 가장 먼저 앞바퀴 토크 벡터링의 영향에 따른 토크 조향에 대응하기 위해 전동 파워 스티어링이 어떤 제어를 하고 있는데 그것이 제대로 제어되지 않고 있다고 생각해서 이 점에 관해 관계자에게 문의했더니, 전동 파워 스티어링은 토크 벡터링에 맞춘 특별한 제어는 하지 않는다는 대답이었다. 그렇다면 남는 원인은 앞 서스펜션 지오메트리가 주는 영향이다.

앞바퀴 토크 벡터링의 어려움

필자는 자동차를 운전할 때 주행 중인 자동차의 앞 타이어와 노면 사이에서 작용하는

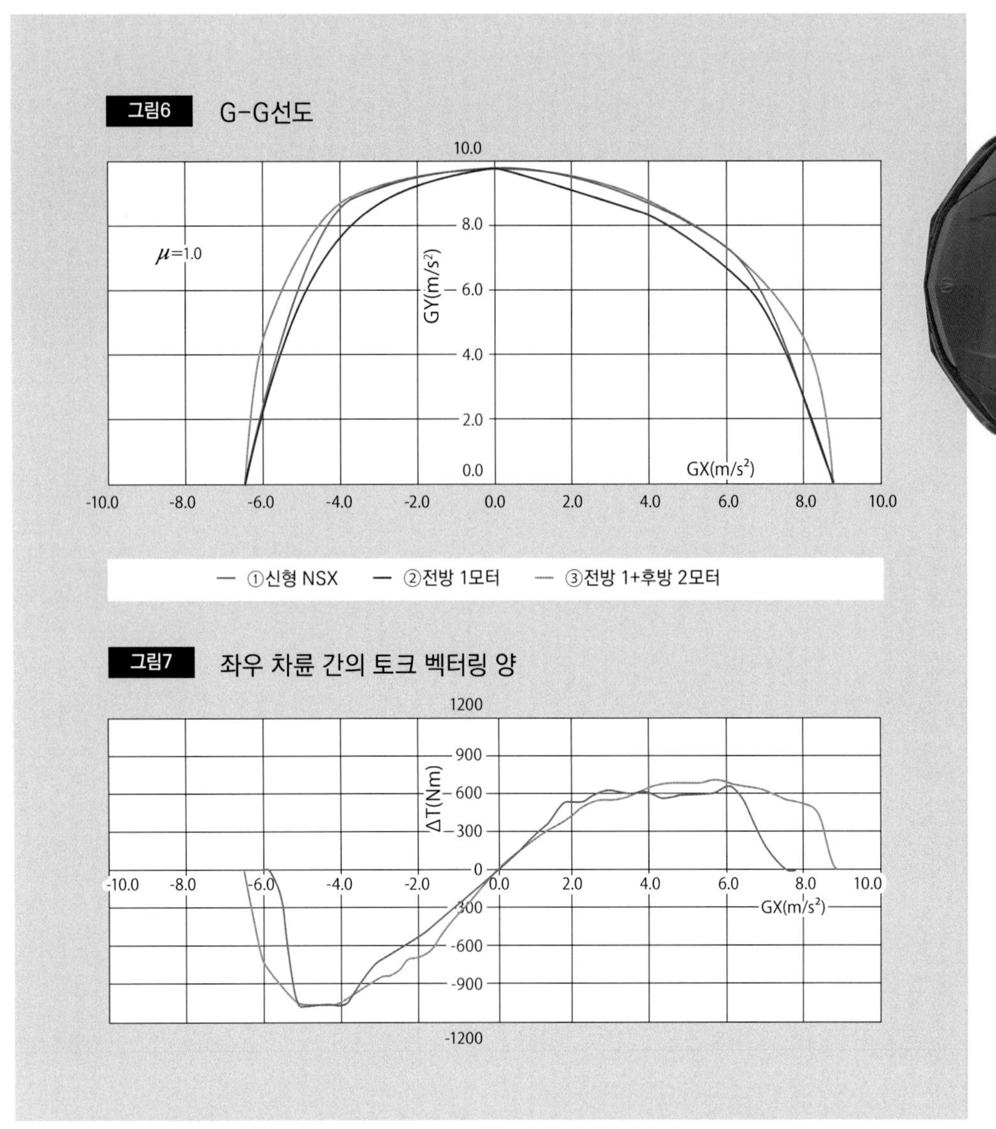

그림6 G-G선도

그림7 좌우 차륜 간의 토크 벡터링 양

힘이 조향장치를 매개로 손으로 전달되는 감촉, 앞서 언급한 조향장치에서 전달되는 정보라든가 조향 감각 정보를 매우 신뢰하는 편이다. 그것은 필자가 추운 지역 출신이라는 점, 또 오랫동안 4륜구동력 제어 시스템 개발에 관여해 오면서 눈길이나 빙판 도로 등과 같이 노면μ가 낮은 도로를 운전한 경험이 많기 때문이라고 생각한다.

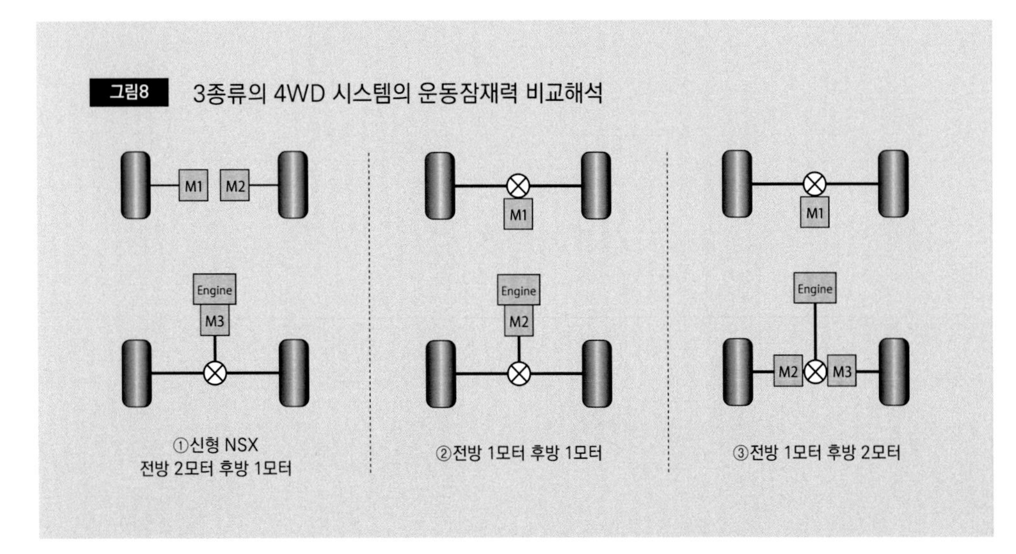

그림8 3종류의 4WD 시스템의 운동잠재력 비교해석

자동차를 운전할 때 사람은 시각정보 외에 몸으로 느끼는 전/후G, 횡G, 요 레이트, 롤 레이트, 피치 레이트와 앞서 언급한 조향장치에서 전달되는 정보에 기초해 조작하게 된다. 이들 정보 가운데, 예를 들면 눈이 다져진 노면μ=0.3 조건에서는 자동차가 발휘할 수 있는 최대 가속도도 0.3G로 제한받기 때문에 눈길에서 몸이 느끼는 전후G, 횡G, 심지어는 G의 결과로 발생하는 롤 레이트와 피치 레이트 정보는 건조한 포장도로(노면μ=1.0) 정보의 약 1/3밖에 안 된다. 또한 운전할 때 가장 중요한 시각정보도 눈길에서는 지형을 파악하기가 어렵고 희박해진다. 특히 눈 내리는 밤에는 휘날리는 눈에 헤드 라이트 빛이 반사되어 시각정보는 더 열악한 환경에 노출된다(여담이지만 이럴 때야말로 AI:인공지능이 자동주행을 해주면 최고일 텐데 하는 생각을 언제나 하면서, 그래도 어렵기는 마찬가지겠지 라고도 생각한다).

따라서 이런 μ가 낮은 도로환경에서 중요한 것이 나머지 정보, 즉 조향핸들을 잡은 손으로 전달되어 오는 조향 정보와 몸으로 느끼는 요 레이트이다. 앞바퀴 토크 벡터링은 이 남겨진 정보인 조향 정보를 적절하게 실현하기가 어렵다.

신형 NSX처럼 섀시에 장착된 파워트레인이 발휘하는 구동·회생 토크를 드라이드 샤프트를 매개로 타이어에 전달하고, 토크 벡터링으로 인해 앞바퀴 좌우 사이에서 구동·

제동력 차이가 발생하게 하면 동상적인 서스펜션 지오메트리의 자동차에서는 조향력 변화, 즉 토크 조향이 발생한다. 이 토크 조향으로 인해 발생하는 조향 반력Thf은 좌우 바퀴의 구동·제동력 차이(그림3 가운데 Fr-Fl)와 킹핀 옵셋(그림 속 a)의 곱에 비례한다. 따라서 토크 조향현상을 작게 하고 싶으면 킹핀 옵셋a을 최대한 작게하는 지오메트리를 적용하면 된다.

사실 혼다가 적용한 앞바퀴 좌우 사이의 토크 벡터링이 신형 NSX가 처음은 아니다. 1996년에 미쓰비시 자동차가 랜서 에볼루션 Ⅳ와 갤랑 레구나 VR-4에서 4WD 차의 뒷바퀴에 토크 벡터링 디퍼렌셜인 AYC(Active Yaw Control)를 적용한 것과 거의 비슷한 시기에, 혼다는 FF(전륜구동) 스페셜 카인 프렐류드에 ATTS(Active Torque Transfer System)라고 하는 토크 벡터링 디퍼렌셜을 앞바퀴에 적용했었다. 이때 혼다는 ATTS의 토크 조향에 대응하기 위해 프렐류드 전용으로 더블조인트 방식의 앞 스트럿 서스펜션을 채택함으로써 킹핀 옵셋a을 베이스 차량의 43.7mm에서 25mm로 줄였다. 생각해 보면 이 프렐류드도 조향감이 결코 좋았다고 말하기는 어려웠다.
이번 신형 NSX에서도 혼다는 똑같은 토크 조향 대책을 적용했다. 더블 위시본 서스펜션의 로어 암을 더블 조인트로 설계한 것이다. 이 서스펜션의 3면도(面圖)나 수치가 명확하지 않아서 공표자료로만 추측해 보자면, 킹핀 옵셋을 작게 한 폐해로 스크럽(Scrub) 반경(그림 속 b)이 네거티브(킹핀 축이 타이어 접지 중심보다 자동차 바깥쪽에 있다) 쪽으로 커지면서 조향장치로 전달되는 정보가 나빠진 때문인지도 모른다.

서스펜션이 반력을 받는 제동력의 좌우 불균형에 따른 조향 반력 Thb은 좌우바퀴의 제동력 차이(그림4 가운데 Br-Bl)와 스크럽 반경 b과의 곱에 비례한다. 따라서 네거티브 스크럽으로 하면 조향핸들은 좌우 제동력의 불균형으로 인해 발생하는 요 모멘트를 없애는 방향으로 돌아가기 때문에, ABS 등과 같은 브레이크 제어가 없는 시대에는 네거티브 설계를 했었다. 그러다가 네거티브 스크럽으로 하면 몇 가지 지오메트리적 이유로 조향각 증가에 수반되는 조향 반력의 증가가 작아지므로, 현재는 스크럽 반경을 거의 제로로 하든가, 약간만 포지티브하게 설계하는 경우가 많다.

또한 더블 조인트로 설계하면 서스펜션 부시 수가 늘어나서 조향장치의 마찰손실이 강해지는 것도 우려스럽다. 이런 것들이 시승했을 때 느꼈던 조향 정보가 희박한 원인으로 추측된다.

직진에서 조향핸들을 틀었을 때의 조향 반력 증가가 한 템포 지체되는 현상이나 S자 코너에서 같은 중립 부근에서의 조향 반력이 헤매는 듯한 감촉은 아마도 토크 벡터링 제어에 의한 토크 조향 탓일 것이다. 킹핀 옵셋을 작게 설계했다고는 하지만 제로는 아니기 때문에 토크 조향현상이 발생된다. 이것이 기계식 LSD(Limited Slip Differential)같이 사람의 핸들 조작이나 가속페달 조작에 맞춰 정해진 발생 과정을 따른다면 어느 정도는 습관이 해결된다. 하지만 적극적으로 토크 벡터링을 제어해 자동차의 조종성·안정성을 향상시키면 사람의 조향보다 앞서서 큰 선회 모멘트를 발생시킨다거나, 반대로 안정화를 위해 선회 역(逆) 모멘트를 발생시킨다. 그 결과, 사람의 조작과는 직접 이어지지 않는 조향 반력 변화가 발생하는 것이다.

앞바퀴의 토크 벡터링은 이 대목이 정말로 어렵다.

앞바퀴 토크 벡터링은 무리일까?

그렇다면, 앞바퀴의 토크 벡터링은 안 되는 것일까?
애초에 네 바퀴의 타이어 마찰력의 사용법으로서 올바른지에 대해 살펴보겠다.

네 바퀴의 타이어 마찰력을 유효하게 활용한 주행, 선회, 정지라고 하는 운동성능을 고찰하려면, 본지 27호의 후륜구동 자동차의 구동력과 운동성능 잠재력… 에서 해설한, 운동성능 잠재력 해석을 사용해 G-G선도(線圖)를 구해보면 쉽게 알 수 있다. 신형 NSX의 제원표에 기재된 수치를 사용해 해석해 보았다(그림6). 제원표에는 기재되지 않았으나 분석에 필요한 파라미터는 무게중심 높이 0.4m, 전후 롤 중심 높이 0.05m, 전후 롤 강성배분 50:50으로 가정했다. 또한 앞바퀴에 걸리는 최대 전달구동 토크는 앞바퀴용 모터의 제원(최대 27kW×2, 73Nm×2)에서 차속V=60km/h를 상정해 1060Nm(차축 환산)으로 가정하였다.

G-G선도는 가로축에 전후G(GX), 세로축에 횡G(GY)를 놓고 자동차의 운동 가능 영역을 나타낸 것이다. 그림 속①의 청색 선이 신형 NSX의 전방 2모터인 4WD이다. 앞바퀴 토크 벡터링 효과를 비교하기 위해 동일 차량제원 그대로②의 적색 선에서는 전방 1모터인 4WD, ③의 녹색 선에서는 전방 1모터로 하고 반대로 뒤쪽을 2모터로 해서 뒷바퀴 토크 벡터링을 탑재했을 경우를 나타내고 있다. 각각의 사례에 있어서 최적의 앞뒤 구동력 배분과 좌우 바퀴 사이의 토크 벡터링 양은 프로그램의 루프계산(반복계산)에 따른 가위치법(False Position Method)으로 구했다.

이 G-G선도에서 전후G가 큰 영역 외에서는 앞바퀴 토크 벡터링이 뒷바퀴 토크 벡터링과 비교해도 손색없을 만큼 운동성능 향상 효과를 나타내는 것을 볼 수 있다. 또 이때 필요한 좌우 바퀴 사이의 토크 벡터링 양도 ①과 ③에서 차이가 별로 없다. 이런 사실로부터 4륜 타이어의 마찰력 사용방법을 기반으로 하는 앞바퀴 토크 벡터링도 틀린 것은 아니라는 사실을 알 수 있다.

앞바퀴 토크 벡터링의 미래

앞바퀴 토크 벡터링은 운동성능 향상 시스템으로서는 충분히 효과가 있다. 앞바퀴로 할지 뒷바퀴로 할지는 운동성능 이외의 여러 요소를 고려해 각 자동차 회사가 어떻게 제품으로 내놓느냐의 선택이다. 예를 들면 차량 운동성능 잠재력 해석에서 비교한 3종류의 4WD 시스템 가운데 가격만 생각하면 ②의 전방 1모터 시스템을 선택하게 될 것이다. ③의 후방 2모터 시스템은 차량탑재 여부 등에 과제가 있을지도 모른다. 하이브리드 차로서 낮은 연비를 생각해 감속 에너지 회생을 유효하게 활용하려면 NSX가 취한 ①의 구조가 뛰어난 측면도 있다.

현시점에서는 아직도 성숙도가 부족한 감은 있지만, 필자는 이번에 혼다가 앞바퀴 토크 벡터링을 채택한 신형 NSX를 내놓은 것 자체에는 박수를 보내고 싶다.

앞바퀴 토크 벡터링은 뛰어난 조향감과 양립시키는 것이 가장 중요한 과제이다. ATTS나 AYC 등과 같은 내연기관 승용차용 토크 벡터링 장치와 달리, NSX같이 전기 모터로 직접 좌우 바퀴의 구동 토크를 차이 나게 하고 싶을 때는 뛰어난 정밀도와 응답성으로 토크 조향의 발생 정도도 계산할 수 있다. 그렇게 되면 특수한 서스펜션 지오메트리로 대처하지 않고 고도의 전동 파워 스티어링 제어로 대응하는 편이 뛰어난 조향감을 실현하는 지름길이 아닐까. 앞으로 신형 NSX가 어떻게 진화되어 갈지 기대가 크다.

Illustration Feature
ENGINE < MOTOR | 2개의 동력원 **SPECIAL** 2

[직렬 하이브리드]

e-POWER는 [순수 EV] 리프를 삼켜버리게 될까?

닛산자동차는 전기자동차 리프의 전동 장치를 이용해
엔진을 발전기 동력원으로만 기능하게 하는 직렬 하이브리드를 개발했다.
이를 통해 모터 특유 주행 특성을 맛보는 동시에 항속거리나 충전 불안이 해결된다.
새로운 장르의 창출이 스스로 키워온 장르를 부정하게 되는 것일까.

본문 : 세라 고타 사진 : MFi/닛산

ENGINE

가로 배치 엔진의 변속기 위치에 모터를 놓는 것은 병렬 혹은 직렬·병렬 하이브리드와 똑같다. 하지만 엔진은 드라이브트레인과 기계적으로 연결되지 않고 제너레이터만 구동한다. 전통적 사양도 e-POWER와 똑같은 형식의 엔진을 탑재하지만, 전통 모델의 압축비가 10.2인데 반해 e-POWER는 12.0이다. 주로 미러 사이클을 적용해 효율을 높인다. 최고출력은 전통 모델과 똑같이 발생회전속도를 낮추고 있다.

인버터

리프는 배터리와 모터 사이를 전기가 왔다갔다했을 뿐이지만 e-POWER는 제너레이터에서 배터리, 제너레이터에서 모터로도 흐르기 때문에 늘어난 흐름에 맞춰 사양을 바꾸었다.

발전용 엔진

엔진형식(型式) : HR12DE
엔진형식(形式) : 직렬3기통 DOHC
총배기량 : 1198cc
내경×행정 : 78.0×83.6mm
압축비 : 12.0
최고출력 : 58kW/5400rpm
최대토크 : 103Nm/3600~5200rpm
가변밸브 타이밍 : 흡기 밸브에 적용
사용연료 : 무연 일반 휘발유
연료탱크 용량 : 41ℓ(S등급)

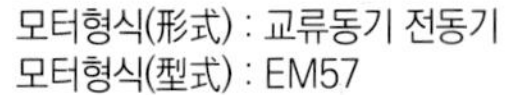

모터형식(形式) : 교류동기 전동기
모터형식(型式) : EM57
정격출력 : 70kW
최고출력 : 80kW/3008~10000rpm
최대토크 : 254Nm/0~3008rpm
최종감속비 : 7.388

모터&제너레이터

최고출력 55kW짜리 제너레이터와 최고출력 80kW짜리 구동용 모터가 직렬로 위치한다. 2모터 방식의 하이브리드라고 할 수 있지만 구동용 모터는 드라이브샤프트에만, 제너레이터는 엔진에만 연결되어 있다.

MOTOR

리프에서 숙성된 장치를 전용하는 일은 적당한 차량 가격에 맞추기 위해서는 당연한 것이었다. 노트 e-POWER의 최고출력은 리프와 똑같고, (30kWh 사양보다도 가벼운) 24kWh 사양과 비교해도 차량 무게는 200kg이 넘게 가볍다. 최종감속비는 리프가 8.1938인데 반해 e-POWER는 7.388이다. 차량 무게가 가벼운 만큼(?) 순발력을 억제하고 최고속에 치중했다. 어쨌든 동력성능은 충분하다. 리프보다 협소한 공간에 설치하는 것은 「중노동」이었다고 한다.

닛산 사내에서는 전기자동차(EV) 리프 개발에 착수한 2006년 시점에서 항속거리나 충전이 주요과제가 될 것을 인식하고 있었다.

「당시부터 백업 솔루션을 선행 검토하는 형태로 개발했죠. 그 선행 검토 가운데 하나가 레인지 익스텐더였습니다」

이 이야기는 노트 e-POWER 개발에 참여한 고미야 사토시씨이다. 레인지 익스텐더도 하이브리드의 일종이지만 바탕은 EV이다. 외부로부터 전기 에너지를 받아들여 달리는 것이 기본이다. 배터리에 충전된 에너지가 떨어지면 항속거리를 늘리기 위해 가솔린을 사용해 발전하는 구조이다. 발전기 성능이 낮아서 구동용 모터의 성능을 최대로 끌어내지는 못한다.

항속거리와 충전에 대한 우려를 불식하면서 손쉽게 모터 주행의 즐거움을 맛보기 원한다. 이렇게 생각하면 레인지 익스텐더보다 직렬 하이브리드에 더 마음이 간다. 하지만 2006년 단계에서 직렬 하이브리드에 대한 발상이 있었는지 따져보면, 고미야씨는 「적극적으로 엔진을 발전에 사용하겠다는 발상은 없었습니다」라고 인정한다. 「변환 효율을 포함해 여러 가지 문제가 있었습니다. 기술혁신이 이루어지고 에너지 관리적으로도 가능해졌기 때문에 이번에 상품화로 결실을 맺게 된 것이죠」

노트에 e-POWER를 얹겠다고 결정된 것은 14년의 일이다. 엔진을 발전 전용으로 사용해도 가격적으로 경쟁하는 직렬·병렬 하이브리드와 충분히 맞서 볼 수 있을 만큼 기술이 발전했었다는 것이다.

노트에 얹기로 결정되고 나서는 패키지와 가격 측면에서 시스템 구성이나 개별 장치들의 성능을 다듬어 나갔다. 핵심이 되는 장치는 공간 측면이나 가격 측면에서 가장 존재감이 강한 배터리였다. 엔진은 노트의 전통 사양인 HR12DE형 1.2ℓ 직렬3기통 자연흡기 엔진을 선택하게 되었지만, 「HR12DE를 전제로 한 개발은 아니었다」고 설명한다.

시스템 구성

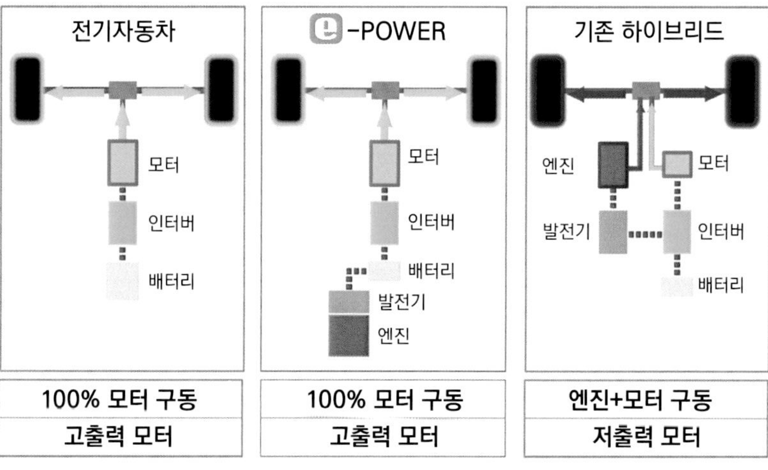

↑ e-POWER는 엔진과 모터가 직렬이기 때문에 직렬(Series). 실제로는 발전기가 만든 전기를 배터리를 경유시키지 않고 모터로 보내는 방법도 있다. 기존 하이브리드의 그림은 직렬·병렬 사례를 나타낸 것이다.

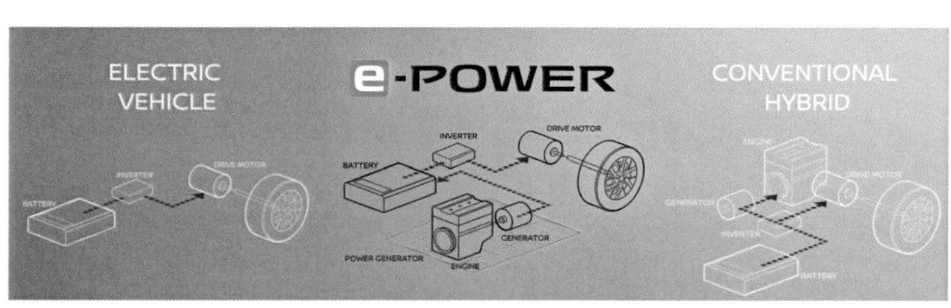

↑ 평면으로 표현한 위 시스템 구성을 입체적으로 표현한 그림. e-POWER가 하이브리드의 일종이기는 하지만, 엔진이 드라이브트레인과 관련 없다는 것을 나타내고 있다. 2모터 방식의 하이브리드는 복잡한 구성으로 보인다.

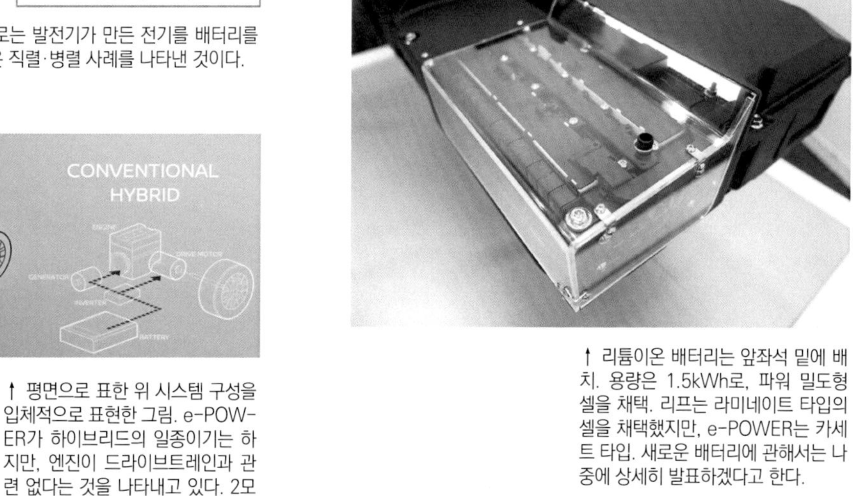

↑ 리튬이온 배터리는 앞좌석 밑에 배치. 용량은 1.5kWh로, 파워 밀도형 셀을 채택. 리프는 라미네이트 타입의 셀을 채택했지만, e-POWER는 카세트 타입. 새로운 배터리에 관해서는 나중에 상세히 발표하겠다고 한다.

↑ 신규 개발이 아니라 기존의 차체에 맞춰 새로운 파워트레인을 넣을 필요가 있어서 패키징에 버금가는 힘을 들였다고 한다. 노트의 강점인 거주성을 희생하지 않는 것이 전제였다. 크기를 작게 해야 하는 것이 대전제였기 때문에 과급을 생각하지 않았다고 한다.

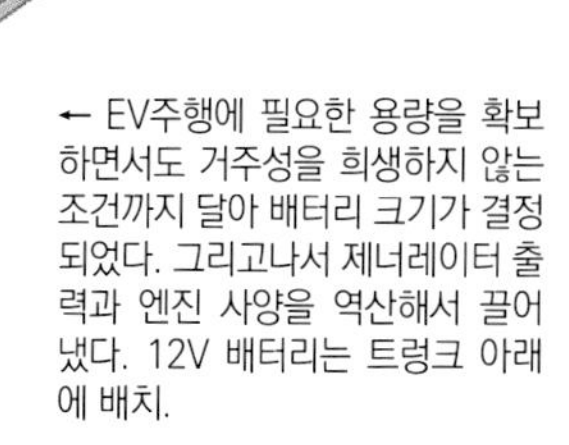

← EV주행에 필요한 용량을 확보하면서도 거주성을 희생하지 않는 조건까지 달아 배터리 크기가 결정되었다. 그리고나서 제너레이터 출력과 엔진 사양을 역산해서 끌어냈다. 12V 배터리는 트렁크 아래에 배치.

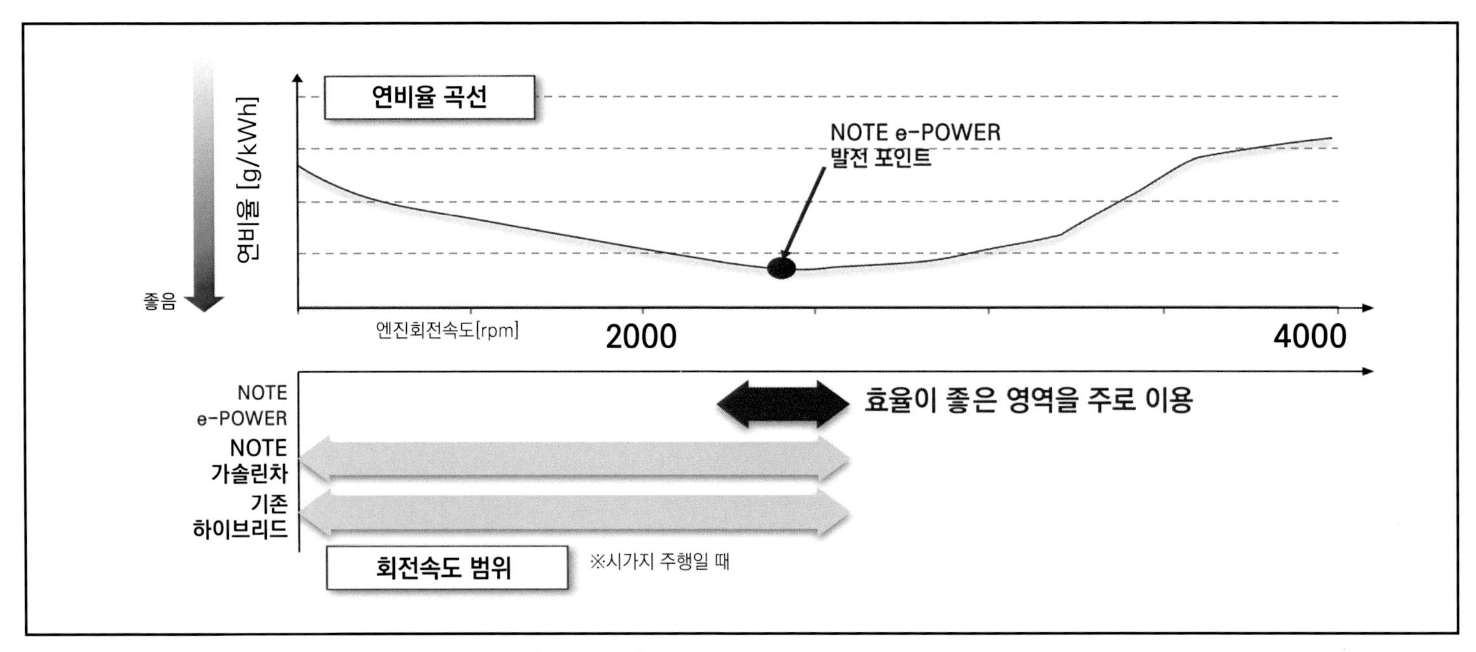

↑ 엔진과 타이어가 기계적으로는 분리되어 있어서 엔진을 효율이 높은(연비율이 좋은) 영역에서 운전할 수 있다. 큰 출력이 요구될 때는 회전속도를 높여 운전할 필요가 있다. 그럴 때는 가속 페달의 조작에 맞춰 엔진회전속도를 높임으로써 (효율을 약간 나빠지지만) 소리가 자연스럽게 들리도록 하고 있다.

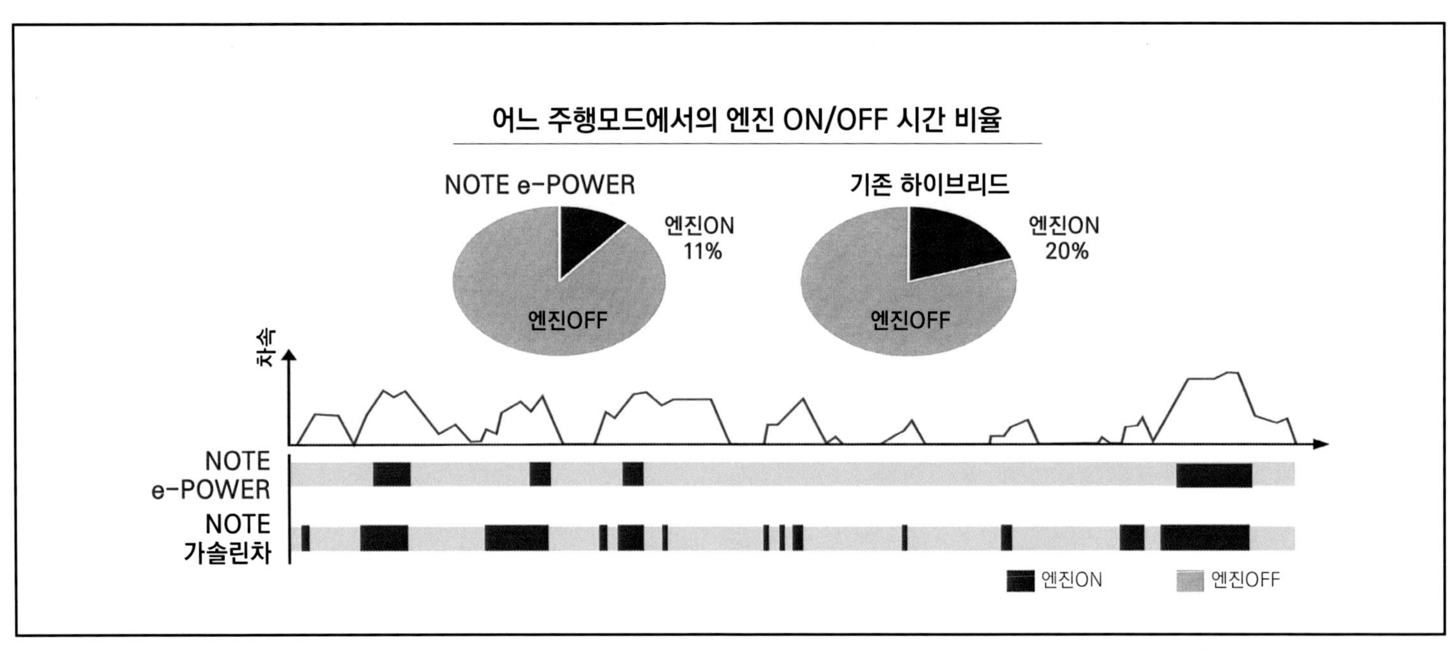

↑ 어느 주행모드(그래프 형상을 보면 JC 08모드인 듯)에서의 엔진운전 상황을 나타낸 그래프. 기본 하이브리드와 비교해 엔진작동 시간이 압도적으로 짧아 졌다는 것을 나타내고 있다. 엔진이 작동되었을 때 정상운전인 경우는 2000~2500rpm 범위에서 운전. 기본적으로는 주행소음에 의해 엔진소음이 음폐되는 40km/h 이상에서 엔진이 작동하게 하고 있다.

「몇 가지 조합을 생각했었죠. 배터리를 키우면 엔진 출력은 약간 약해지더라도 배터리가 힘을 낼 것이고요, 엔진을 키우면 배터리는 보조적으로 사용할 수 있겠죠. 자동차에 요구되는 특성이나 패키지에 따라 몇 가지 선택지가 있다고 생각합니다. 이번에는 배터리 크기를 되도록 작게 하는 쪽으로 생각했습니다. 처음에는 100% EV주행이 가능한 용량을 확보한 상태에서, 어떻게 자동차에 쉽게 장착할 정도의 크기로 억제할 수 있느냐로 접근했습니다. 그것을 전제로 배터리를 제대로 살리기 위한 엔진 크기를 찾아냈던 것이죠」

리튬이온 배터리는 앞좌석 아래에 배치했다. 용량은 1.5kWh이다. 항속거리를 확보해야 할 EV는 에너지 밀도형을 선택하고, 순발력을 중시하는 하이브리드 차는 파워 밀도형 셀을 선택하는 경향이 있다. 노트 e-POWER는 출력을 중시해 파워 밀도형을 선택했다.

엔진은 흡기 밸브를 늦게 닫는 미러 사이클을 적용해 열효율을 높이고 있다. 기본적으로는 최대 연비율을 나타내는 2000~2500rpm에서 사용하도록 설정되어 있다. 높은 출력이 요구되는 상황일 때는 회전수를 높여서 사용하는 것은 아니고 어쩔 수 없는 측면이 강하다. 배터리 출력은 공개되지 않았지만, 모터 최고출력이 80kW인데 반해 제너레이터(발전용 모터)의 최고출력은 55kW이다. 80에서 55를

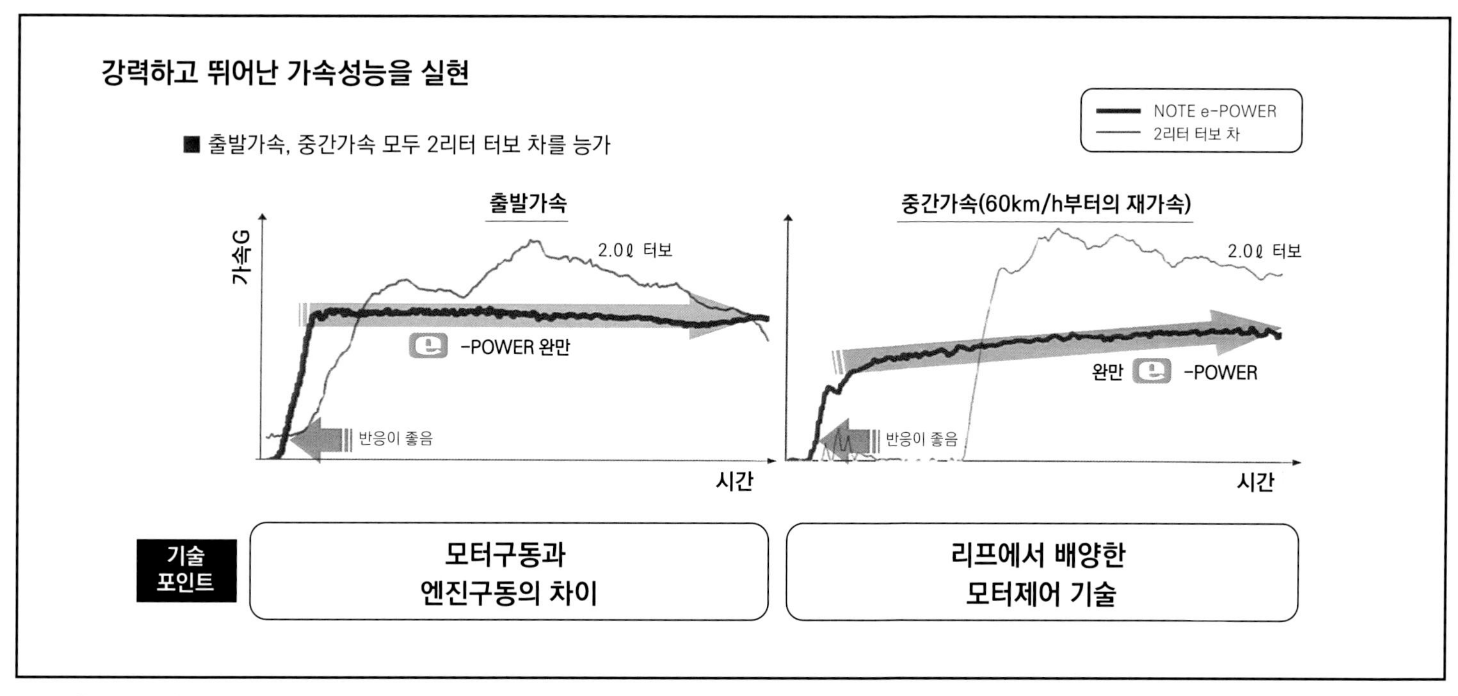

↑ 엔진 출력에 모터 출력이 더해지는 것이 아니라 고출력 모터로만 100% 구동하는 것이 e-POWER의 특징. 모터 특유의 신속한 반응과 끊김 없는 원활한 가속을 제공할 수 있다. 가속 쪽도 마찬가지. 가능한 한 회생량을 많이 가져오고 싶지만, 급감속을 발생시키면 운전자에게 부담이 되기 때문에 부드럽게 처리했다. 회생 시의 출력도 최대 약 40kW.

빼고 충방전에 따른 손실분을 더한 수치가 배터리 출력이 된다. 대략 30kW 전후라고 생각하면 된다.

이렇게 가정하면 필요한 출력이 30kW 이하여도 배터리 잔량이 충분히 남아있을 때는 배터리에 저장된 에너지로만 모터를 구동한다. 잔량이 바닥에 도달했을 때는 엔진을 작동시켜 연비율이 최대인 영역으로 운전하는 동시에 배터리에 충전하면서 달린다. 필요한 출력이 30kW보다 클 때는 배터리 출력에 제너레이터 출력을 보탠다. 이때 제너레이터에서 만들어진 전력은 일단 배터리에 충전하지 않고 인버터로 변환한 상태에서 바로 모터로 보낸다.

고속영역은 엔진에 직결하는 것이 효율이 높다(연비는 좋아진다)는 것을 알고 있지만, 적절한 가격으로 제공해야 한다는 점이 중요해서 직결되는 기능은 적용하지 않았다. 이 등급의 자동차 같은 경우 주행 상황의 70%는 시가지가 차지한다는 데이터도 직결하지 않는 것으로 결정한 배경이었다고 한다. 이런 확실한 결정 덕분에 모터구동 차량이라는 콘셉트가 명쾌해졌다.

가격과 패키징을 중시하고 배터리 용량을 최소한으로 억제했기 때문에 감속·제동 시의 에너지 회생은 중요하다. 에너지 효율을 고려하면 가능한 한 많이 회생해야 한다. 많이 회생하기 위해서는 감속도가 커져야 한다.

「개발 도전 가운데 하나가 얼마만큼 위화감 없이 회생하느냐였습니다」

자동차 쪽 형편상 일부 모드를 선택했을 때 감속도가 커지도록 했지만, 그것을 「오른쪽 다리의 움직임만으로 차속을 제어할 수 있는, 모터구동 차량 특유의 새로운 기능」으로 살짝 바꿔서 어필하고 있다. 실제로도 그렇긴 하지만 「익숙해지면 재미있다」는 수준으로 어필하는 것이다. 사전에 많은 평가를 하긴 했지만 5분만 달리면 익숙해지는 것을 알 수 있어서 자신을 갖고 1페달로만 조작하게 된다.

직렬 하이브리드인 e-POWER로 인해 항속거리나 충전에 대한 불안이 불식되면서 모터 구동의 장점을 충분히 맛볼 수 있게 된다면 과연 전기자동차는 필요할까. Well to Wheel의 CO_2 배출량은 어느 쪽이 더 유리한지까지 포함해 전기자동차의 의의를 재정의할 필요가 있을 것이다.

닛산자동차 주식회사
Nissan 제1 제품개발본부
Nissan 제1 제품개발부
제1 프로젝트 총괄그룹
DCVE(V-platform)

고미야 사토시

운동에너지와 전기에너지의 인과관계

장치와 에너지 흐름으로 하이브리드 시스템을 바라보다.

원초적인 하이브리드 시스템의 등장 이후 1세기, 자동차용 하이브리드의 실용화 이후 20년.
내연기관과 전기모터라고 하는 2개의 동력원을 어떻게 조합하고 어떻게 사용하느냐에 대해서는 실로 다양한 방식이 개발되었다.
각 장치의 배치와 에너지 흐름이라는 관점에서 다양한 하이브리드의 방법론을 정리해 보겠다.

본문 : 미우라 쇼지 그림 : 만자와 고토미

엔진 의존도가 크다

전통적 내연기관(ICE)

에너지 밀도가 높은 화석연료를 사용하는 내연기관(ICE)은 작고, 항속거리도 충분히 얻을 수 있다. 그 대신에 발생 토크는 상대적으로 작고, 토크 증폭과 엔진 회전속도를 주행속도 영역에 맞추기 위한 변속기가 꼭 필요하다. 효율 측면에서 보면 엔진 자체의 고효율화는 당연하고, 변속기로 어떻게 엔진을 고효율 영역에 머물게 하느냐가 중요하다. 다양한 방식의 변속기는 일장일단이 있어서 그것 자체가 저항이 되기도 한다. 감속 에너지는 엔진 브레이크로 사용되기도 하지만 에너지 회생 이용은 불가능하다.

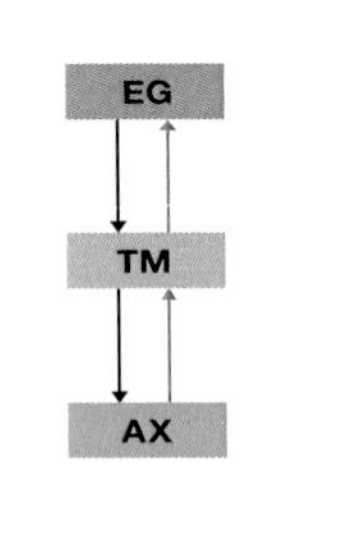

병렬 하이브리드

엔진→변속기→액슬 방식의 기구 배치는 전통적 내연기관을 따르면서, 파워트레인의 출력 경로 상 어딘가에 전동모터를 배치하는 방식. 기존 시스템을 활용할 수 있어서 내연기관 차에서 파생되는 차종을 만들기가 쉽다. 단순히 모터를 배치하기만 한다면 모터는 항상 엔진과 같이 돌아가면서 토크 지원밖에 못 하지만, 엔진과의 사이에 단속기구를 넣으면 엔진 따로, 모터 따로의 2계통 출력이 가능하다. 이것이 병렬(Parallel)이라 하는 이유이다. 모터를 어디에 두느냐에 따라 회생 능력이 바뀐다. 구동축에 가까울수록 모터 이외의 저항이 줄기 때문에 회생에는 유리하다.

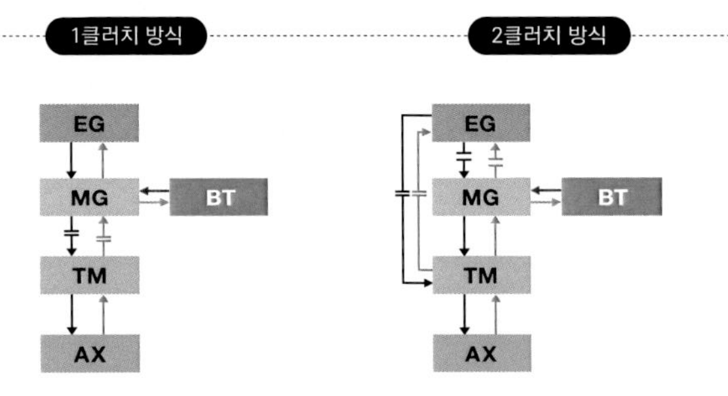

1클러치 방식: 엔진과 모터가 항상 직결된 상태인 방식. 모터와 변속기 사이에 클러치가 있어서 순항할 때는 클러치를 끊어 엔진을 정지시킴으로써 연비를 절약하지만, 모터만으로는 주행하지 못한다. 어디까지나 가속할 때의 지원이 모터의 역할로서, 엄밀하게는 병렬이 아니라 마일드 하이브리드의 일종이라고 할 수 있다. 현재는 2클러치 방식으로 옮겨가고 있다.

2클러치 방식: 모터 앞뒤로 클러치가 설치되어 엔진 출력으로만 주행하거나 모터로만 주행하기도 하고 또 양쪽을 혼합해서 주행하는 3가지 모드를 활용할 수 있다. 모터를 출발 장치로도 사용할 수 있다. 이 방식은 이론상 모터를 변속기 앞뒤로 배치해 회생 능력을 높이는 것도 가능하기는 하지만 채택한 사례는 거의 없다.

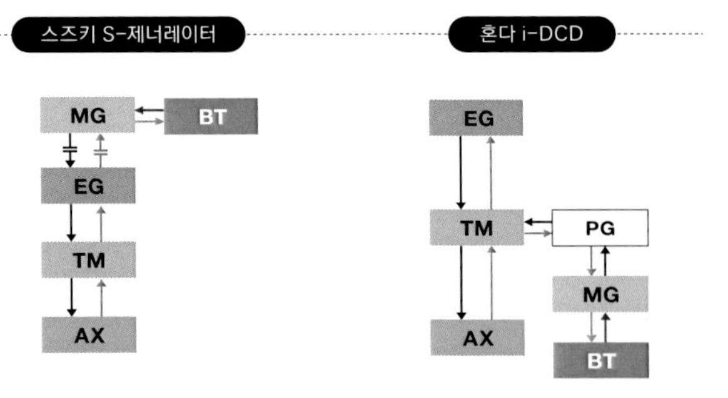

스즈키 S-제너레이터: 전용 모터가 아니라 평소에 12V 전원발전용으로 사용되는 제너레이터를 역이용해 모터로도 사용할 수 있게 한 방식. 업계 일반적으로는 BSG(Belt-driven Starter Generator)라고 부른다. 효과가 한정적이기는 하지만 시스템을 상당히 싸게(소형 고밀도 배터리는 필요) 구축할 수 있다는 점이 특징.

혼다 i-DCD: 원리적으로는 2클러치 방식의 병렬이지만 모터를 출력축 연장선 위에 두지 않고 변속기 끝쪽에 배치. 엔진 전체 길이에 제약이 많은 가로배치 타입에 알맞게 작게 구성된다. 변속기는 DCT를 사용해 홀수 1단 위치에 유성기어를 매개로 모터가 배치되며, 출력은 3단 기어부터 다른 단으로 보내지는 독특한 전달경로를 갖추고 있다.

스플릿 하이브리드

발전용과 구동용 두 가지 전동기를 갖추고는 발전과 구동 양쪽을 변속기를 매개하지 않고 중단 없이 구분해서 사용한다. 직렬방식과 병렬방식 모드를 분할·병합할 수 있어서 스플릿 방식이라고도 한다. 모터가 엔진이나 변속기와 같이 돌기 때문에 효율이 떨어지는 식의 약점이 없어서, HEV의 과제인 엔진 효율과 모터 효율의 장점만 가져오는데 가장 적합한 방식이다. 엔진 쪽에서 봤을 때 최대 효율점에 회전과 부하를 맞출 수 있어서 동력전달 기구 자체에 「전기식 CVT」라고 하는 기묘한 이름이 붙었다. 전용 시스템이 필요하기 때문에 가격은 비싸다.

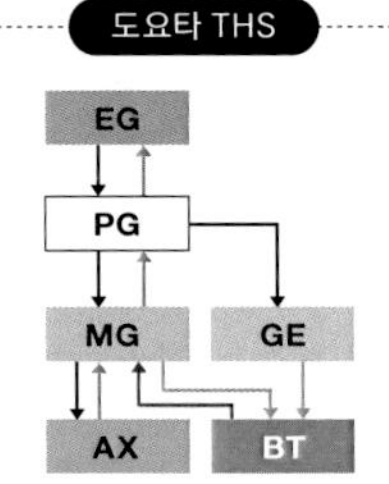

도요타 THS: 엔진과 발전기, 모터를 유성기어로 접속함으로써 각각의 회전을 연속해서 가변적으로 제어한다. 하이브리드의 대명사라고 할 만큼 그 독창성과 고효율은 높은 평가를 받고 있지만, 기구는 특허 덩어리라 추격하는 제품은 실현하기가 불가능하다. 그래서 직렬방식이 두각을 나타내는 계기를 만들어주었다고도 할 수 있다. 최신형에서는 발전기와 모터의 접속을 평기어로 바꾸어 소형화를 강행했다.

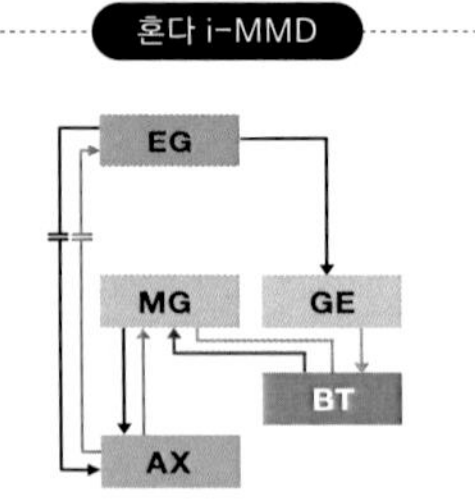

혼다 i-MMD: 기본적인 시스템 구성은 직렬방식에 속한다. 순수 직렬방식과의 차이는, 고속영역에서 모터 효율이 떨어진 단계에서 엔진 출력이 직접 구동축으로 가는 경로가 클러치를 매개로 해서 준비된다는 점이다. 배터리의 입출력 손실을 막기 위해 발전한 전력을 최대한 그대로 모터로 가게 한다. THS도 똑같은 방식으로 작동하지만 혼다 쪽이 빈도가 더 높다.

현재는 자동차용 파워트레인의 대명사로 하이브리드 차(HEV)가 인식되고 있지만, 그 역사를 풀어보면 전차나 증기기관차를 대체하기 위한 철도차량용이라는 용도에 다다른다.

그런데 그런 선구적 사례가 태어난 배경이 에코나 연비가 아니라 변속기 문제였다는 사실은 의외로 잘 모르고 있다. 옛날의 몇백 마력부터 천 마력을 넘는 대형 엔진의 구동력을 전달하기에는 클러치나 변속장치의 세련도도 부족했기 때문에 실제 운전에서는 어려운 점도 많았다고 한다. 토크 컨버터도 아직 발전 도중이었기 때문에 구동력 변환에 발전기를 한 번 매개로 삼아 모터를 사용하는 아이디어가 탄생했다. 훗날 직렬 하이브리드로 불리게 된 시스템이다. 거기에는 큰 토크에 대응하는 변속 시스템뿐만 아니라 아직 소형·대용량 배터리도 없고, 엔진 출력과 전동모터의 출력을 조합한다는 개념도 없었다. 시대는 발전해 자동차를 대표로 하는 내연기관차와 전차 같은 전동차는 각각 독자적으로 발전하면서 완성도를 높여갔다. 하지만 화석연료의 소비를 억제해야 할 지구 차원의 움직임이 나타나자, 정(定)토크 특성을 갖는 내연기관과 정(定)출력 특성의 모터가 가진 장점만을 조합하는 것이 목적달성을 위한 지름길이라고 생각한 엔지니어들이 오늘날의 HEV 시스템을 구축하게 된다. 그 방법론은 결코 한 가지가 아니다. 효율 측면만이 아니라 탑재성이나 운전성능(Drivability), 상품성까지 요구되는 자동차용 HEV는 복잡하기 그지없어서 자동차 회사의 설명만으로는 이해하지 못하는 것도 많다. 여기서는 본 특집의 이해를 돕기 위해 장치의 배치와 에너지 흐름으로 HEV를 분석해 보겠다.

모터 의존도가 크다

4WD 하이브리드

구동력을 4바퀴로 배분할 수 있는 4WD는 노면 상태와 상관없이 주행성능을 높이기도 하지만, 출력을 배분하기 위한 트랜스퍼는 복잡하고 무거워서 공간효율을 떨어뜨리는 요인이기도 하다. HEV 같은 경우는 배터리 전력을 배선만 사용해 모터로 보낼 수 있으므로 트랜스퍼가 필요 없다. 구동력도 소프트웨어 제어만으로 자유롭게 배분할 수 있다. FF의 경우는 앞바퀴 파워트레인은 하이브리드, 뒷바퀴는 순수 EV 같은 식의 시스템으로 구성된다. 스탠바이 4WD용으로 등장한 방식이지만, 크로스컨트리 4륜구동이나 스포츠카에도 널리 채택되기 시작하면서 앞으로는 4WD의 주인공이 될 양상이다.

혼다 SH-AWD

앞바퀴는 병렬 하이브리드, 뒷바퀴는 EV로 구성된다. FF 바탕의 레전드에 적용되었고, 앞뒤 구성을 반대로 한 미드십 NSX가 등장(엔진을 가로배치에서 세로배치로 변경). EV구동 쪽은 좌우 독립된 2모터로 개별제어하는 토크 벡터링 기구를 갖춘 것이 가장 큰 특징이다. 운동성능 향상에 특화된 독창적인 시스템으로서, 앞으로가 주목된다.

미쓰비시 PHEV

앞바퀴 하이브리드 시스템은 i-MMD와 똑같은 직렬방식이 바탕으로, 모터의 약점인 고속주행 때는 엔진 출력이 가세한다. 엔진이 모터와 물리적으로 연결되어 있지 않기 때문에 엔진과 충전 효율이 높아서 플러그인으로서 배터리 용량을 키우면 EV주행 거리를 늘리기가 수월하다. 무거운 SUV는 4WD와 조합하는 것도 합리적이다.

BMW i8

뒷바퀴는 엔진으로 구동하고 앞바퀴는 모터로 구동, 원동기를 앞뒤로 나눠 놓은 방식(뒷바퀴는 다소의 모터 지원이 들어간다). 스포츠카치고는 엔진 출력이 낮은 편이라 항상 앞바퀴의 모터 출력이 섞이는, 문자 그대로 풀타임 4WD이다. 고속에서 모터 효율을 높이기 위해 앞바퀴에 2단으로 전환되는 간이 변속기를 장착했다는 점은 새로운 시도이다.

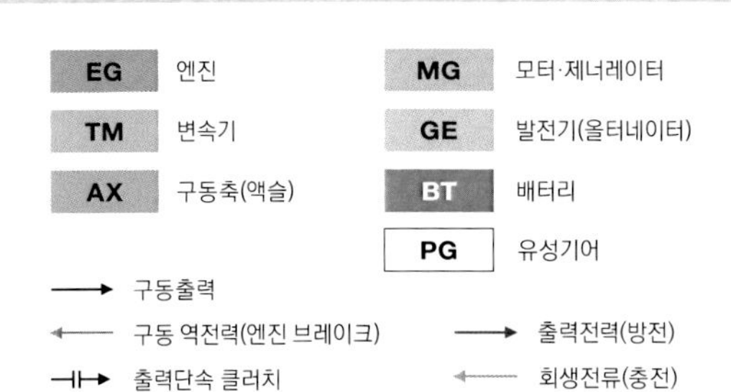

직렬 하이브리드

자동차용으로는 후발주자이지만, 하이브리드로는 가장 오래된 구성이다. 현재는 변속기가 있어서 시스템 효율을 크게 높이지 못하는 병렬방식의 결점을 불식시킬 수 있는 방식으로 주목받기 시작했다. 이런 착안이 전통적 차로부터 진화되어 온 방향임에 반해, 배터리 제약 때문에 항속거리를 늘리지 못하는 EV에서 파생된 것이 직렬방식 구성의 레인지 익스텐더라는 견해도 있다. 발전과 구동 역할이 단절된 엔진은 발전에만 전념하고 동력은 혼합하지 않는다. 고회전에서 효율이 떨어지는 모터의 특성상, 현재 상태에서는 속도영역이 시가지 주행+ 정도이다.

배터리 없음

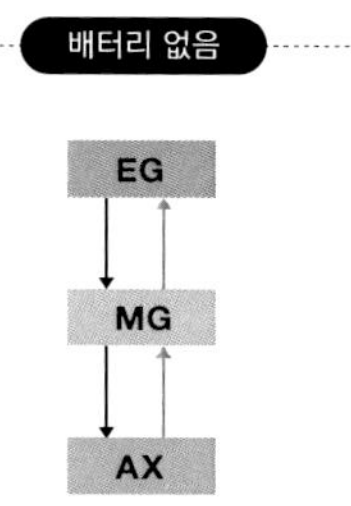

엔진 출력으로 발전기를 돌리고 거기서 얻어진 전력으로 직접 모터를 돌리는 「현장발전 현장소비」형식이다. 직렬방식의 원형으로서, 현재 JR 화물에서 사용되는 DF200 형식 디젤 기관차가 대표적인 사례이다. 엔진구동보다 엔진 배기량을 작게 할 수 있어서 연비가 뛰어나고, 제어도 쉽다. 또 무거운 배터리가 필요 없다는 이점이 있다. 철도 같이 일정한 부하주행에 적합한 방식이라고도 할 수 있다.

배터리 있음(레인지 익스텐더)

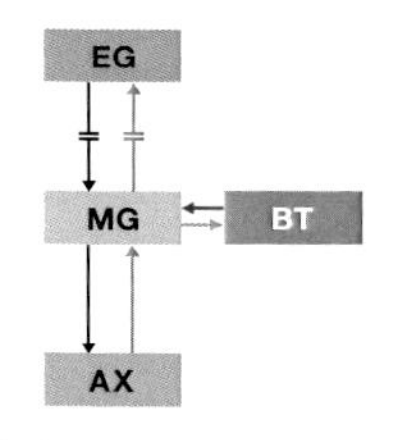

원래는 물속에서 공기를 끌어들일 수 없는 잠수함용으로 개발되었다. 배터리 사용에 따른 전기의 입출력 손실 때문에 효율은 약간 떨어지지만, 부하변동이 많은 승용차용에서는 부하에 따라 엔진의 시동이나 회전을 맞춤으로써 전체적인 효율은 높아지는 경향. 레인지 익스텐더에서 엔진은 비상용이기 때문에 상당히 작은 것을 사용한다.

순수 EV

계통발전(發電)의 에너지원이 어떤 것인가에 대한 논쟁이 있기는 하지만, 엔진이 없으므로 이론상으로 CO_2 배출량 제로를 실현할 수 있는 유일한 방법이다. 인휠 모터를 사용하면 엔진이라고 하는, 배치에 제약이 많은 장치가 없어지므로 승용차 패키지에 혁명을 일으킬 가능성마저도 내포하고 있다. 문제는 처음부터 끝까지 배터리 용량과 효율에서 오는 부족한 항속거리이다. 그것이 당분간은 극적으로 개선될 전망이 없으므로, 반대로 다양한 HEV가 계속해서 등장하는 이유이기도 하다. 뭔가 특수한 것처럼 생각되는 수소자동차(FCV)도 성립요건으로 보면 전원을 별도로 장착한 EV라고 할 수 있다.

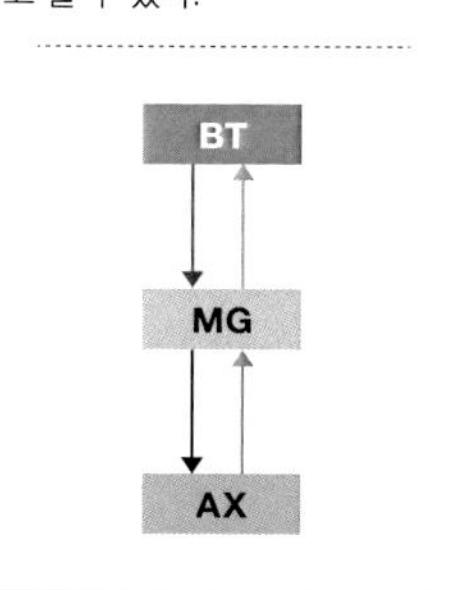

《 TOYOTA **PRIUS** 》

발전기와 모터를 다른 축에 배치 이 배치 구조는 도요타의 바람이었다.

명칭은 「THS II」 그대로이지만 배치 구조를 새롭게 한 4세대 프리우스용

어쨌든 모터와 2차전지는 소형 고성능화하기 때문에 이제는 이런 시스템을 사용하고 싶다….
THS 개발에 참여해 온 기술자들이 오랫동안 생각해 왔던 것이 드디어 모습을 갖췄다.

본문&사진 : 마키노 시게오 그림 : 도요타

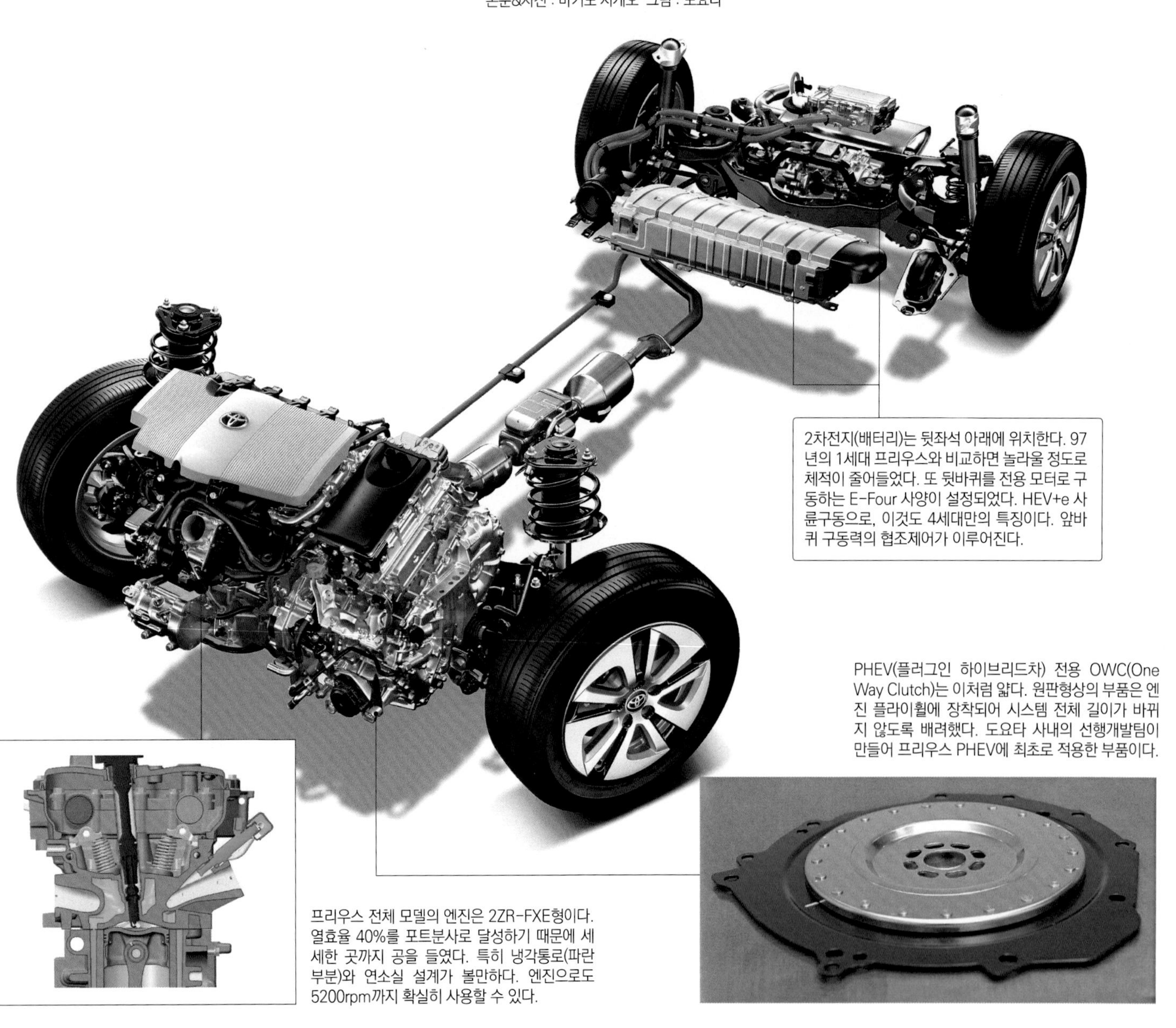

2차전지(배터리)는 뒷좌석 아래에 위치한다. 97년의 1세대 프리우스와 비교하면 놀라울 정도로 체적이 줄어들었다. 또 뒷바퀴를 전용 모터로 구동하는 E-Four 사양이 설정되었다. HEV+e 사륜구동으로, 이것도 4세대만의 특징이다. 앞바퀴 구동력의 협조제어가 이루어진다.

PHEV(플러그인 하이브리드차) 전용 OWC(One Way Clutch)는 이처럼 얇다. 원판형상의 부품은 엔진 플라이휠에 장착되어 시스템 전체 길이가 바뀌지 않도록 배려했다. 도요타 사내의 선행개발팀이 만들어 프리우스 PHEV에 최초로 적용한 부품이다.

프리우스 전체 모델의 엔진은 2ZR-FXE형이다. 열효율 40%를 포트분사로 달성하기 때문에 세세한 곳까지 공을 들였다. 특히 냉각통로(파란 부분)와 연소실 설계가 볼만하다. 엔진으로도 5200rpm까지 확실히 사용할 수 있다.

4세대 프리우스에 탑재된 THS(도요타 하이브리드 시스템)는 엔진과 직결된 발전기(MG1)와 구동력 부가용 모터(MG2)가 각각 다른 축 위에 있다. 기존에는 1축 위에 배치됐던 것이 처음으로 2축방식으로 바뀌었다. 이에 따른 유성기어 세트의 배치도 바뀌었다. 3세대 프리우스까지는 링기어(위 그림에서 적색으로 표시된, 외주가 원형인 기어)를 2중 열의 유성들(작은 기어)이 공유하는 형태였지만, 4세대는

2015
Plug-in Hybrid PRIUS

이 사진은 PHEV 사양. 전장이 약간 긴 이유는 탑재한 배터리가 통상의 HEV 사양보다 크기 때문으로, 후방충돌요건에 맞추기 위해 후방 오버행이 길어졌다. 그 때문에 트렁크 문을 CFRP(탄소섬유 강화수지)로 만들어 무게를 줄였다. THS는 「II」표기 그대로이지만 메커니즘은 완전 새로워졌다.

2009
PRIUS
3rd generation

감속 기구가 장착된 THS II를 탑재해 상업적으로도 성공을 거둔 모델. 1세대 후기에서 처음으로 승압 시스템을 탑재해 모터 출력을 높였다. 2세대부터는 북미시장을 의식해 보디가 커졌는데, 그런 흐름을 이어받아 3세대에 이르렀다. THS로서의 기구는 4세대에서도 계승되고 있다.

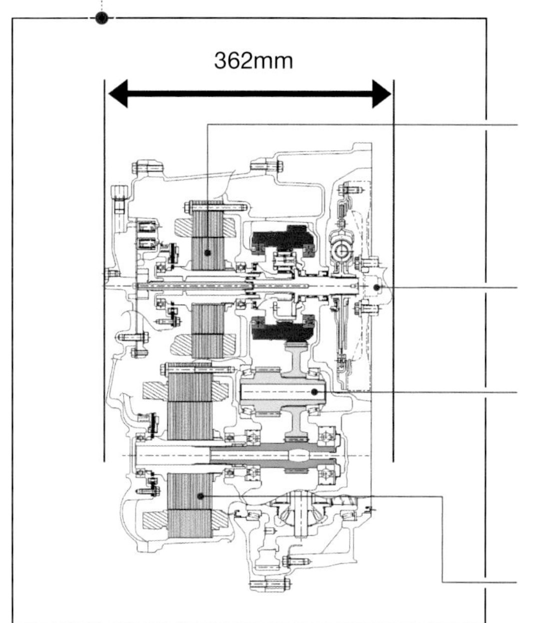

발전과 구동을 하는 MG1. 즉 모터 제너레이터.

여기서부터 엔진의 크랭크축 출력을 받아들인다. 축은 유성기어를 매개로 MG1과 연결되며, PHEV 사양에서는 이 위치에 OWV가 장착된다.

2개의 모터가 다른 축에 장착되기 때문에 이 카운터샤프트가 MG1과 MG2를 연결한다. 지름이 작은 쪽 기어는 최종감속기어로 연결되는데 그 점은 기존과 동일. 베어링은 테이퍼드 롤러로 바뀌었다.

이 부분이 주행용 모터로, 듀얼 모터 드라이브를 채택한 PHEV는 MG1도 적극적으로 구동에 이용한다.

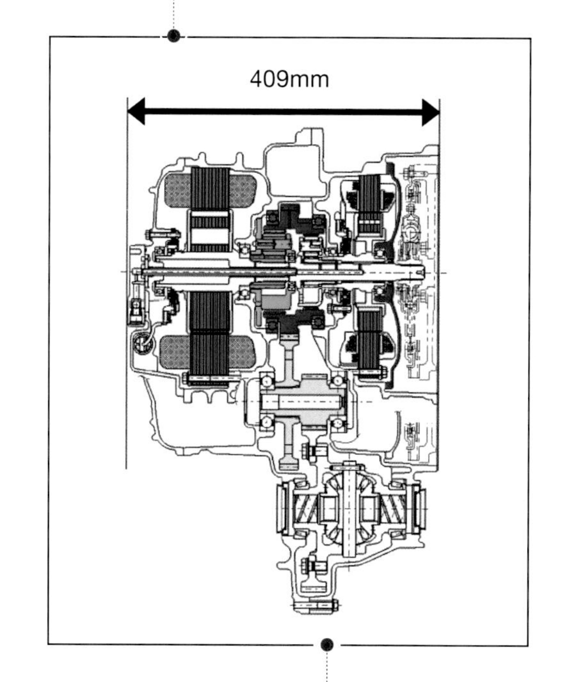

유성들이 1열로 간소화되고 카운터샤프트(황색 부분)를 매개로 연결되어 있다. 그 때문에 전체길이가 짧아졌다.

짐작하건데 3세대까지 복잡한 형상으로 이루어진 링기어(우측 그림 참조)는 열처리가 어려웠을 것이다. 상식적으로 생각하면 기어 연마와 침탄 담금질은 필요하므로 항상 열처리 뒤틀림을 예측한 가공을 같은 조건에서 실현해야 한다. 그에 반해 2축으로 한 링기어는 간소하고 2축화 자체도 응용범위가 넓을 것으로 추측된다. 이 시스템에 새로운 이름을 붙이지는 않았지만 스스로 THS Ⅲ로 불러도 손색없는 변화라고 생각한다.

THS에서는 엔진과 직결된 유성기어로 발전기를 돌린다. 이 발전기는 스타터 모터 역할도 한다. 발전된 전력은 모터로 흘러가든지 배터리에 저장되든지 두 가지 회로로 구성된다. 어떤 식이든 전력은 주로 구동에 사용된다. 한편 엔진 쪽에서 보면 크랭크축 출력은 발전에 사용되든지 바퀴 구동에 사용되는지 2회로이다. 발전과 구동은 동시에 일어날 수 있다. 즉 THS는 동력배분 기구(구동에서 보면 동력혼합기구)를 사용해 재이용 전력을 제대로 조합하는, 에너지 절약 주행을 위한 시스템이라고 할 수 있다.

작동은 일단 차속이 제로이면 엔진도 MG

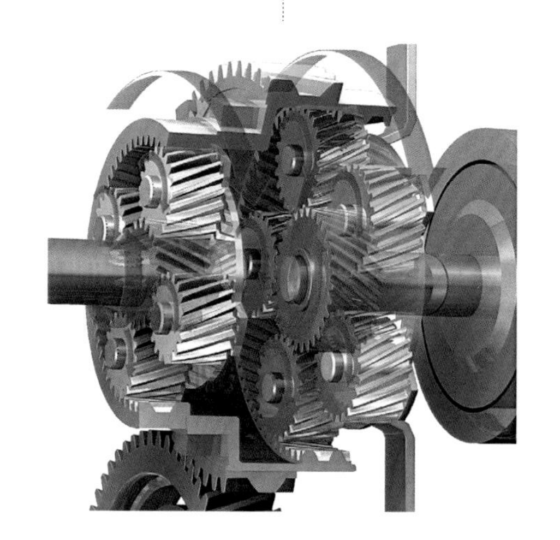

1, MG2 모두 정지된다. 가속페달을 밟으면 모터동력으로 출발하고 저속에서는 모터만 사용한다. 가속할 때는 엔진동력을 같이 사용하면서 엔진은 에너지 효율이 좋은 회전영역을 사용한다. 운전자는 가속페달 조작을 통해「어떻게 운전할지」에 대한 의사를 자동차에 전달하지만, 그 명령은 엔진으로 가는 것이 아니라 THS 제어 컴퓨터로 들어간다. 그리고 가속 페달의 밟고 떼는 정도에 따라 컴퓨터가 유도한 출력 명령이 엔진으로 전달된다.「지금 몇 kW의 출력이 필요하니까 내보내세요」라는 명령이다. 엔진 출력은 구동과 발전으로 나누어지고 그 비율도 컴퓨터가 결정한다. 그리고 거기에 동력배분 기구인 유성기어 세트가 이용된다. 밖에서 구동력 혼합기구로 불리는 THS의 유성기어는 구동력 혼합이 아니라 에너지 배분을 담당하는 기구이다.

유성기어의 간소화를 막았던 요인에 대해 4세대 프리우스의 THS를 개발한 팀은 이렇게 말한다.

「2축화에 대한 아이디어는 전부터 있었습니다. 전에는 모터가 컸기 때문에 그대로 2축식에서 사용하면 축간거리가 넓어져 탑재하는데 문제가 있었죠. 특히 스테이터(외주) 쪽이 커져서 이것을 개선하기 위해 이번에 코일의 권선방법을 크게 바꾸었습니다. 그 결과 2축식으로 해서 시스템 전장을 47mm 단축하고 무게도 줄일 수 있었죠. 1세대 프리우스용 THS와 비교하면 20kg 이상 가벼워졌습니다」

HEV(하이브리드차)에 있어서 작고 가벼운 것 이상의 은혜는 없다. 탑재 자유도가 넓어지고 엔진룸의 가로 폭을 규제하는 사이드멤버 간격을 좁힐 수 있기 때문이다. 그리고 THS의 새로운 진화로는 MG2에서 통상적으로 모터를 구동하는데 MG1을 모터로 추가한 듀얼 모터 드라이브를 들 수 있다. 다만 이것은 배터리 출력이 충분하지 않으면 안 된다. 통상적 사양의 프리우스가 장착하는 배터리 용량으로는 단시간에 소진되므로 그 이후에는 엔진을 작동시켜 발전하게 된다. 약간 본말이 전도된 감이 있다.

「듀얼 모터 드라이브가 기대되는 것은 플러그인 사양입니다. 외부

충전까지 사용할 수 있는 PHEV(도요타에서는 PHV라고 부르지만, 본지에서는 일렉트릭의 E를 넣어 PHEV=Plug-in Hybrid Electric Vehicle로 부르겠다)는 용량이 큰 배터리를 탑재하기 때문에 전력 출력이 충분합니다. 지금까지의 구조로 MG1을 구동하면 엔진이 역회전하지만, OWC(원 웨이 클러치)를 조합해 MG1을 구동할 수 있게 함으로써 선대와는 다른 PHEV가 실현된 것이죠. 게다가 PHEV화에 있어서 추가되는 기계부품이라고 해야 OWV뿐입니다. OWC를 플라이휠 내에 장착하기 때문에 시스템 전체 길이도 바뀌지 않고요. THS의 자산을 최대한으로 활용하면서 고성능 PHEV를 만든 겁니다」

1세대 프리우스에서 채택했던, 유성기어를 통한 엔진 동력배분 기구를 계속 사용하면서도 이번 2축화로 메커니즘 부분은 간소화되었다. 작동 상 특징을 보면 출발부터 저속주행까지는 HEV 사양과 다르지 않지만, PHEV에서는 가속할 때 엔진 시동 없이 MG1을 모터로 참여시킨다. 그 때문에 EV(전기자동차)로서의 주행영역이 넓다.「JC모드로 EV 항속거리가 60km 이상이라고 발표하고 있는데, 이 정도면 일상적 사용의 70%는 커버할 수 있는 수준이죠. 출퇴근이나 동네에서 탈 때 고부하로 운전하지 않으면 엔진은 작동하지 않습니다. 전지 성능이 개선되면 EV 항속거리는 조금 더 길어집니다」

EV주행 영역이 확대되었기 때문에 전동 오일펌프가 추가되었다. 엔진 회전으로 구동되는 기계식 펌프를 사용하지 않는 시간이 길어지면 유성기어에 대한 윤활이 부족해진다. 그것을 막기 위해 오일펌프는 이중으로 되어 있다. 또 모터 구조도 쇄신되면서 로터 내에 영구자석을 넣는 방법이나 전자강판 사양 등이 개선되었다. 시스템 제어의 기본은 바뀌지 않았지만 THS의 메커니즘은 새로워졌다.

「희토류(Rare Earth)에 의존하지 않도록 연구했습니다. 3세대 프

리우스와 비교하면 85%를 줄였고, 1세대와 비교하면 100분의 1에 불과합니다. 또 OWC 대신에 전자 클러치를 사용하자는 안도 있었습니다. 에너지 손실과 추가적인 제어를 고려하면 OWC 쪽이 더 낫다는 결론을 내리긴 했지만요. 다만 플라이휠을 깎아서 장착하기 때문에 통상적인 HEV 사양과 이 부분의 관성(Inertia)을 맞추는데 고생은 좀 했습니다. 이 OWC는 선행개발 쪽에서 제안한 것인데, PHEV뿐만 아니라 출발&정지에도 사용할 수 있다고 생각합니다」

PHEV에 대해 살펴보면 유럽 진영은 엔진을 발전기로 사용하는 사례가 압도적으로 많다. THS에서 엔진은 액추에이터로서, 배터

차량실내 쪽(배기 쪽)

리를 다 사용한 상태나 고속으로 주행할 때는 통상적인 HEV로서의 연비성능을 발휘한다. PHEV는 THS가 있었기 때문에 나온 것이라고 할 수 있는데, 바꿔 말하면 THS가 2개의 모터를 다른 축에 배치하고 싶은 오랫동안의 바램이 있었고, 이것이 달성된 HEV 시스템을 바탕으로 최소의 부품만 추가함으로써 PHEV화가 가능했다는 것이다.

유럽에서는 PHEV에 특별한 혜택을 준다. EV주행 거리가 늘어나면 늘어날수록 베이스 차량의 CO_2 배출량이 할인되는 것이다. 유럽이 일제히 전동화의 길로 가는 이유는 이 「규제의 마술」에 있다. 유럽형 4세대 프리우스는 PHEV화로 인해 HEV로서의 CO_2 배출량이 40% 이상 줄어들 것이다. 다만 유럽의 운전자는 「자신의 의사대로 파워트레인이 반응할지」에 대한 운전성능을 우선한다. 그렇다면 거기에 대한 상황은 어떨까.

크기는 아주 작지만, 역회전 방지를 위한 래칫(Ratchet) 기구에는 스프링이 내장되어 있어서 300rpm 이상으로 회전하면 원심력에 의해 자연스럽게 올라오면서 끌리지 않게 한다.

한쪽 면이 투명판으로 된 샘플용 OWC. 볼이라고 하는 작은 부품은 두께가 약 4.5mm이다. 건조한 환경에서 사용된다. 엔진이 회전할 때는 미세한 홈을 이용해 상황에 따라 돌아간다. 회전 관성을 통상적인 HEV 사양과 맞추기 위해 PHEV의 플라이휠은 단조로 되어 있다.

유성기어 앞쪽으로 OWC를 내장한 플라이휠과 댐퍼가 보인다. 위쪽의 동일 축 2열 기어가 카운터 샤프트로서, 지름이 작은 톱니가 최종감속기어로 나가는 출력이다. 덧붙이자면 PHEV 사양은 케이스 앞쪽에서만 전체 길이에서 3mm 차이가 난다.

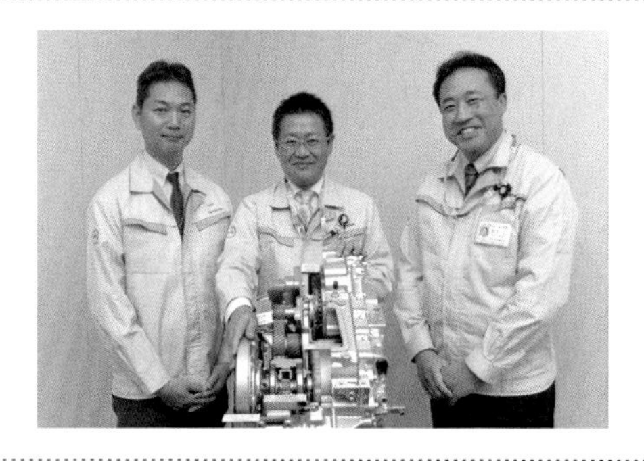

파워트레인 회사에서 THS 및 HEV 개발에 관여해 온 기술자들과 이야기를 나누었다. 왼쪽부터 HV 시스템 총괄부의 다케우치 히로아키 주사, HV 드라이브트레인 개발부의 츠치다 미치타카 그룹장, HV 시스템 개발총괄부의 후시키 슌스케 주간. THS는 2017년에 탄생 20주년을 맞았는데 개발·개량에는 수많은 기술자가 참여해 왔다. 1세대 개발 때는 사내 최우선 취급에 비용도 상관하지 않았다고 하는데, 그런 의미에서 THS는 완전히 도요타의 파워트레인이라고 할 수 있다.

지금이니까 말할 수 있는 1세대 프리우스 「80분의 1」의 결과

「연비 2배」가 THS=도요타 하이브리드 시스템을 개발한 동기였다.
시스템 후보 약 80종류 가운데서 선택해 숙성시켜 온 방식이 22년이나 되었다.

본문&사진 : 마키노 시게오 그림 : 도요타

1997
PRIUS
1st generation

1세대 프리우스 개발 참여자들

파워트레인 컴퍼니
선행 프로젝트 추진실 실장
다카오카 도시후미

파워트레인 컴퍼니
HV 시스템제어 개발부 부장
아베 신이치

파워트레인 컴퍼니
HV 선행개발부 부장
야마나카 아키히로

도요타는 1995년 2월에 차세대 파워트레인 개발의 일환으로 하이브리드 시스템 개발을 출범시켰다. 애초의 계기는 92년 6월에 브라질 리우데자네이루에서 개최된 회의에서 기후변화에 관한 유엔 기본협약이 채택되면서부터이다. 아직 세계적으로 CO_2(이산화탄소)에 의한 지구온난화 문제가 그다지 시급한 문제로 인식되지 않을 때였지만, 도요타는 미래의 자동차 파워트레인에 대해 백지에서부터 다시 생각하는 프로젝트를 가동한 것이다. 그 프로젝트에 참여하면서 1세대 프리우스 상품개발까지 한 세 명에게 「당시 상황」에 대해 들어보았다.

하이브리드 자동차용 동력원의 적성

효율, 청결도, 연료특성, 비용 등

가솔린엔진 〉 디젤 ≒ 가솔린 직접분사 〉 기타 의 순서로 적합하다.
← 우수함

동력원의 종류	효율		청결도		연료특성				가격	크기	NV	평가
	최고효율	경부하효율	테일파이프	증발가스	탱크용량	인프라	잔존량, 범용성	안전성				
가솔린엔진	○	△	◎	○	◎	◎	○	◎	◎	◎	◎	전체 균형 최고. 경부하효율은 하이브리드화로 보완한다.
디젤엔진	○	◎	△	○	◎	◎	○	◎	○	◎	△	린NOx촉매 개발에 의존. 북미는 인프라 불충분.
CNG엔진	○	○	◎	◎	△	△	○	○	△	◎	◎	탱크가격이 최대 과제.
가솔린 직접분사(D-4)	○	◎	△	○	◎	◎	○	◎	○	◎	◎	
메탄올엔진(디젤사이클)	○	◎	△	○	○	○	◎	◎	○	◎	△	포트분사는 가솔린보다 뛰어난 항목이 적다.
가스터빈	○	◎	△	○	◎	◎	◎	◎	△	◎	◎	촉매의 내열성 향상이 과제. 최고효율은 촉매 내열성과의 이율배반적 관계.
수소엔진	○	◎	○	◎	×	×	◎	△	×	◎	◎	탱크용량, 가격이 과제.

동력원은 어떤 것을 선택해야 할까.

당시에 참여자들은 궁극적인 선택은 「태양 에너지를 사용해 수소를 만들고 그것을 자동차에 사용하는 것」이라고 생각했다. 하지만 전 세계적으로 수소를 가솔린처럼 쉽게 얻을 수 있게 될 때까지는 시간이 걸린다. 그렇다면 그때까지의 「연결자」로는 어떤 파워트레인이 최적일까. 차량 가격상승을 억제한 상태에서 CO_2 배출을 반감시키는 기술로 하이브리드(동력혼합=이하 HEV) 방식이 특별히 뽑혔다. 그렇게 선택하기까지는 다각적인 검토가 이루어지면서 그야말로 「백지에서부터 생각한다」는 방침이었지만, HEV로 결정되고 나서도 동력원과 혼합방식의 검토는 치밀하게 이루어졌다.

마키노(이하=M) : 전동 모터와 내연기관을 같이 사용하는 하이브리드차(도요타는 HV라고 하지만, 본지에서는 일렉트릭의 E를 넣어 HEV라는 표기를 사용한다)의 개발 프로젝트로 내세운 목표는 무엇이었을까요?

도요타(세 명의 발언은 모두 도요타로 표기한다=이하 T) : 알기 쉽게 CO_2의 반감(半減), 즉 연비 2배입니다. 1995년 도쿄 모터쇼에 출품한 프로토타입 프리우스는 모터 겸 발전기(MG=모터 제너레이터) 하나인 병렬 HEV로, 연비는 약 1.5배였습니다. 그보다 9개월 전인 95년 2월에 시작된 프로젝트에서 연비 2배가 목표로 설정되었습니다. 2배면 EV(전기자동차)와 비교해도 CO_2 절감에 대한 우위성이 있을 것으로 생각했던 것이죠. 하지만 기존 파워트레인을 개량해도 좀처럼 2배까지는 안 되더군요. 다각적인 검토를 몇 개월 동안 거듭한 결과 병렬·직렬 타입의 THS(도요타 하이브리드 시스템)이 선택되었습니다.

M : 연비 2배의 방법론으로 THS로 결정했다는 겁니까?

T : 당시에도 다양한 방식의 HEV가 있었습니다. 우리는 80종류 정도의 시스템 검토에 들어갔죠. 막 등장했던 시뮬레이션 소프트를 활용해 80종류를 10종으로 간추린 다음, 최종적으로는 4개의 후보만 남겼습니다. 제어, 운전성능, 탑재성, 가격 등이 자동차로서 성립할지 어떨지를 상세히 검토한 결과 우리가 THS라고 이름 지은 방식에 도달하게 된 겁니다. 채택하지 않았던 방식도 그 후 세상에 제품으로 등장하더군요.

M : 병렬 타입 HEV만 하더라도 몇 가지 타입이 있는데, 어떻게 THS가 가장 좋다는 결론에 도달했을까요?

T : 우리도 마지막까지 고민했습니다. 엔진과 2개의 모터/제너레이터(이하 M/G)를 연결에는 유성기어를 사용하고 있습니다. 이것이 기계배분 방식이죠. 그리고 엔진 출력축을 제너레이터에 연결하고 그 제너레이터의 스테이터가 뒤쪽의 모터 로터로 이어지는 방식입니다. 이것은 전기배분 방식으로 불리는데, 제2차 세계대전부터 항행하면서 충전하는 잠수함 기술로도 존재했었죠. 기계배분 방식은 에너지 효율이 전기배분 방식보다 뛰어나다는 장점은 있지만, 전기배분 방식으로 하면 유성기어라고 하는 기계부품을 사용하지 않아도 똑같은 동작이 기능합니다. 1세대 프리우스를 시판한 뒤에도 정말로 기계배분 방식으로 충분한지 어떤지는 계속해서 고민했던 문제입니다.

M : 전기배분 방식은 엔진~제너레이터~모터가 일직선 위에 늘어서게 되는데요. 시스템 전체 길이가 길어져서 FR에는 유리해도 FF에서는 탑재성이 문제가 될 것 같습니다.

T : 그렇습니다. 1축밖에 안 됩니다. 현재의 4세대 프리우스에서는 제너레이터와 모터를 다른 축에 배치하는 방식을 채택하고 있습니다만, 이것을 생각하면 기계배분 방식으로 하길 잘 했던 것이죠(웃음).

M : 3세대 프리우스에 채택된 유성기어의 링기어는 안쪽에 원주 길

연료탱크 무게, 용량

가솔린 30ℓ 상당의 연료 중량, 용량

연료	연료 무게(kg)	탱크 무게(kg)	연료+탱크무게(kg)	연료용량(L)
가솔린	22	7	29	30
경유	22	7	29	27
CNG 200kgf/cm²	20	40 수지탱크 80 금속라이너	60 100	110
메탄올	49	10	59	62
고압수소 1500kgf/cm²	8.2	755	760	670
액체수소	8.2	65	73	115

가격 / 엔진+연료계

동력원 종류	가격상승 요인	가격예상	판단
가솔린엔진	기준		◎
디젤엔진	분사펌프		△
CNG엔진	탱크		△
가솔린직접분사	분사펌프, SCV		△
메탄올엔진	부식대책, 인젝터 내구성		○
가스터빈	내열합금, 가공정밀도		△
수소엔진	탱크, 연료배관		×

97 PRIUS 1st Generation

VVT 장치가 THS 조력자였다. 지각~진각 폭은 아직 좁았지만, 그래도 재시동을 걸 때의 진동 절감에는 크게 도움이 됐다고 한다. 1세대 프리우스의 개발 참여자들이 몇 가지 주요 장치를 언급할 때는 반드시 VVT가 들어간다. 그룹 내에서 개발이나 조달까지 다 이루어졌다.

모터와 조합할 내연기관도 검토되었다. 당시 도요타에는 직접분사 린번「D-4」가 있었지만, D-4가 경부하 영역에서 펌프 손실 절감에 장점이 있기는 하지만, HEV에서는 경부하 영역을 사용하지 않기 때문에 장점이 없다고 판단되었다. 마지막까지 남은 것은 가솔린, 디젤, CNG 3가지였다.

시뮬레이션 활용은 개발 기간을 대폭 단축시켜 주었다. THS 개발 참여자들은「시뮬레이션을 생각한 사람과 그것을 사용하는 사람 사이에는 큰 차이가 있다. 원리원칙을 잊지 않고 계산 한계를 파악한 상태에서 시뮬레이션을 활용하면 큰 무기가 된다」고 말한다.

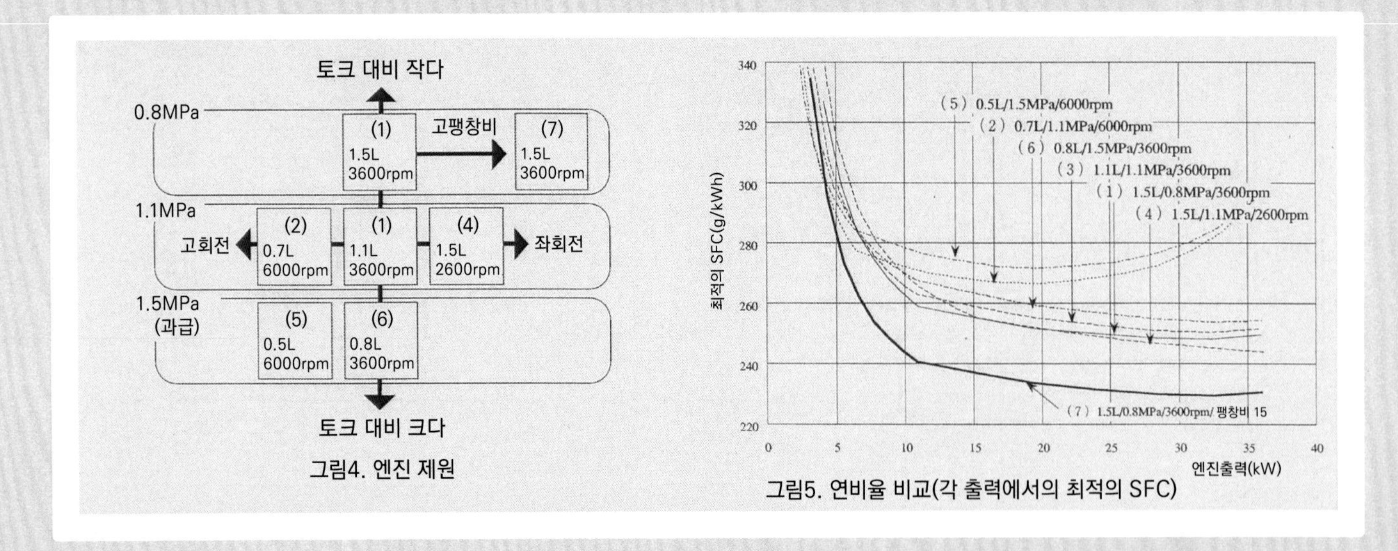

그림4. 엔진 제원

그림5. 연비율 비교(각 출력에서의 최적의 SFC)

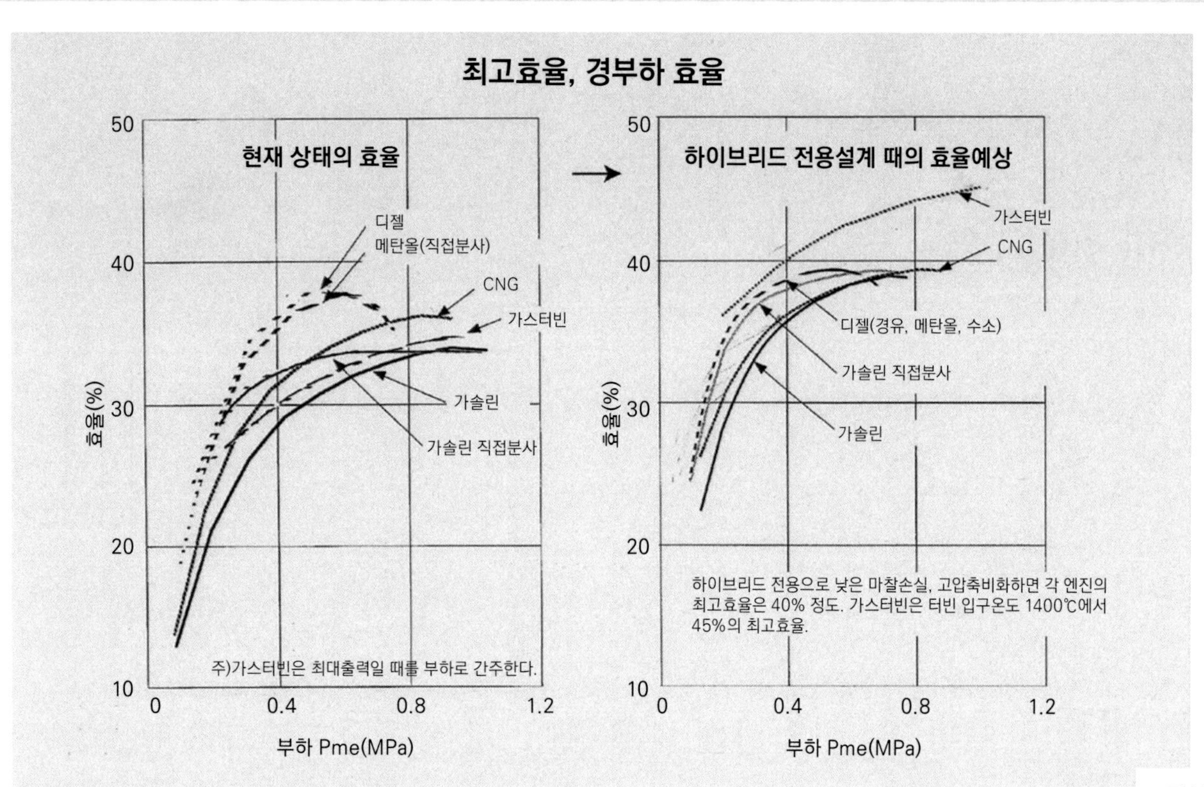

이 그래프도 참고가 될만한 그래프이다. 「새로운 일을 시작할 때는 모든 가능성을 부정하지 않는 자세가 중요하다. 하나씩 검증하면서 좁혀 나가면 된다」는 것이다. THS 초기 참여자들은 현재는 풍부한 시뮬레이션 툴이 있어서 상당히 정확하게 예측할 수 있다고 말한다.

주) 본문에서 사용한 표·그래프는 실제로 THS 개발단계에서 검토자료로 사용된 것으로, 그 기술적 바탕은 25년 전 것이라는 것을 밝혀둔다.

이가 다른 2열의 톱니가, 바깥쪽에도 톱니가 난 형상이었습니다. 그 기어를 양산하고 있다는 것이 저에게는 경이적이었습니다. 대체 어디를 가공 기준면으로 하고 있는지가 말이죠….

T : 베어링 지지부가 기준면이기는 하지만 확실히 성형을 병용하기 어려운 형상이기는 합니다.

M : THS는 기계부품의 변속기가 없는데 어떤 생각에서 그런 것일까요?

T : 2개의 모터와 유성기어 세트가 변속기라고 보는 것이 기구 상으로도 유리하다고 생각했습니다. 차 속도에 맞춰 토크를 바꿀 수 있죠. 엔진에서 직접 전달되는 토크는 반드시 남겨둔 상태에서 토크 커브를 그립니다.

M : 그래도 출력관리라는 측면에서는 제너레이터, 배터리, 엔진이 이어지게 됩니다. 보통 방법으로는 안 되었던 겁니까?

T : 말씀대로입니다. 엔진과 모터에는 토크라는 개념이 있습니다만, 배터리에는 그런 개념 없습니다. 그래서 배터리에서 다룰 수 있는 출력(전압×전류)을 한 가지 차원으로 보고, 유성기어에 연결된 요소의 출력 균형이 맞도록 하자, 이것이 가장 어려웠던 부분입니다.

M : 그렇군요. 회전하는 것은 출력을 회전속도로 나누면 토크가 나옵니다. 그와 똑같은 겁니까?

T : 토크와 출력 두 가지를 적절히 제어하기 위해 일단 출력으로 바꾸었다가 토크로 되돌리는, 에너지는 출력 제어의 합계라는 개념입니다. 제너레이터, 모터, 배터리 출력을 축으로 생각하면 사실은 간단한 방정식으로 제어가 성립되는 것이죠. 「이런 조건일 때 이런 제어를 하겠다」는 식의 조건별로 따지면 THS는 성립하지 않습니다. 조건은 무한대로 있으니까요.

M : 전지에는 토크라는 개념이 없지만, 그런 것을 사용해야만 하는 모터의 출력을 엔진 출력과 어떻게 조화할 것이냐이군요.

T : 움직이게 하는 것은 간단합니다. 하지만 자동차로서의 에너지 관리는 매우 어려웠습니다. 어떤 식으로 사용해도 규칙에 반하지 않는 제어를 할 필요가 있었죠.

M : 나중에 경쟁 자동차 회사가 THS의 속을 뒤지고 나서 몇 가지 결점을 언급했습니다. 그 가운데 하나가 대출력 모터나 인버터 같은 전기부품이 가격상승으로 이어질 것이라는 의견이었습니다만….

T : 현재 전 세계에 있는 병렬 HEV 대부분은 변속기가 달려 있습니

다. 변속기는 100만 원 단위의 비용이 들어가는데, 성숙한 기술이기 때문에 가격하락은 어렵고 그만큼이 고정비가 됩니다. THS에서는 고정비 부품은 유성기어뿐입니다. 물론 97년 당시에는 모터나 인버터도 고가였지만 계속해서 양산하면 싸질 것이라는 계산은 있었습니다.

M : 실제로 점점 싸졌습니까? THS 생산 대수도 꽤나 늘어났을 텐데요.

T : 모터 등의 가격은 상당히 내려갔습니다. 또 한 가지에 관해서는, 분명히 THS에서는 제너레이터 출력이 커지는 단점이 있습니다. 병렬 HEV 같은 경우는 전지의 출력과 M/G의 출력을 똑같이 해주면 달리지만, THS에서는, 가령 현행 시스템에서는 전지 27kW에 대해 모터를 60~70kW로 하지 않으면 성립되지 않습니다. 당시에도 이점을 우려했었지만, 자동차에 전기부품을 사용한 역사는 아직 별로 없었기 때문에 점점 개선될 것이라는 계산은 있었습니다. 개량을 거듭하던 단계에서는 모터에 감속 기구를 넣어 고속으로 회전시킴으로써 지름을 작게 하는 것도 가능했죠.

M : 95년 2월의 개발 시점에서는 후보가 80종류나 됐지만 거기서 줄여나가고, 사양을 결정하고, 상품성에 대한 적합 여부를 따진 과정 끝에 97년 2월에 1세대 프리우스가 데뷔했습니다. 시스템 검증부터 양산화까지 2년 10개월이 걸린 셈인데요. 완전 새로운 시스템치고는 상당히 빠른 속도로 개발한 것 같습니다.

T : 시스템 결정까지의 단계에서는 시뮬레이션이 크게 도움이 되었습니다. 시뮬레이션 소프트웨어가 없었다면 검증에만 몇 년이 걸렸을 겁니다. 사양을 결정하기까지는 1년 반 정도가 필요했을 뿐입니다. 하지만 THS로서의 상품개발 단계에서는 시뮬레이션한 대로 결과가 나오지 않더군요. 시작품을 만들어 보면 연비 2배가 안 되는 겁니다.

M : 그럼 어떤 대책으로 연비 2배를 달성했던 겁니까?

T : 당초 계획은 차량이 주행할 때는 엔진을 공회전시킴으로써 엔진 회전이 제로가 되지 않도록 할 예정이었지만, 연비 2배를 위해 주행 중에도 아이들링스톱처럼 엔진 회전을 제로로 하기로 했습니다. 그밖에도 여러 가지 개량을 했습니다만, 그것이 가장 큰 항목이었습니다.

M : 엔진을 멈추게 하고 싶지 않았던 이유는 재시동의 어려움 때문이었을까요?

T : 그렇습니다. 특히 재시동을 걸 때의 진동 때문입니다. 시동 직후에는 토크 변동을 피할 수 없어서 파도를 치는 진동이 구동축으로 그대로 나타납니다. 하지만 공회전하고 있을 때의 에너지 손실이 컸기 때문에 어려움을 알고도 주행 중에 엔진을 세우게 된 것이죠. 여기서 활약한 것이 당시 막 제품화되었던 VVT(Various Valve Timing)였습니다. 최대로 지각을 시키면 변동파를 줄일 수 있었거든요. 지금 생각하면 VVT가 없었다면 THS는 성립하지 않았을 것이라고 생각합니다.

M : 시뮬레이션이나 VVT가 THS에 크게 기여했다는 뜻입니까?

T : 네, 그렇게 말할 수 있죠.

M : 기계배분 방식의 제어에도 개량이 있지는 않았나요?

T : 엔진의 직접 전달 구동력을 바탕으로 모터의 지원이 추가된다는 개념인데, 엔진이 맘대로 도는 것이 아니라 전부 THS 컴퓨터의 지시로 움직입니다. 엔진이 액추에이터인 것이죠. 이 엔진과 직결된 제너레이터가 사실은 엔진의 토크 센서나 엔진 회전속도를 제어하는 서보모터 역할을 담당합니다. 순간마다 제너레이터의 회전속도에서 엔진 토크를 계산할 수 있는 겁니다. 구동 토크가 부족하면 다른 한쪽의 모터로 토크를 높이죠. THS 제어가 제대로 된 가장 큰 이유는 여기에 있습니다. 제너레이터가 서보모터가 되고 토크를 센싱함으로써 그 수치로부터 부가하는 모터 토크가 순조롭게 결정되는 겁니다.

M : 기계배분 방식이기 때문에 모터가 작아지는 발전을 이용해 2축으로 만들고, 이어서 제어 자유도가 넓어진 셈이군요.

T : 2축식 아이디어는 상당히 이전부터 있었지만, 모터가 작아지지 않았던 겁니다. 그런 의미에서는 불가능했던 것이 점점 현실화되었다고 할 수 있겠죠. THS의 선택은 잘못되지 않았던 겁니다. 무엇보다 아직도 개량할 여지는 남아있다고 생각하지만요.

※ ※ ※

여기서부터는 후일담이다. 97년 12월에 시판된 프리우스에 전 세계 자동차 회사가 충격을 받았다. 2년 전의 도쿄 모터쇼에 출품되었던 방식과는 전혀 다른 시스템을 채택했기 때문이다. 당시 HEV에 대해서는 직렬이 좋은지 병렬이 좋은지에 대한 논쟁이 있었는데, 도요타 방식은 직렬·병렬 방식이었기 때문에 이 논쟁을 일거에 잠재운 것이다. 이듬해인 98년 1월의 디트로이트 쇼에서는 각 회사의 수뇌부가 보도진으로부터 질문 공세에 시달린다. 「대항책은 있습니까」라는. 그야말로 프리우스 충격이라고 까지 부를만한 광경이었다. 사실 그 후 수면 아래에서는 GM과 도요타가 HEV의 공동개발에 대해 교섭을 벌이기도 했지만, 최종적으로 GM은 BMW와 다임러까지 합해서 3사 연합으로 대항하게 된다.

《 HONDA **i-MMD** 》

엔진과 모터
두 개의 이상한 조화

혼다 i-MMD 특유의 운전 감각을 시스템 구성을 통해 명확히 하다.

변속기가 없는 직렬·병렬 겸용 하이브리드 시스템으로 도요타 THS와 대척점에 서 있는 혼다 i-MMD.
THS가 모터와 엔진의 구동력 혼합을 가능한 한 운전자가 알지 못하게 진화해 온 것에 반해,
구동력을 거의 혼합하지 않는 i-MMD는 시스템 구성에서 오는 독자적인 파워트레인 감각이 있었다.

본문 : 미우라 쇼지 그림 : 혼다

도로 위에서 ——— i-MMD 운전 감각

시동 단추를 누른다. 하이브리드라는 예단과 달리 거의 동시에 엔진 시동이 걸린다. 인스트루먼트 패널 우측 끝에 있는 리튬이온전지의 잔량계는 거의 중간을 가리키고 있다. 여력은 충분한 것 같으니까 신속한 엔진 시동은 촉매난기 때문일지, 에어컨 시동 때문일지도 모르겠다.

발을 스로틀 페달 위로 가만히 올려서 주차장에서 빠져나오려고 하자 모터 구동력이 자연스럽게 발휘된다. 주택가 도로를 빠져나오는 동안 엔진은 깔끔하게 정지하고 135kW와 315Nm이나 되는 힘을 가진 모터가 조용히 1.6톤의 어코드 하이브리드를 구동하기 시작했다.

3가지 혼다 하이브리드 자동차의 현재 위치

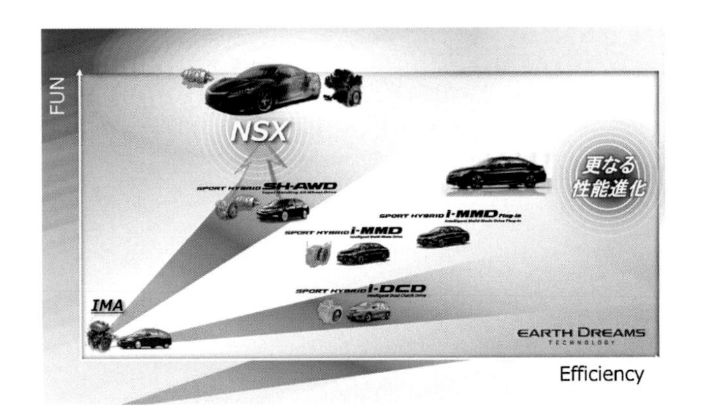

1세대 인사이트(1999)의 1모터 병렬방식에서 시작된 혼다의 HEV는 현재 3가지 방식으로 분화되었다. DCT는 소형·저가의 소형차용으로, 마일드 하이브리드 정도의 위치이다. 신NSX에 탑재된 SH-AWD는 전후 바퀴에서 구동원을 달리해 운동성능을 발휘한다. i-MMD는 효율에 특화된 방식으로, 앞으로 혼다의 주력 HEV 자동차로 자리할 것이다.

i-MMD가 지향하는 방향

2030년에 생산하는 차량 2/3를 전동차량으로 만들겠다는 목표를 가진 혼다는, i-MMD+PHEV를 그 견인 고리로 삼고 있다. i-MMD는 기본적으로 직렬 하이브리드이기 때문에 PHEV와는 친화성이 높고 배터리를 대용량화하면 현재보다 3배 이상의 EV 항속거리가 예상된다. 또 고속에서도 EV주행 영역이 넓어진다고 밝히고 있다.

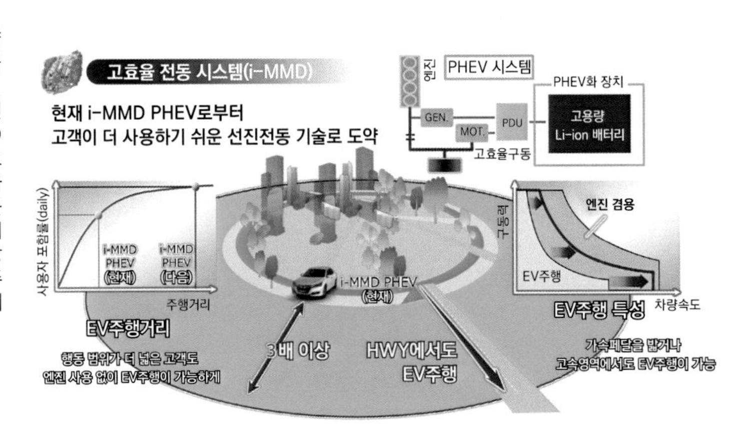

EV는 물론이고 수많은 HEV가 모터로 구동할 때 특유의 고주파 소음이 발생하지만, 이 자동차는 모터 소음이 거의 실내로 들어오지 않는다. 가속할 때뿐만 아니라 감속할 때도 귀에 거슬리는 모터나 인버터 회생음이 들리지 않는다. 때문에 모터 작동을 인식할 수 있는 것이라고는 미터 중심부에 배치된 에너지 흐름을 수시로 표시하는 모니터뿐이다.

자동차가 편도 2차선 도로로 나왔다. 시간은 밤 12시 정도. 도로에는 늦은 귀가를 서두르는 승용차와 택시만 눈에 뜨일 뿐이다. 신호가 파란색으로 바뀌면서 출발 가속이 시작되자, 지금까지의 가속페달을 밟는 힘 정도로는 주위 자동차 흐름을 따라가지 못한다는 것을 알게 되었다. 그래서 스로틀을 1/4 정도까지 열어주자 조용했던 실내로 갑자기 엔진음이 들리고, 모니터에도 엔진이 가세하기 시작했다는 것이 표시되었다. 주의 자동차 흐름에 편승하기까지 그런대로 가속을 계속하는 동안, 속도 상승에 호응하듯이 엔진음도 높아간다. 왜 이런 것일까 하는 의문이 든다.

i-MMD의 원형인 직렬 하이브리드 아이디어

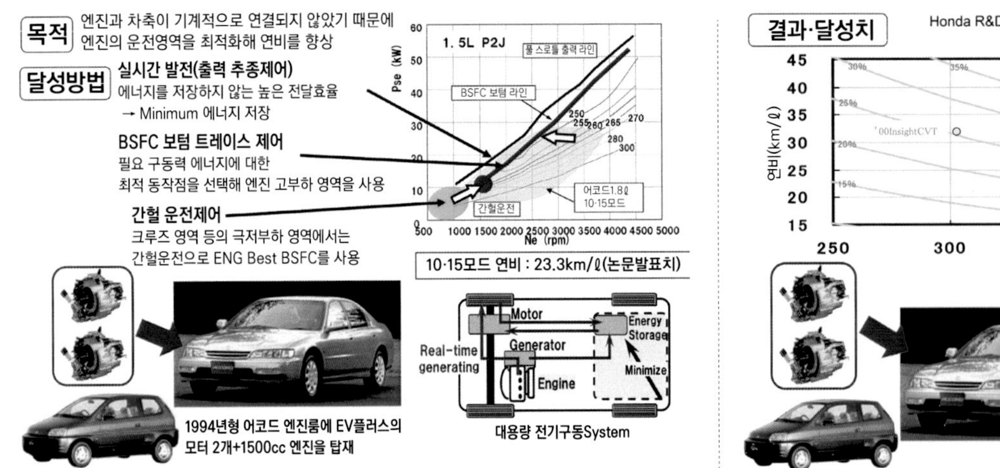

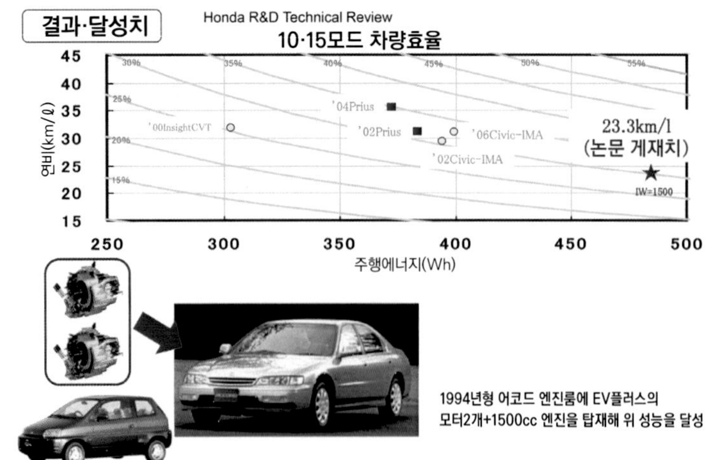

90년대 후반에 와코연구소에서 진행되었던 직렬 하이브리드 시스템. 출력 요구에 대응하여 바로 전기를 생산함으로써 배터리 입출력 손실을 피한다. 요구출력에 맞춰 효율 우선으로 엔진을 운전해 구동축과 분리된 발전기를 구동한다. 순항할 때는 요구출력에 대응하여 여분의 엔진 출력을 발전하는데 이용한다. 이 3가지 방법으로 전체 효율을 높이겠다는 목표를 설정했다. 시작 차량까지 만들었지만, 당시의 기술로는 전기 시스템 부품이 너무 많아 탑재성과 가격 문제가 있어서 일단 연구가 중지되었다.

3가지 하이브리드 방식의 일장일단

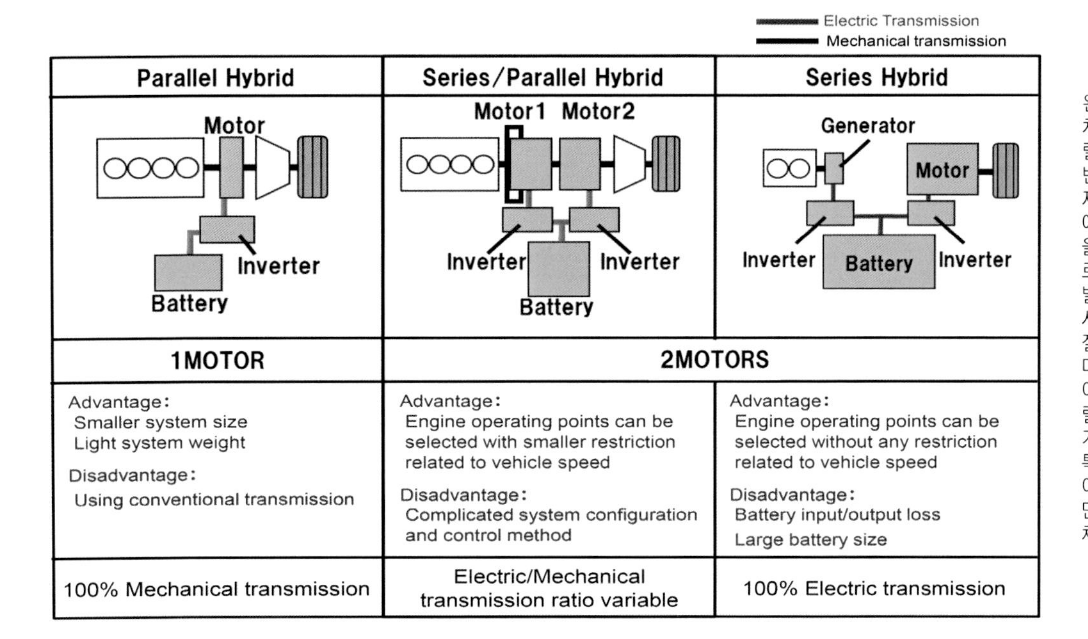

왼쪽 그림 좌측은 전통적인 ICE 차량 시스템에 모터를 추가한 병렬방식이다. 작고 가격이 싸지만, 변속으로 인해 엔진 회전속도가 규제 받기 때문에 엔진 동작점 선택에 대한 자유도가 낮아 전체 효율을 높이지 못한다. 가운데는 THS로 대표되는 직렬·병렬 겸용방식. 발전용과 구동용 모터 2개가 있어서 부하나 배터리 용량에 맞춰 적절하게 엔진과 모터 출력을 혼합한다. 시스템 구성이 복잡하고 가격이 비싸다는 것이 단점. 우측은 직렬방식으로, 엔진과 구동용 모터가 기계적으로 분리되어 있다는 것이 특징. 엔진을 차량 속도와 관계없이 효율을 우선해 사용할 수 있지만, 전기 시스템의 효율에 따라 전체 효율이 크게 좌우된다.

THS와 i-MMD의 비교

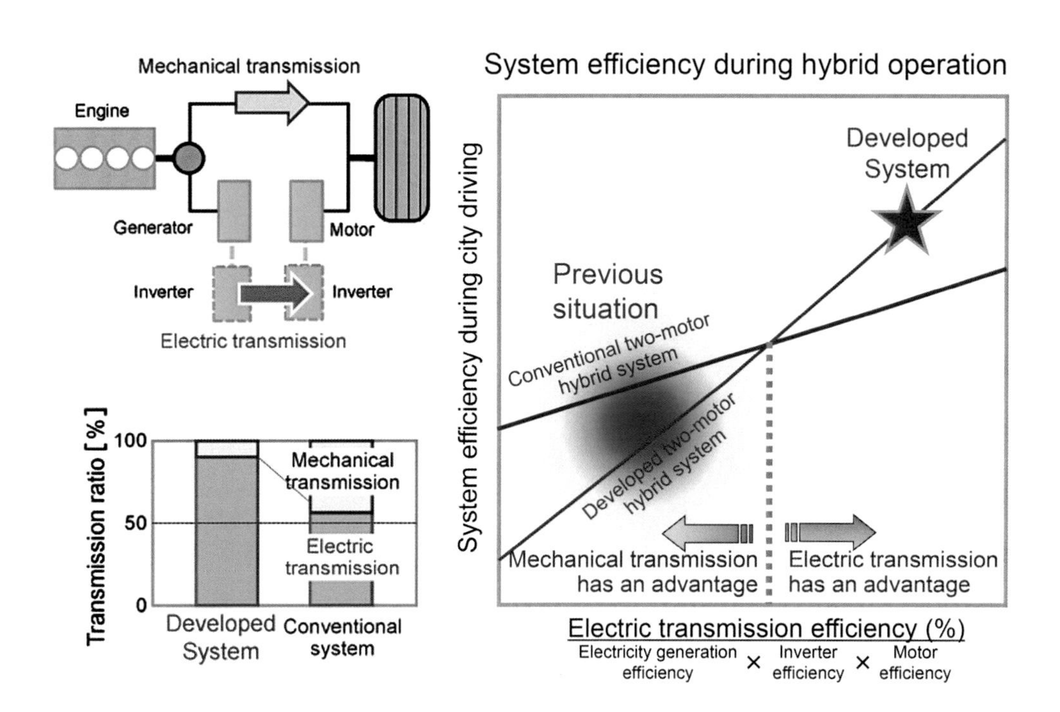

전기식 CVT라고 하는 시스템 효율은 발전기·구동용 모터의 효율과 인버터 효율 그리고 엔진 효율의 곱셈으로 나타낸다. 원칙적으로 i-MMD는 구동력 원천이 모터뿐이기 때문에, 유성기어로 엔진 출력과 모터 출력을 혼합하는 THS와 달리 전기 계통에 대한 의존도가 높고, 전기 시스템 효율이 일정 이상이 아니면 결과적으로 연비 절약이 안 된다. 한 번 중단된 직렬 하이브리드가 부활한 것은 철저히 전기 시스템을 고효율화한 결과이다.

다음 날, 시외로 나가기 위해 수도고속도로를 탔다. 오전의 수도고속도로는 추월차선으로 들어오는 트럭들이 많은 편이기 때문에 상상 이상으로 자주 속도를 줄였다 높였다 해야 한다. 그럴 때 어코드는 스로틀을 약간 열어주기만 해도 즉각적으로 엔진이 개입한다. 여기서도 엔진음이 속도와 비례해 커지지만, 희한한 것은 속도뿐만 아니라 부하가 높아지면 마치 시프트 다운한 것처럼 엔진 회전속도까지 높아진다는 것이다. 그때의 주파수대와 음량을 기억해 놨다가(타코미터가 없어서 기억할 수밖에 없다) 속도를 높여 나가면 어느 시점부터 엔진으로만 주행하면서 좀전의 소리와 별로 차이가 없게 느껴진다. 그렇다는 것은 60km/h 전후에 가속할 때와 90km/h 전후에 순항할 때의 엔진 회전속도가 거의 같다는 뜻이다. 이런 현상은 무엇 때문일까.

어코드에 탑재된 i-MMD라는 하이브리드 파워트레인은 발전용과

i-MMD의 시스템 구성과 3가지 주행 모드

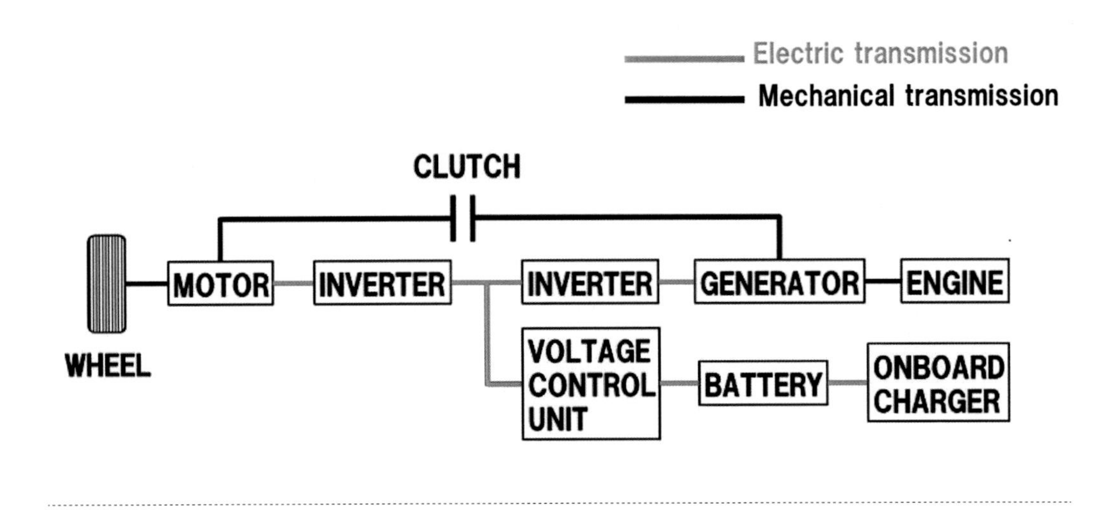

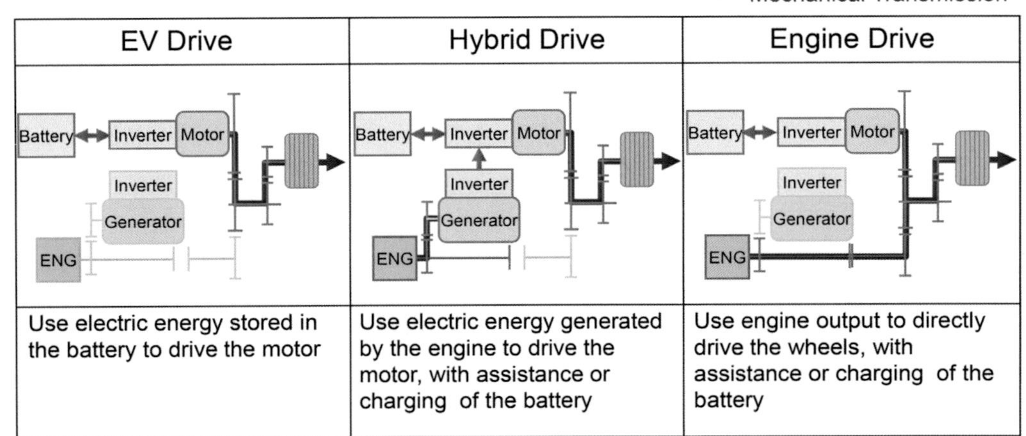

하이브리드 모드에서 엔진 출력은 먼저 발전기를 구동한다. 거기서 만들어진 전기를 직접 구동 모터로 보내는 것이 원칙. 배터리는 잉여 전력의 흡수와 모터의 응답성을 높이기 위한 완충적 역할이 주 목적이다. 요구출력이 엔진의 고효율 영역을 웃돌고 충전량에 여유가 있을 때는 배터리가 가세한다. 엔진 효율이 전기전달 효율을 능가하는 고속영역에서는 클러치를 체결해 변속기를 개입하지 않고 직접 구동 바퀴로 엔진 동력을 전달한다. 상대적으로 엔진 효율이 낮은 출발 가속이나 순항 등이 저부하 상황에서는 배터리가 전력공급원 역할을 하는 EV주행을 한다.

구동/회생용 모터 두 개가 탑재되어 있다. 통상 주행 때 엔진과 연결되는 것은 발전용 모터뿐이다. 구동용 모터는 엔진과는 완전히 별개로 차축에 직결되어 있다. 즉 엔진은 발전용으로 특화되어 있다고 할 수 있다. 한편, 고속으로 주행할 때는 회전수 증가로 인해 효율이 떨어지는 모터 특성을 보완하기 위해 엔진 출력이 구동축으로 흐른다. 이때 엔진과 축 사이에 있는 것은 2단 감속비를 가진 기어 2개뿐으로, 감속비를 가변시키는 변속기는 없다. 그럼에도 불구하고 실제 운전 느낌은 마치 엔진 회전속도를 적절하게 변속시키면서 달리는 CVT 같은 맛을 보여준다. 모터음이 거의 나지 않는 만큼 무턱대고 들이미는 인상이 강한 것이다. 시스템적으로는 모터가 주역인 직렬 하이브리드이지만, 실제로 운전을 해 보면 엔진이 주역인 것처럼 느껴진다. 전체적인 시스템 자체가 궁금해지는 대목이다.

도치기에서 —— i-MMD의 에너지 흐름

체감적인 의문을 해소하기 위해 향한 도치기의 혼다 기술연구소에서 응대해준 히구치 나리토모씨는 i-MMD 시스템을 해설해 주면서 그 본질에 대해 한 마디로 단정했다.

「i-MMD는 엔진과 모터가 기계적으로 연결되지 않는 직렬 하이브리드를 바탕으로 하고 있습니다. 직렬 하이브리드 최대의 장점은 속도와 상관없이 효율을 우선해서 엔진 회전속도와 부하를 제어할 수 있다는 겁니다」

변속기가 끼어 있는 병렬방식은 물론, 직렬·병렬 겸용인 스플릿 방식인 도요타 THS 같은 방식에서도 순수 EV주행 시간은 한정적이어서, 대부분 영역에서 모터와 엔진 출력이 섞여서 구동 바퀴로 전달된다. 모터와 엔진 출력이 섞인다는 것은, 바꿔 말하면 엔진과 모터가 어떤 형태로든 기계적으로 연결되어 있다는 것을 의미한다. 반대로 직

i-MMD의 주행 순서

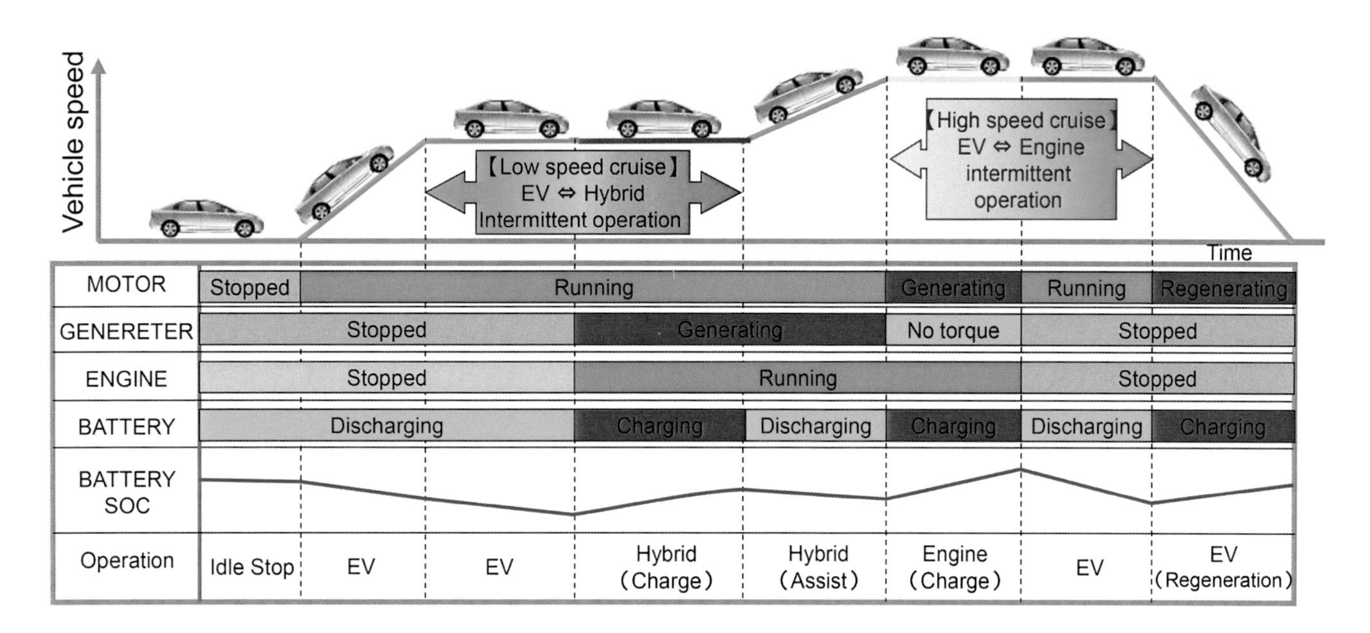

엔진과 발전 모터, 구동 모터가 상황에 따라 어떻게 움직이는지를 도식화한 그림. 부하와 속도에 따라 발전기가 구동되고 있는데도 배터리는 방전하고 있다거나, 고속주행에서도 모터 지원이나 순수 EV주행이 조합되는 등, 상당히 복잡하다. 고속에서 엔진 출력으로만 주행하는 것을 제외하고 엔진은 철저히 효율을 우선해서 작동한다.

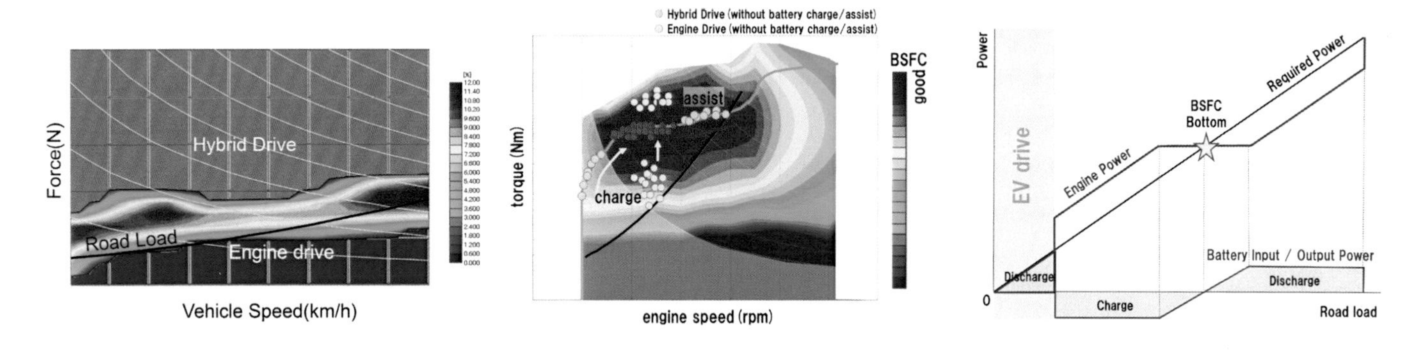

왼쪽 그림은 엔진 주행과 모터(하이브리드) 주행의 효율을 비교한 것으로, 적색 부분이 엔진으로 주행했을 때의 효율이 좋은 영역을 나타낸다. 「Road Load」의 흑색 선은 평탄한 도로를 순항할 때의 요구출력을 나타낸 것으로, 순항할 때나 완만하게 가속할 때의 효율이 높다는 것을 알 수 있다. 가운데는 엔진 회전속도와 효율의 관계를 나타낸 것. 엷은 청색 선이 BSFC 곡선이라고 하는 효율 부분. 엔진 회전속도가 낮을 때 BSFC 곡선에서는 엔진 효율이 가장 높은 영역에서 벗어나기 때문에, 회전속도를 일부러 높여서 남는 출력을 충전으로 돌린다. 고속회전할 때는 반대로 엔진 회전속도를 낮추고 배터리의 잉여 전력을 출력으로 돌린다. 오른쪽은 이런 엔진 제어를 부하와 요구출력 관점을 그래프로 만든 것이다.

렬방식에서 엔진 출력은 발전기를 구동하는 일에만 사용하고 구동력에는 관여하지 않는다. 그래서 엔진을 「연비의 중심」으로 최고효율의 회전영역에서 작동시킬 수 있다. 하지만 그렇게 되면 주행 중에 엔진이 일정한 회전속도를 유지하고 있어서 속도나 부하로 인한 회전속도 변동이 없을 뿐만 아니라, 당연히 소리도 바뀌지 않을 것이다. 여기서 히구치씨는 직렬방식이 갖는 숙명에 대해 설명해 주었다.

「통상적인 직렬방식은 모터가 요구하는 최대출력에 적합한 대용량 배터리를 탑재해 충전량이 떨어지면 비교적 소형 엔진으로 발전·충전하는 경우가 대부분인데, 이 방법 같은 경우는 모터를 구동하는 전기에너지 대부분이 배터리를 지나가기 때문에 배터리에 들어가고 나올 때 손실이 발생하게 됩니다. 엔진을 아무리 고효율 영역에서 운전해도 전력 경로에서 손실이 발생해서는 전체 효율이 올라갈 수가 없죠. 그래서 i-MMD에서는 원칙적으로 발전된 전력을 직접 구동 모터로 보냄으로써 배터리가 관여하지 않도록 한 겁니다」

배터리를 관여하면 아무래도 큰 용량이 필요하므로 시스템이 비대해진다는 이유도 있다. 하지만 자동차를 운전할 때의 요구 토크는 시시각각 바뀌기 때문에 일정한 회전속도로 엔진을 구동하는 것이 합리적이지 않은 경우가 많다. 그래서 효율 범위 내에서 요구 토크에 맞춰 엔진 회전속도를 올리고 내리는, 실시간으로 주문하는 식의 발전 운전이 합리적이라는 것이 이 시스템의 기본원칙이다. 그래서 실제로

요구 토크와 전압의 관계

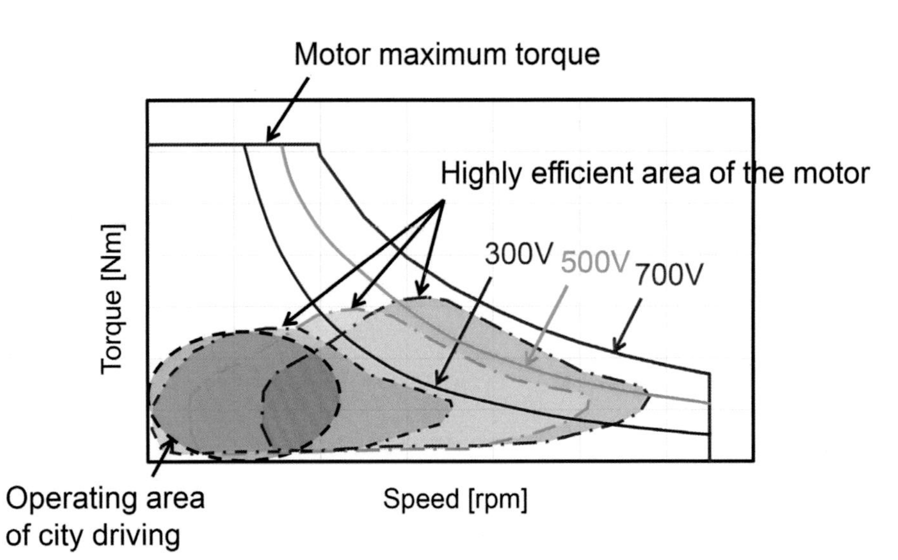

i-MMD에서는 최대요구 구동력을 모터로 공급할 필요가 있어서 대용량 모터가 필요하다. 하지만 저속으로 달리는 시가지 주행에서는 대용량 모터가 결코 고효율을 낼 수 없으므로 전압을 낮춰서 운전한다. i-MMD에서는 300V~700V 사이에서 주파수 뿐만 아니라 전압도 가변 제어한다.

제2세대 i-MMD의 개선점

2016년에 오디세이에도 탑재된 것을 계기로 i-MMD는 제2세대로 진화했다. 직렬 하이브리드 시스템의 효율을 좌우하는 모터나 인버터&컨트롤러의 고효율화는 당연하고, 엔진도 출력을 높인 동시에 열 관리도 개선해 워밍업 기간 단축에 주력했다. 시동 후에 수온이 올라가지 않으면 엔진이 걸린 상태가 되면서 좀처럼 순수 EV주행이 되지 않는다.

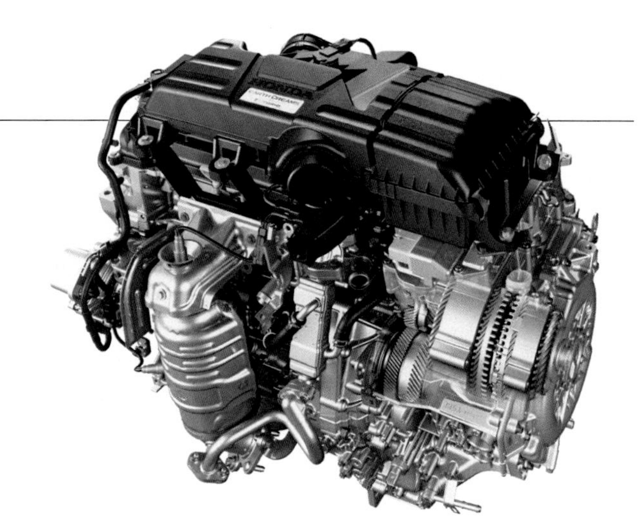

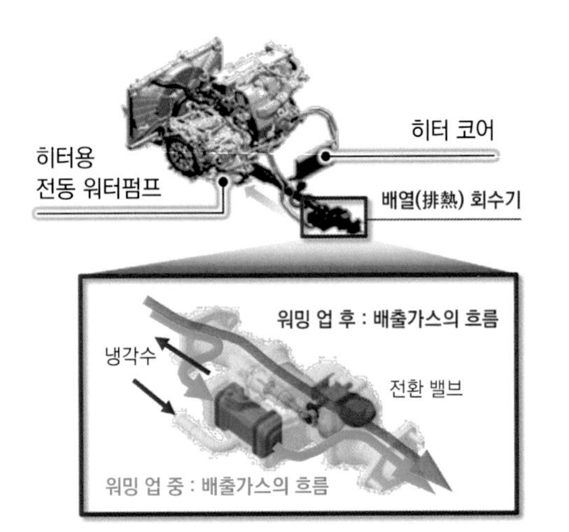

신형
기존형
■ 엔진 냉각수 온도
차량속도
엔진수온
■ 엔진회전속도
엔진회전속도
EV시작이 조기화(早期化)
■ 연료소비량
연료소비량
EV 조기화로
연비 향상
시간

주행할 때 어코드 하이브리드 엔진은 수시로 엔진이 구동되면서 스로틀 개도=부하에 맞춰 엔진 회전속도가 올라가고 내려가는 것이다.

과연 합리적이라고 수긍이 가는 반면에, 고속일 때의 엔진 거동에 대해서는 아직 이해가 안 간다. 직렬 하이브리드라고 해도 현재 상태의 전기 시스템에서는 고속으로 주행할 때의 효율은 엔진 주행의 몫이 있다. 그래서 i-MMD에서는 속도가 일정 이상으로 올라가면 클러치를 체결해 엔진 출력을 차축으로 돌린다.

이때 변속기는 끼어들지 않기 때문에 모터로 주행할 때와는 달리 엔진 회전속도(소리)가 완전히 차량 속도에 비례할 것이다. 그런데 어코드 하이브리드는 고속으로 주행할 때 차량 속도와 관계없는 엔진 음량과 음질이 바뀌고, 때로는 엔진이 멈추고 EV주행으로 옮겨가는 일조차 있었다.

「충전+지원을 하는 동안의 하이브리드 주행에서는 엔진회전속도를 자유롭게 제어할 수 있었지만, 엔진으로 주행할 때는 변속기가 없어서 차량 속도에 규제되기 때문에 반드

신개발 고성능 모터

- 권선 고밀도화
- 자석의 소형화
- 자기회로 최적화

소형·경량화 -23% | 토크 +8Nm | 출력 +11kW

권선 점적율 : 60%

기존 : 환형 동선

각형 동선

고집적 PCU(Power Control Unit)

- 파워 반도체 저손실화
- ECU 기능집약
- 변속기 직접 탑재

소형화 -23% | 경량화 -27%

시 효율을 우선할 수는 없습니다. 그래서 비교적 부하가 낮아서 회전속도에 대해 요구토크가 낮은 평탄한 도로 등에서 순항할 때는, 효율이 좋은 영역까지 엔진 토크를 높여서 남는 출력으로 발전기를 돌리는 식으로 충전합니다. 반대로 부하가 높아져 요구 토크가 효율 상한을 넘어서려고 할 때는 앞서 충전한 전기로 모터를 돌려서 엔진을 지원하고, 이렇게 함으로써 엔진 토크를 낮춰서 작동 시점을 효율이 좋은 영역으로 접근시키는 것이죠. 나아가 배터리 충전량이 일정 수준 이상으로 도달하면 엔진을 멈추고 EV주행으로 전환하게 됩니다」

THS와 비교하면 i-MMD는 모터 의존도가 높은 시스템임에도 불구하고 엔진의 연소효율 향상이 파워트레인 전체의 시스템 효율을 크게 향상시킨다는 뜻이다. 효율=연비를 나타내는 이상 이것은 당연한 말이지만, 놀라운 것은 철두철미하게 효율을 우선하는 세심한 엔진 동작이 운전자에게는 마치 엔진 차량을 타고 있는 듯한 감각을 주는 것이다.

「당초 제1세대 i-MMD는 북미에서 엔진과 차량 속도의 관련성이 낮아서 『러버 밴드 필링(Rubber Band Feeling, 엔진 rpm만 올라가고 차량 속도 상승은 더디게 느껴지는 위화감)』으로 평가하는 미디어도 있었는데, 저희도 그것을 불식시키기 위해서 여러 가지로 노력했습니다. 엔진은 확실히 효율을 우선시해야 하지만 운전자의 운전 감각에 맞추는 것도 중요하다고 생각하니까요」

운전성능이라는 점에서도 PHEV로서의 EV주행 영역을 확대함으로써 엔진 의존도를 줄인다는 혼다의 원칙적 방향성은 이해하겠지만, 현시점에서는 HEV도 HEV 나름의 존재의의도 있다. 어코드 하이브리드는 앞서 언급했듯이 모터음이 거의 들리지 않기 때문에 엔진음이 운전 감각을 좌우하는 경향이 강하다. HEV를 샀는데 엔진 차를 타고 있는 것 같다는 인상이 좋은지 어떨지는 기호와 판단이 갈릴 것이다.

고속주행 때 주는 대부분의 위화감은 기어가 고정되어 있다는 것에서 기인한다고 생각된다. 2.0ℓ의 배기량에 고속영역까지 소화해야 하는 점을 고려해서 결정되었을 기어비는 상당히 낮은 편이어서, 120km/h 이상의 영역을 많이 사용한다면 반드시 배기량을 높인다든가 과급을 해야 하지 않을까 한다.

한편 유럽 PHEV 모델들은 아우토반이라는 굴레 때문에 모터가 됐든 엔진이 됐든지 간에 효율보다 오히려 출력을 우선시하는 경향이 강해서, 가속할 때는 모터의 토크를 이용해 적극적으로 지원한다. 거기에는 EV로 주행할 때의 CO_2 배출량 제로라고 하는 미사여구가 숨어있기는 하지만, 북미와 일본을 주요 무대로 하는 혼다 HEV와는 분명히 시스템도 운전 감각도 다르다. 효율 측면뿐이라면 양쪽에 별 차이는 없겠지만 실제로 타보면 양쪽이 차이를 감출 수는 없다. 효율만 따지고 언뜻 맛이 안 나는 것처럼 보이는 HEV도 자동차 회사나 사용자에 따른 개성이 강하기 때문에 상당히 재미있다고 할 수 있지 않을까.

혼다기술연구소 사륜R&D센터
제5기술개발실 제2프로젝트 주임연구원

히구치 나리토모

《 MITSUBISHI **OUTLANDER PHEV** 》

기본은 어디까지나 EV ICE는 필요할 때만 여유를 갖고 연결

EV/직렬/병렬을 최적으로 나누어서 사용

PHEV를 전제로 전용으로 개발된 시스템을 갖춘 아웃랜더 PHEV.
PHEV에 존재의의를 두었다고 해도 과언이 아닌 "세계에서 가장 잘 팔리는 PHEV"에는 독자적인 세계관이 담겨 있다.

본문 : 다카하시 잇페이 그림 : 미쓰비시 모터스/MFi

「아웃랜더 PHEV에는 3가지 주행 모드가 있습니다. 먼저 전기 모드가 있는데요. 주행용 배터리(에 충전된 전력)로 앞쪽과 뒤쪽의 모터를 구동해서 달리는 모드입니다. 다음 직렬 모드는 엔진을 발전에만 사용하고 엔진 동력을 타이어에는 전달하지 않습니다. 그리고 병렬 모드가 있습니다. 이 모드에서는 클러치를 결합해 엔진 동력을 직접 바퀴로 전달해서 주행합니다」(한다 가즈노리 매니저)

아웃랜더 PHEV에는 변속기가 존재하지 않는다. 아니 존재하지 않는다는 말은 어폐가 있다. 말하자면 기계 방식의 변속기가 없다는 것이 정확한 표현일 것이다. 직렬 모드에서는 엔진과 구동 시스템이 분리되어 있어서, 엔진은 가장 연비가 좋은 회전과 부하 조건에서 운전

구동용 배터리를 다 사용하면 엔진 시동이 걸리면서 주행모드가 EV주행 모드에서 하이브리드 모드로 바뀐다. 다만 그때도 고속주행 등과 같은 일부 조건을 제외하고, 대개의 상황에서 직렬 운전이 이루어지기 때문에 주행 주체는 모터가 된다.

병렬 이외에는 구동계통에서 엔진이 분리되어 모터로 주행. 고출력이 필요한 상황에서만 엔진을 구동계통에 접속해서 필요에 맞춰 모터를 지원하는, 엔진 주체의 병렬 주행을 한다.

모드별 ICE의 작용

모드	엔진	모터	특징	메커니즘
EV	정지	주체	**[저~중속 영역]** 구동용 배터리 전력으로 모터 주행 엔진으로 발전할 때도 모터로 주행하기 때문에 변속충격이 없는 부드러운 주행이 가능	전방 모터 / 엔진 / 제너레이터 / 구동용 배터리 / 후방모터
직렬	발전			전방 모터 / 엔진 / 제너레이터 / 구동용 배터리 / 후방모터
병렬	구동	보조	**[고속영역]** 엔진구동이 주체 가속할 때는 모터가 보조 ⇒엔진음 변화가 적다. 킥다운 등의 가감속 충격 없이 부드러운 주행이 가능	전방 모터 / 엔진 / 제너레이터 / 구동용 배터리 / 후방모터

강력한 전동계통에서 생기는 여유가 핵심

아웃랜더 PHEV는 대용량 주행용 배터리와 대출력 모터로 기본적인 주행성능을 담부한다. 그러면서 고속주행 등과 같이 높은 출력이 필요할 때만 엔진을 구동계통에 접속한다. 이 접속에 이용되는 것이 습식 다판 클러치로서, 완전한 회전동기를 한 상태에서 접속하기 때문에 전달이 매우 부드럽다. 급감속부터 급가속처럼 회전동기 시간을 확보할 수 없을 때는 다음 기회를 기다릴 때도 있다고 한다. 급하게 엔진주행으로 전환하지 않아도 주행은 성립되는, 여유가 만들어낸 제어방법이다.

최종감속비 : 엔진 3.425
모터 Ⓕ9.663／Ⓡ7.065
충전전력 사용 시 주행거리:60.8km
EV주행 환산거리:60.8km
전력소비율:5.96km/kWh
1회충전 소비전력량:10.20kWh/회

1 ENGINE
[엔진]
엔진형식(形式) : 직렬4기통 DOHC
엔진형식(型式) : 4B11 MIVEC
총배기량 : 1998cc
내경×행정 : 86.0×86.0mm
압축비 : 10.5
최고출력 : 87kW/4500rpm
최대토크 : 186Nm/4500rpm
사용연료 : 무연 일반 휘발유
탱크용량 : 45ℓ

2 MOTOR
[모터]
형식:ⒻS61／ⓇY61
정격 출력:Ⓕ25kW／Ⓡ25kW
최고 출력:Ⓕ60kW／Ⓡ60kW
최대 토크:Ⓕ137Nm／Ⓡ195Nm

3 BATTERY
[구동용 배터리]
종류 : 리튬이온전지
총전압 : 300V
총전력량 : 12kWh

하고 모터가 주행에 필요한 출력을 발휘하도록 전력이 공급된다. 그 원천이 되는 것은 엔진 구동 제너레이터에 의해 발전된 전력으로, 즉 엔진과 제너레이터 그리고 모터의 관계는 말하자면 전기식 무단변속기라고 할 수 있다.

덧붙여서 가장 정확하게 말하자면, 이 전기식 무단변속기로서 역할을 하는 것은 제너레이터에서 나온 전력을 적절하게 제어하면서 모터로 공급하는 전자회로이다. 이 흐름은 약간 복잡한 편으로, 엔진이 구동하는 제너레이터에서 출력되는 삼상교류 전류는 먼저 컨버터에 의해 직류로 변환된 다음, 모터용 인버터에서 다시 삼상교류로 바뀐다. 교류에서 직류, 다시 교류로 바뀌는 것이 번거롭게 보이지만 이것은 교류의 주파수로 모터 회전속도를 제어하는 관계상 필요한 과정인 것이다.

그리고 항상 엔진을 가장 연비가 좋은 운전상태에 두고 발전하고 그 전력으로 모터를 구동하는 직렬 하이브리드 방식이 언뜻 이상적으로 보이기도 하지만 현실은 그렇게 간단하지 않다. 문제는 교류에서 직

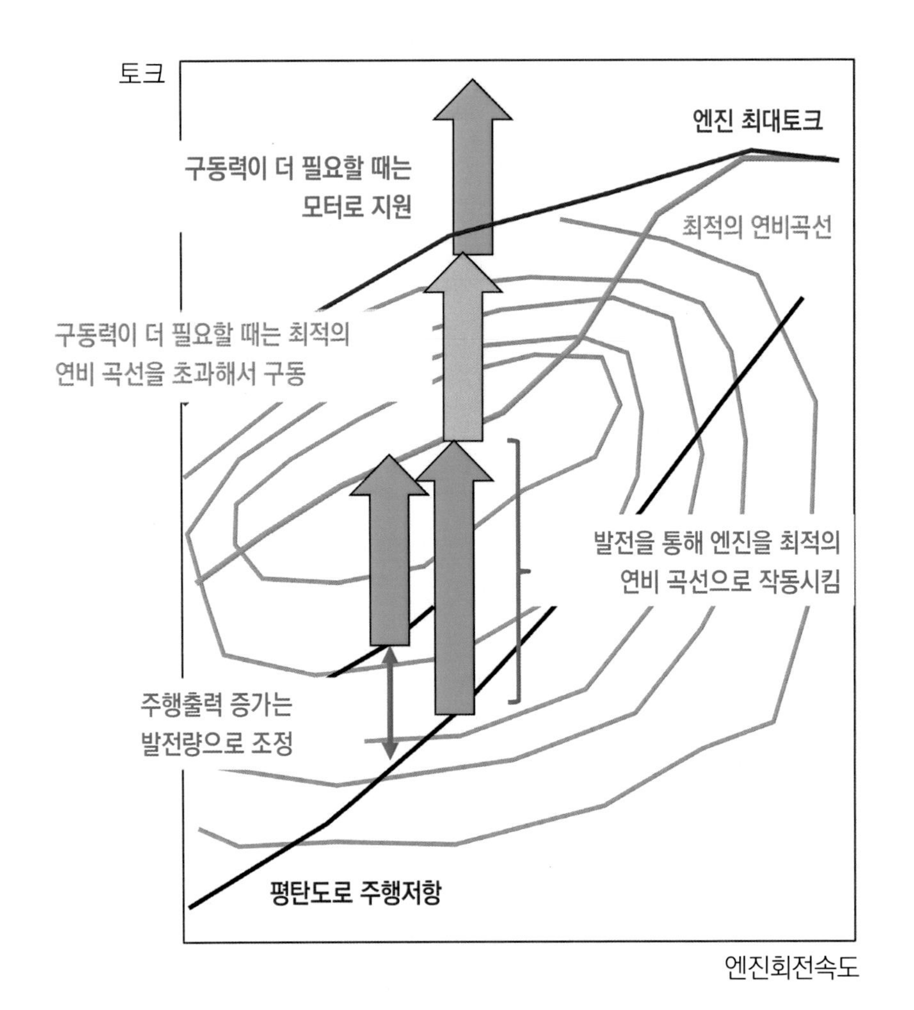

연비 핵심구간과 엔진작동의 관계

이제 MFi에서는 많이 익숙해진 "연비 핵심구간" 그래프에 평탄도로 주행저항(Road load)과 엔진의 최대토크, 회전속도별 최적의 연비를 나타내는 선을 겹쳐 놓은 것. 경부하 때문에 생기는 연비 핵심구간과 평탄도로 주행저항 사이의 괴리를 제너레이터를 통한 발전 부하로 메꾸는 모습을 볼 수 있다. 주행저항이 증가해 필요한 출력이 늘어났을 때는, 엔진 운전상태는 그대로 두고 발전량을 줄여 조정한다. 최적의 연비 곡선을 능가할 정도의 구동력이 필요할 때만 예외적으로 연비 핵심구간을 벗어날 때도 있지만, 기본적으로 엔진 운전은 연비 핵심구간 범위 이내이다.

각 주행모드에서 엔진과 모터의 동작

EV모드, 직렬 하이브리드 모드에서는 그림 가운데에 있는 클러치를 개방상태로 해서 엔진과 구동계통을 분리한다. 병렬 하이브리드 모드에서만 클러치가 체결되어 엔진 출력이 구동계통으로 전달된다. 엔진과 제너레이터는 항상 맞물리는 기어를 통해 직결됨으로써 직렬 상태일 때의 발전 담당은 물론이고, 발전 부하의 제어조종성을 통해 엔진 출력 제어, 클러치 체결 시의 회전동기 등에도 이용된다. 변속기구가 없다는 것도 큰 특징 가운데 하나로, 감속비는 일반적인 변속기의 5단 정도로 고정되어 있다.

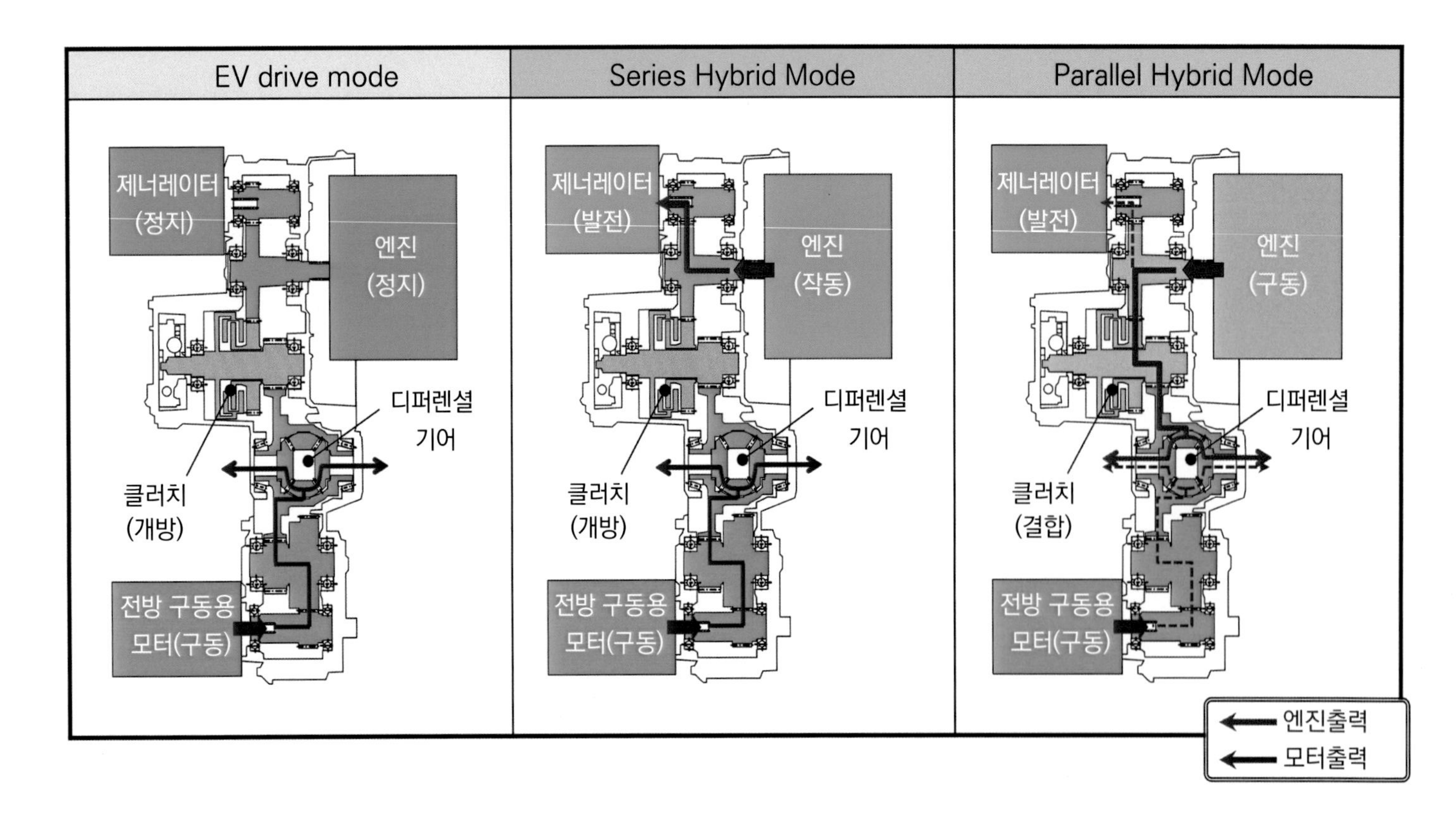

류, 직류에서 다시 교류로 바뀔 때 발생하는 변환 손실이다. 유감스럽게 손실 없이 변환할 수 있는 파워 소자는 아직 세상에 존재하지 않는다. 물론 변환효율의 향상을 포함해 이 파워 소자가 진화하면서 직렬 하이브리드는 물론이고 현재의 BEV나 HEV 등과 같은 전동 파워트레인이 생겨나기도 했지만, 전동 파워트레인과 이것을 채택하는 대부분의 차량 시스템이 복잡해진 이유도 여기에 있다.

아웃랜더 PHEV의 경우, 고속주행 등의 고출력이 요구되는 상황에서는 엔진을 구동계통에 접속해 병렬로 주행하게 되는데, 그것을 다루는 출력이 커지면 변환할 때 일정한 비율로 발생하는 절대 손실(LOSS)량도 커지기 때문에, 동력원인 엔진을 구동계통에 접속해 휠(앞바퀴)을 직접 구동하는 것이 손실을 줄일 수 있기 때문이다.

이 병렬 모드는 SUV 구성을 가진 아웃랜더를 모든 상황에서 효율적으로 달리게 하기 위한 필수 요소로서, 말하자면 피해서 갈 수 없는 길이었던 것인데, 거기에는 클러치라고 하는 기술적 과제도 따라붙게 된다.

「어쨌든 부드럽게 달리게 하고 싶었기 때문에 불연속적 요소인클러치는 사용하고 싶지 않았다는 것이 솔직한 대답입니다」(한다 매니저)

아웃랜더에서는 클러치를 사용하면서도 불연속적인 요소를 회피하기 위해서 엔진 회전속도를 확실히 동기시키고 나서 클러치를 접속하는 제어방법을 이용한다. 그래서 생겨난 것이 12kW라고 하는 대용량 주행용 배터리와 앞뒤 합쳐서 120kW나 되는, BEV 수준의 제원을 가진 전동 파워트레인 구성이다.

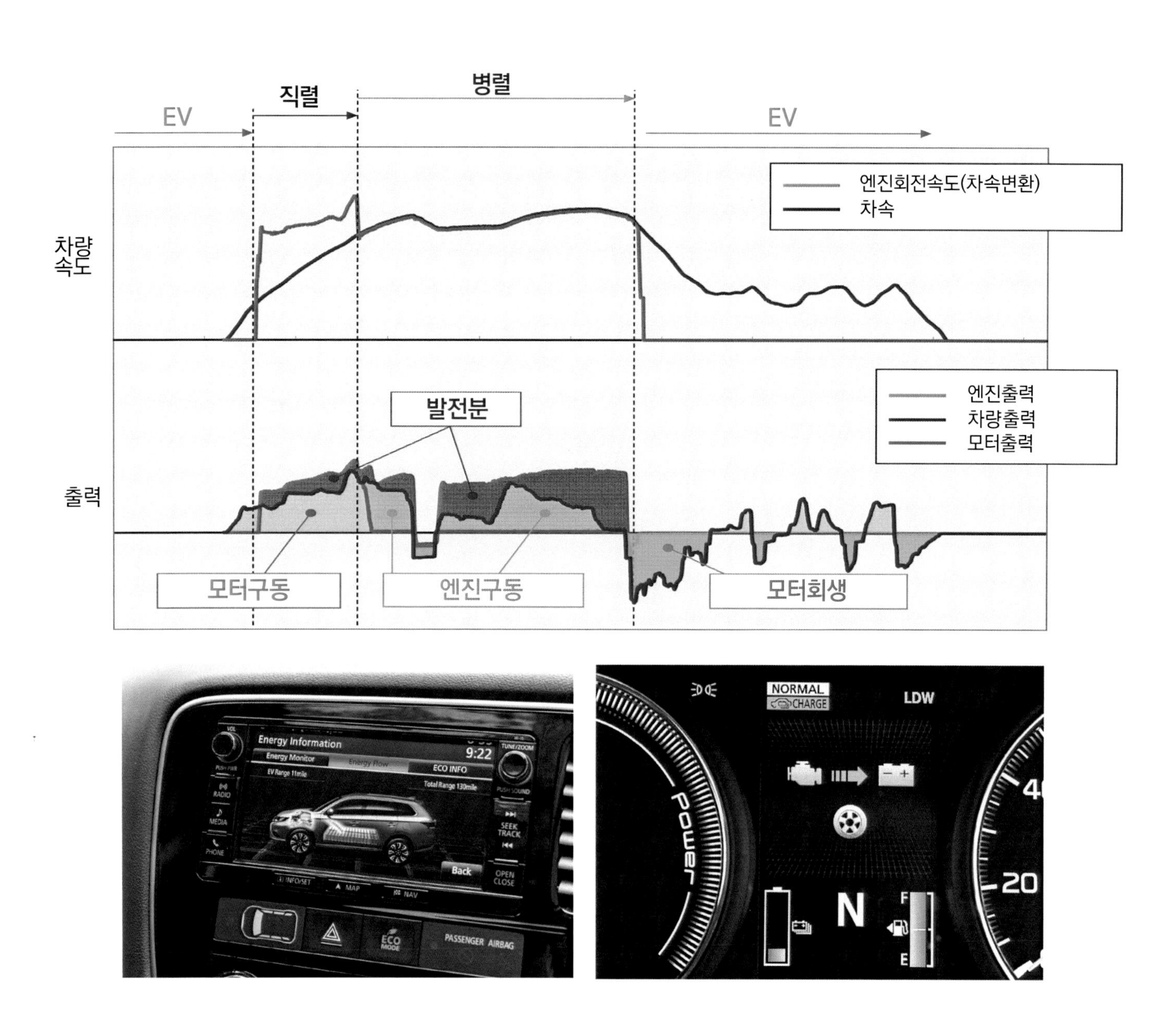

차량 속도와 엔진 회전속도 그리고 모터 상태 등의 요소를 그래프로 나타낸 것. 위 그래프는 EV모드에서 회전속도 제로인 엔진이 직렬모드로 들어가면 차량 속도를 웃도는 속도로 작동, 병렬 모드에서는 차량 속도와 동기, 감속 이후 회생상태로 들어가면 다시 제로회전으로 돌아가는 모습은 나타낸다. 아래 그래프에서는 직렬 모드에서 엔진 출력이 모터 출력을 웃도는 형태로 운전, 병렬 모드에서도 주행에 필요한 구동력을 넘어서서 운전하고 그 차이 분은 발전에 이용되어 주행용 배터리 충전에 이용된다는 것을 알 수 있다. 일단 엔진 시동을 걸면 어중간한 상태로는 운전하지 않고, 발전 부하에서 출력을 조정하면서 잉여분을 충전으로 돌린 다음, 충전 상태가 충분히 회복되면 바로 엔진을 정지하고 EV모드로 복귀한다.

「이 자동차의 경우는 급하게 클러치를 연결할 필요가 없습니다. 모터계통이 확실하고 큰 배터리를 갖추고 있어서 급하게 클러치를 연결하지 않는다고 해서(병렬 모드로 옮겨가지 않으면) 달리지 못할 일은 없는 것이죠. 강건성(Robustness)이 있어서 회전속도를 완전히 일치시키고 나서 연결해 주면 되는 겁니다. 예를 들어 좀처럼 회전속도가 맞지 않아도 (회전속도를 맞출 시간이 없어도) 자동차로서는 직렬이 거의 성립된 상태이기 때문에 직렬 상태로 계속 유지해도 되는 겁니다. 모터나 배터리 출력이 작으면 아무래도 여유가 없어서 클러치를 빨리 신속하게 연결하지 않으면 안 되죠. 그렇게 되면 슬립을 시키면서 연결하게 되어 온도로 인한 제어 영향이나 슬립으로 인한 마모 등의 문제가 발생하게 되죠」(한다 매니저)

들어보니 급감속, 급가속같이 회전 동기 시간을 충분히 확보하지 못할 때는 급하게 연결하지 않고 다음 기회를 노리는 경우도 적지 않다고 한다. 그리고 흥미로운 것은 회전 동기 방법이다.

휠에서 모터까지가 직결 상태로 맞물리는 구동계통의 회전속도는 차량 속도에 따라 일률적으로 정해지기 때문에 엔진 회전 방법을 거기에 맞춰서 조정하게 되는데, 이때 제너레이터가 이용된다. 발전 부하 제어나, 때에 따라서는 모터 지원 같은 동작을 통해 엔진회전속도를 겨냥한 회전속도에 맞춰간다고 한다.

「점화 시기를 늦춘다든가 스로틀을 제어하는 식의 방법도 있지만, 엔진 효율이 떨어진다거나 배출가스가 나빠지기 때문에, 엔진은 기본적으로 같은 토크를 계속해서 내도록 유지하면서 제너레이터 쪽에서 조정하고 있습니다. (회전) 제어성 측면에서도 제너레이터 쪽을 조정하는 것이 더 좋습니다」(한다 매니저)

추진축 없이 뒤 차축을 모터로 구동하는 "전동 4WD"라는 요소도 SUV인 아웃랜더로서는 간과할 수 없는 장점이다.

4WD이면서 앞뒤 바퀴 사이가 기계적으로 연결되지 않았기 때문에 메커니즘 차원의 센터 디퍼렌셜은 존재하지 않고, 대신에 "가상 센터 디퍼렌셜"이라고 할 만한 제어 소프트웨어가 그 역할을 맡는다. 물론 제어만 하는 만큼 자유도가 높고 모든 장면에서 앞뒤 바퀴의 구동 배분을 능동적으로 제어할 수 있기는 하지만, 단순히 제어 자유도가 공수(工數, 수고)와의 대체가 불가한 데다가 이 차량에는 3가지 주행모드가 존재한다. 단순 계산으로 3배의 공수가 걸린다는 뜻이다.

「확실히 작은 일은 아닙니다. 다만 랜서 에볼루션에서 단련된 AYC(Active Yaw Control)」의 노하우도 있으므로, (3가지 주행모드에 대한 대응은) 파라미터 연산 등으로 대응할 수 있다는 점도 적지 않습니다. 오히려 제어 자유도로 인해 가능성이 크게 확대되었다는데 더 큰 의의가 있다고도 생각합니다. 정말로 재미있는 시스템이 아닐 수 없습니다」(설계 담당 요시오카 다다시)

구조에 의존하는 형태의, 수동적으로 많은 요소가 결정되는 기계식과 달리 전자제어에서는 기계식에서는 당연시되어 의식조차 하지 않았던 기본적인 요소도, 스스로 알고리즘을 통해 만들어나갈 필요가 있다. 그런 만큼 기초적인 원칙을 파악하고 응용 수단을 갖추고 있어야 하는데, 미쓰비시에는 좋은 전례가 있었다는 것이다. 애석하게도 지금은 단종에 이른 "랜서 에볼루션"이 이런 점에서는 아직도 살아있다고 생각하니까 기쁜 마음마저 든다.

사실 4WD 제어에 대해서도 많이 물어보았으나 그것은 다른 기회에 소개하기로 하고, 이번 특집 테마인 동력혼합으로 돌아가겠다. 모터로 달리는 직렬 모드에서 엔진을 주체로 해서 주행하는 병렬 모드의 필요성과 모터에서 엔진으로 넘어갈 때 연속성을 갖고 전환하기 위한 연구는 앞서 언급한 대로이지만, 아웃랜더가 병렬 모드로 바뀌고 나서도 나타나는 EV 같은 선형성(Linearity)은 이 차의 캐릭터를 형성하는 요소 가운데 하나이다.

「엔진이 주체가 되어 주행하는 병렬 모드에서 가속페달을 밟았을 때 킥다운 같이 엔진 회전속도가 바뀌지 않게 하고 싶다는 생각이 강했습니다. 그래서 엔진 운전상태는 그대로 놔두고 출력이 필요할 때는 가장 먼저 구동모터(를 통한 지원)에서 나오게 한 것이죠」(한다 매니저)

직렬 모드에서 병렬 모드로 옮겨갈 때의 회전속도 동기에서 이용되는 것과 똑같은 방법이 병렬 모드에서는 출력조정으로 사용된다. 이것은 앞 페이지 그래프에도 나타나 있다. 앞서 언급했듯이 효율에 크게 영향을 끼치는 스로틀 제어가 아니라, 전동 장치 제어를 이용하는 것은 유일하게 엔진으로만 주행하는 병렬 모드에서도 모터가 주체인 다른 두 가지 주행모드와 통일감을 갖는 것과도 연결된다.

미쓰비시 자동차공업 주식회사
개발본부 파워트레인 설계부
엑스퍼트
(드라이브트레인 설계담당)

요시오카 다다시

미쓰비시 자동차공업 주식회사
개발본부 EV·파워트레인 시스템기술부
매니저
(EV 파워트레인 설계담당)

한다 가즈노리

《 SUZUKI **micro - hybrid with ISG** 》

스즈키 마이크로 하이브리드 에너차지의 진화

작고 싼 자동차를 위한 전동 지원

경자동차의 차량 가격 안에 전동 동력을 반영한다면 고객은 어느 정도까지 받아들일 수 있을까.
\정밀한 도요타 방식의 대척점에 있는 에너차지는「면적」을 통한 연비효과를 노린다.

본문&사진 : 마키노 시게오 그림 : 스즈키

K-12C형 엔진과 마일드 HEV

포트분사를 하면서 기통마다 2개의 연료 인젝터가 달린 듀얼제트 방식의 K시리즈 엔진에, 벨트 2단 걸이인 ISG(Integrated Starter Generator)를 적용해 솔리오의 마일드 HEV 사양에 탑재한다. 이것이 스즈키의 최신 모델이다.

우측 타입과 똑같은 ISG는 경자동차에도 탑재되어 있다. 애초부터 좁고 빡빡한 엔진룸인 만큼 탑재성이 중요하다. 사진에서 보듯이 ISG까지 손이 미치지 않는다.

ISG 커팅 모델

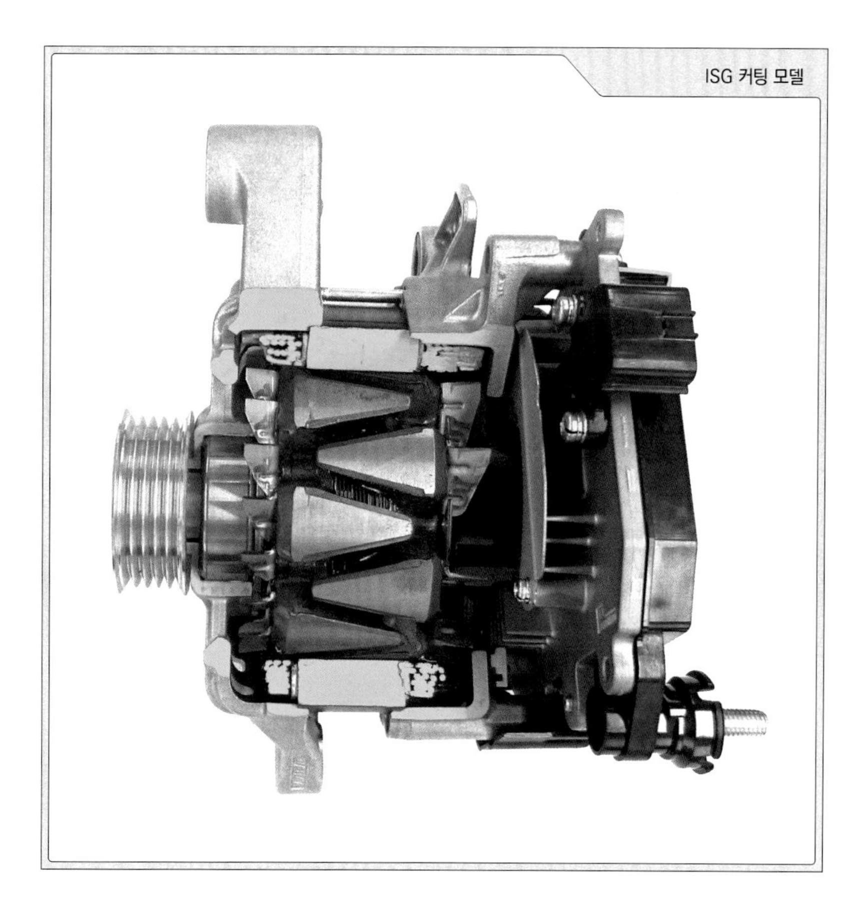

ISG에는 일반적인 알터네이터 차원의 발전기능과 모터로서 동력을 발휘하는 기능 두 가지가 들어있다. 배터리 온도가 일정한 범위 안에 있고, 엔진회전속도 3500rpm 이하, 리튬이온축전지 잔량 일정 이상, 엔진 수온이 일정 이상인 조건이 갖춰지면 보조동력원으로 작동한다. 회전 방향은 발전할 때와 똑같아서, 로터의 자속과 스테이터의 회전자계를 사용해 토크를 발생시킨 다음 그것을 벨트로 엔진 출력축에 전달하는 구조이다.

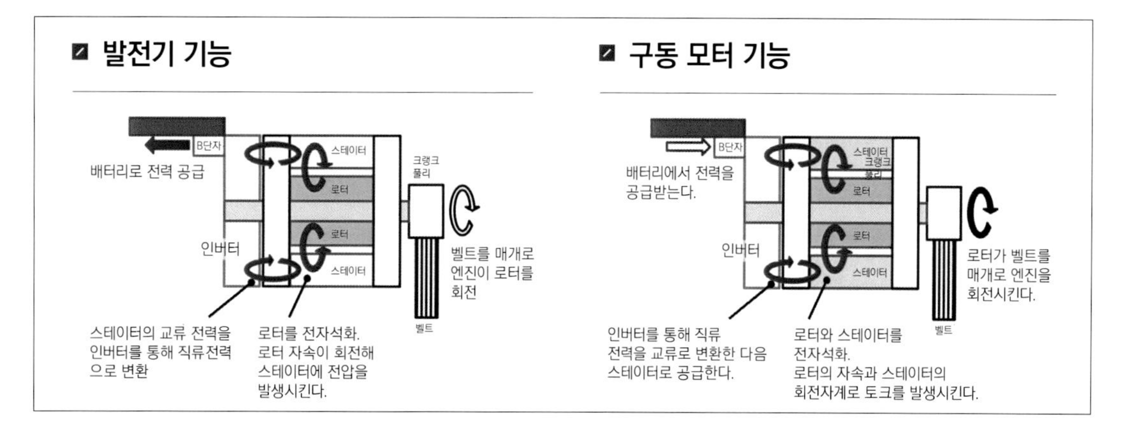

작고 저렴한 배터리

셀당 2.4V의 리튬이온축전지 5개와 제어기판을 내장한 장치를 조수석 시트 아래에 장착한다. 경자동차에서는 우측 사진처럼 시트 아래의 트레이를 제거하면 축전지가 보인다. 무게는 2.5kg에 크기도 작은 편이다. 전지 출력이 약간 부족해 보이는 36Wh이지만, 차량 실내 공간에 여유가 없는 경자동차를 고려하면 이 정도의 크기가 적당할 것이다. 1세대 에너차지(감속에너지 활용기술)부터 현재의 S-에너차지까지 전지와 그 주변은 아무것도 바뀐 것이 없다.

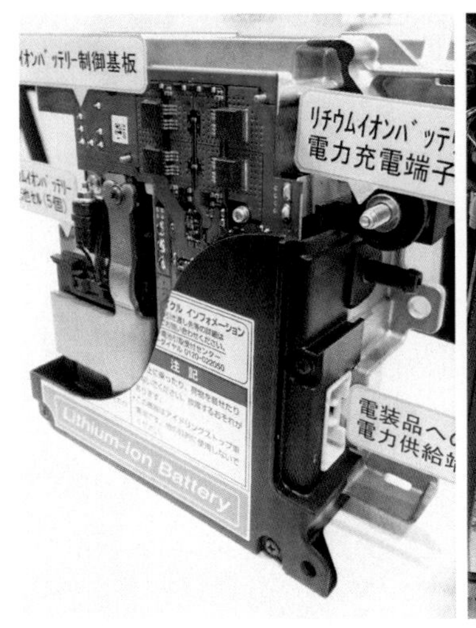

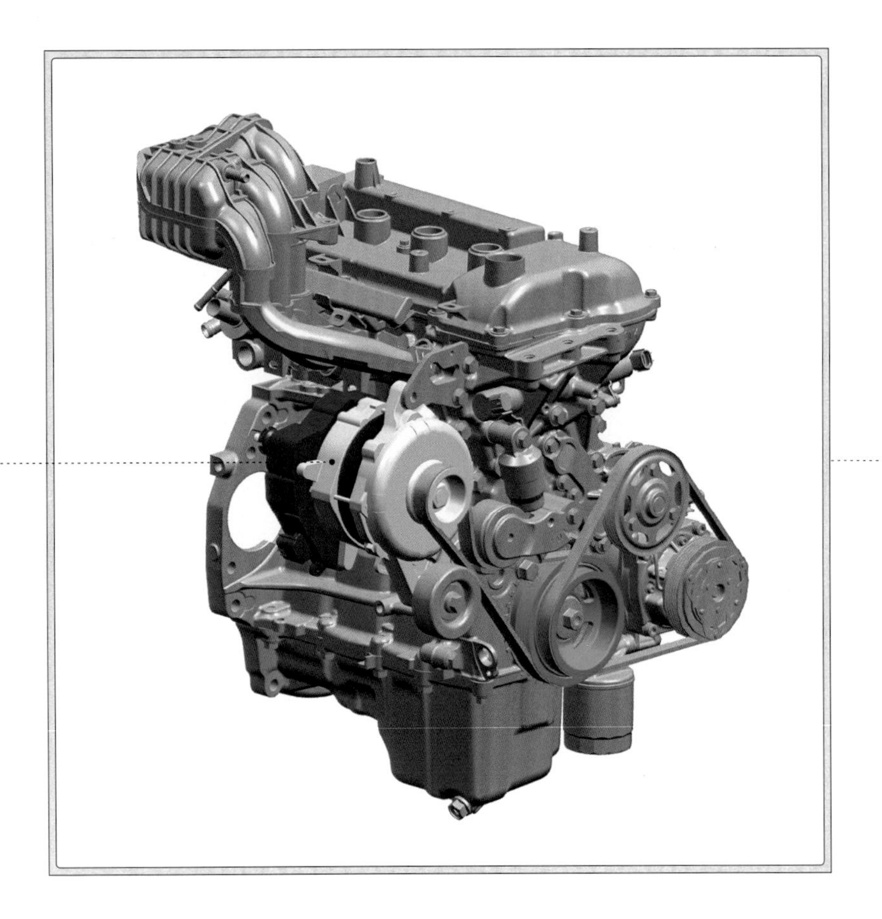

R064형 660cc 엔진

경자동차용 660cc 엔진에도 똑같은 사양의 ISG가 탑재된다(좌측). 이 엔진도 기본성능향상을 위해 가장 새로운 기술을 적용한 최신세대이다. 피스톤 측면의 윤활 패턴도 그 가운데 하나로서, 피스톤 헤드 면은 최신 포트분사 엔진의 형상이다. 동력을 지원하더라도 우선은 기본성능이 중요하다. 덧붙이자면 스즈키는 세계 최소배기량의 2기통 디젤엔진을 갖고 있다.

감속 에너지 회생 시스템을 통해 리튬이온(이하=Li) 축전지에 충전하는 에너차지(Ener-charge, 스즈키에서 만든 용어)가 처음 도입된 때가 2012년 9월이었다. 에너차지는 알터네이터(스타터 모터 기능 내장)를 발전기로 이용하고, 이때 충전한 전력을 차량탑재 전자기기에 이용하는 시스템이다. 독특한 것은 그 충전 로직(Logic)으로, 회생한 전력은 통상적인 납 축전지와 Li전지에 1대 6의 비율로 나뉘어서 충전했다. 에너차지를 탑재한 차량은 충전분배 기능을 가진 전력 리사이클형 마이크로 HEV(Hybrid Electric Vehicle)라고 한다. 왜건R을 시작으로 스즈키의「전체 모델에 적용」한다고 발표하기도 했다.

경자동차에 채택하려면 아무리 대량 구매 효과를 얻는다고 해도 시스템 가격을 낮추지 않으면 안 된다. 그 때문에 Li축전지의 전압을 납 축전지와 똑같이 12~14V(볼트)로 설정함으로써 DC-DC 컨버터가 필요 없게 했다. 도시바 제품의 5셀을 합계해서 12V가 된 사양은 여기서 결정된 것이다. SOC(State Of Charge=충전상태)는 상한 80%, 하한 30%이기 때문에 전체 용량의 50%밖에 사용하지 않는다. 전지를 혹사하지 않고 사용하는 만큼 수명을 배려한 것이다. 용량

36Wh는 아마도 세계에서 가장 작은 어시스트 축전지 용량이겠지만, 가격이 싸고 무게도 가볍다.

동시에 아이들링 정지 때는 에어컨의 컴프레서가 정지해 냉각 공급이 안 된다는 점을 고려해 전동 팬만 가동돼도 1분 동안은 실내로 냉기를 공급할 수 있는 에코 쿨(Eco Cool)을 적용했다. 에어컨 냉기 통로인 증발기(Evaporator) 핀 사이에 파라핀계 축냉제(蓄冷劑)를 고정해 놓았다가 에어컨이 작동할 때는 이것을 얼림으로써(1분이면 언다) 컴프레서가 정지해도 냉기를 공급할 수 있다. 통상적인 신호 대기 시간은 90초 이하가 전체의 60%이므로, 에코 쿨 장비를 장착한 차는 아이들링 스톱 시간을 더 오래 유지할 수 있었다.

에너차지와 에코 쿨의 1대당 연비 절감효과는 5~6% 정도이지만, 대신에 이를 채택한 전체 대수로 연비효과를 얻는, 즉 국소주의와는 정반대의「면적」을 겨냥한 장비이다.

이후 스즈키의 마이크로 하이브리드는 이 방침이 기본 토대가 된다.

14년 8월, 에너차지는 속도 15~85km/h에서 최대 6초 동안 구동력을 지원하는 S-에너차지로 진화한다. 기존의 110A(암페어) 알터

효과는 필요하나 과욕은 부리지 않는다.

아래 그래프는 리튬이온 축전지의 전압특성을 나타낸 것이다. 단순히 전력이 단시간에 출입하는 성능만 필요하다면 커패시터가 최적이지만, 리튬이온 축전지는 차량탑재 전자기기에 대한 전력 공급과 가격까지 포함해 12~14V에서 작동한다. 우측 그래프는 세 가지 시스템 사이의 회생 에너지양을 비교한 것. 기존 시스템에서는 연료를 사용해 필요한 전력을 얻었다는 것을 알 수 있다. S-에너차지는 회생량을 늘리는 식으로 전력을 구동력 지원에 할당한다.

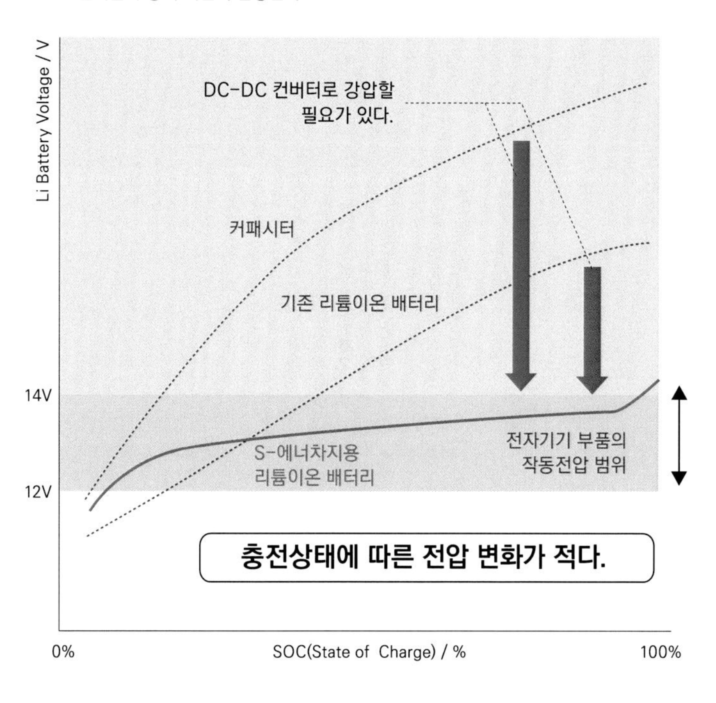

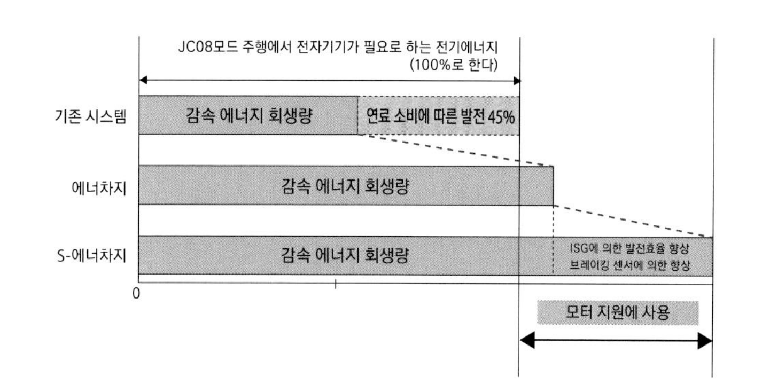

1세대 에너차지에 채택된 110A 타입의 알터네이터와 1개만 사용하는 벨트. 이 시점에서는 알터네이터를 ISG로는 사용하지 않았다. 가장 먼저 양산 차량에 ISG 지원을 이용한 자동차 회사는 스즈키와 제휴 관계를 맺고 있을 당시의 미국 GM이었다.

네이터를 140A 사양으로 변경한, 모터 기능이 내장된 알터네이터(ISG)를 사용해 최대출력 1.6kW, 최대 토크 40Nm의 구동력을 발휘하는 시스템이다. 15km/h는 CVT가 록업(Lockup)하는 속도로 여기서부터 거의 실용 상한에 해당하는 85km/h까지 소화함으로써 일상적인 주행에서의 사용 빈도를 높이고 있다. 다만 모터 동력을 한번 사용하면 다음 지원까지 3초 동안 작동하지 않는 설정이었다.

이 3초 설정이 해제된 것은 다음 해 15년 5월로서, 이때 지원 시간이 종래의 6초에서 최대 30초로 길어지는 동시에 시속 15km/h에 미치지 않는 영역에서도 지원이 가능해졌다. 그러는 동안 Li축전지 용량은 일관되게 36Wh를 유지해 SOC도 바뀌지 않았다. 즉 18Wh라는 작은 전력으로「두텁고 짧은 지원」부터「얇고 긴 지원」까지 지원하는 것이다. 나아가 이해 8월에는 터보차량용 S-에너차지가 실용화되면서 지원 영역이 일본의 법규 상한인 100km/h까지 확대되었다.

S-에너차지의 개별 단가는 35~40만 원이다. 모델에 따라 다른 장비와 같이 장착되기 때문에 순수한 판매가격은 산출하기 어렵지만, 마이크로 하이브리드 장치치고는 가장 싸다. 가솔린 1ℓ=1200원으로

계산하면 35만 원은 292ℓ에 해당한다. 경자동차 차량 가격을 고려하면 결코 싸다고 할 수 없는 금액이지만, CO_2 삭감이라는 대의명분 말고도 「나름대로 잘 달린다」고 생각하는 정신승리 효과는 있을 것이다.

15년 8월, 이번에는 ISG를 165A로 올려 최고출력 2.3kW, 최대토크 50Nm을 보조하는 마일드 하이브리드 사양이 「솔리오」와 「이그니스」에 설정된다. ISG의 토크 향상에 맞춰 보조기기 구동 벨트가 2개인 방식으로, 1개는 ISG와 크랭크축만 연결한다. 오일 펌프, 워터펌프, 에어컨 컴프레서에는 전용 구동벨트를 사용한다. 또 ISG 쪽 벨트에는 오토텐셔너가 장착되었다.

이런 세밀한 개량은 소용량 전지를 최대한으로 활용하는 기술이 발현된 것이다. 처음에는 여유가 과했던 마진 부분을 서서히 줄여나간 것과 충전·방전을 치밀하게 관리함으로써 불과 36Wh의 Li축전지를 활용해 왔다. 스즈키는 축전지를 5년 또는 주행 10만km로 보증하고 있다.

현재 S-에너차지 사양은 왜건 R과 허슬러에서는 반 정도, 스페시아에서는 전체에서 판매되고 있다고 한다. 마일드 하이브리드 차는 월간 평균 1.5만대가 판매된다. 도시바 제품의 Li축전지 사양은 바뀌지 않았기 때문에 축전지만으로도 가격 절감효과가 클 것으로 예상된다.

제어 측면에서는 차량이 완전히 정지하기 전, 감속 최종단계에서

IGNIS의 엔진룸

워터 펌프용 풀리가 엔진룸의 차량 실내 쪽(흡기 쪽)에 있다.

살짝보이는것이ISG의풀리가회전하는 부분인 아이들러 휠. ISG는 워터 펌프보다 낮은 위치에 있다.

이것이 새로운 2개 걸이 타입 벨트로서, 앞 페이지 것과 비교하면 표면 모양이 다르다. ISG에서 엔진 쪽으로 토크를 전달하는 사양의 벨트로서, 크랭크축 풀리와 ISG 쪽 풀리만 연결한다.

오토텐셔너의 롤러 부분이 바깥쪽에서 벨트를 누르고 있는 상태. 이 부품은 ISG 드라이브 벨트가 슬립하는 것을 방지한다.

이 크랭크 풀리에 걸려 있는 벨트는 ISG용 벨트와는 다른 것으로, 정확하게 ISG 벨트 위에 겹치는 위치에 있다.

에어컨 컴프레서용 풀리. 엔진이 아이들 정지를 하면 컴프레서도 회전하지 않는다.

■ 다음을 기다리고 있는 풀 HEV

15년도 도쿄 모터쇼에 출품된, AGS를 이용한 하이브리드용 변속기. 오토 메이티드 MT에 전동 모터를 조합한 것이다. EV주행도 가능한 풀 하이브리드이다

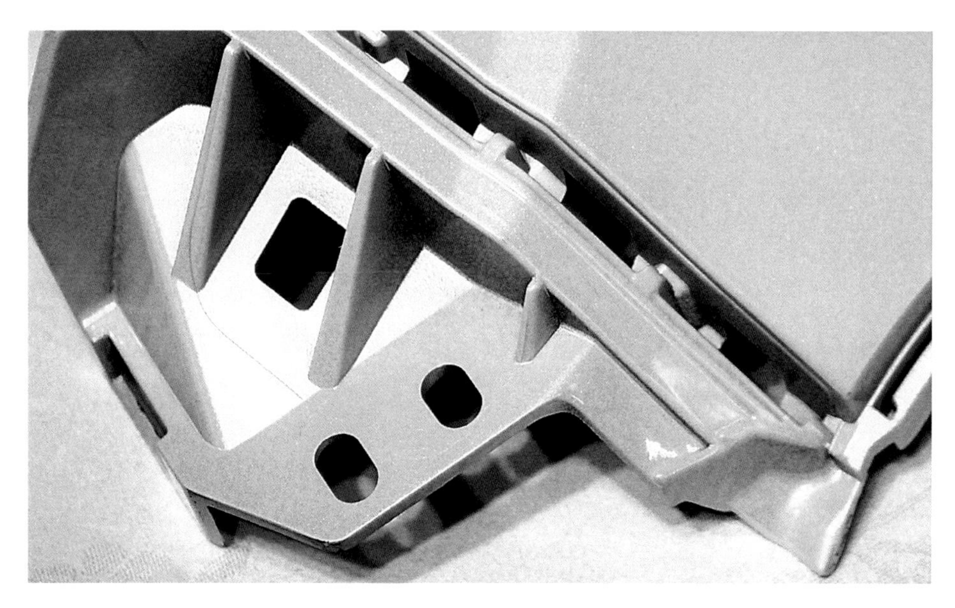

■ 경량이 모든 것을 좌우

구동계통 시스템과 함께 스즈키가 힘 쏟고 있는 것이 경량화이다. 이 사진은 알트에서 만드는 수지 프런트 펜더로서, 매우 가볍다. 보디에 볼트로 고정한다. 일반적으로 재료 치환에 따른 경량화는 가격상승을 가져온다고 하지만, 경자동차는 수지 외판 사용을 추진하고 있다. 앞으로 전동화가 진행되는 과정에서 경량화 요구가 더 높아질 것이다.

먼저 엔진을 멈추게 하는, 어떤 의미에서는 대담한 일도 하고 있다. 경자동차는 운행반경이 넓지 않기 때문에 감속~정지하는 경우가 빈번하다. 조기 어시스트 스톱이 「티끌모아 태산」 정도의 연료 절감효과에 불과하겠지만, 왜건 R을 이용한 스즈키의 계산에 따르면 1시간 아이들링에 약 450cc의 연료를 소비하는 것으로 나타났다. 또 에어컨을 켜면 아이들 스톱 시간이 짧아져 여기서 20~30%의 연소소비가 증가한다. 따라서 에코 쿨과 같이 사용하면 아이들이 정지하는 전체 시간을 길게 했을 때는 그 효과가 크다고 할 수 있다.

전력소 비에 대해 생각해 보자면, 경자동차에서는 EPAS(Electric Power Assist Steering) 사용량이 많을 것으로 예상된다. 제자리에서 핸들을 돌리고 좁은 길을 달릴 때가 많다는 사용 데이터는 스티어링 제조사도 파악하고 있다. 「경자동차가 가장 많이 조향각도를 크게 조작하는 차종」이라고 말하는 연구자도 있다. 경자동차에서는 감속 회생 전력을 통한 구동력 지원 효과도 크기는 하지만, 원래라면 알터네이터가 연료를 소비해서 전기를 만들고 이를 차량탑재 전자기기에 사용하는 전력 리사이클 보충 효과도 무시할 수 없는 수준이다.

글 첫머리에서도 언급했듯이 가장 초기의 에너차지에서 스즈키는 1대 6의 전력배분 방침을 내세우며 조그만 Li축전지로 할 수 있을 것을 추구했다. 그로부터 4년 동안은 콘셉트도 바뀌지 않았다. 그리고 다음에 스즈키가 준비한 시스템은 체인을 매개로 삼아 모터로 엔진 출력축을 지원하는 HEV이다. 그리고 스즈키답게 MT를 바탕으로 해서 클러치가 없는 변속기인 AGS와 조합하는 것이다. 엔진을 정지시킨 상태에서 모터 발진이나 모터를 통한 출력 지원 외에도, AGS의 변속 충격을 모터 동력으로 완화하는 제어도 적용한다. MT 베이스의 풀 HEV라는 방향성도 흥미롭다.

《 AVL **48V mild-hybrid** 》

있는지 없는지는 모르겠지만, 있다면 상당한 도움이 될 것.

그것은 마치 VVT 같은 존재

48V 마일드 HEV의 효능과 설 위치를 알아보자.

아우디 Q7은 48V 전원을 사용하는 전동 컴프레서를 탑재하고 등장했다.
여기서 주목해야 할 것은 유럽에서 보급하려고 하는 48V는 구동용 모터를 간소하고 싸게 사용할 수 있어야 진정한 의미가 있다는 것이다.
일본에서 인지도가 올라가고 있는 48V 마일드 하이브리드가 과연 어떤 존재의의를 갖는지에 대해 다시금 고찰해 보겠다.

본문 : 미우라 쇼지 그림 : AVL

좌측 사진은 AVL이 개발 중인 48V 마일드 하이브리드+전동 컴프레서. 우측 사진 역시 AVL이 구상하는 하이브리드 파워트레인의 동력혼합 기구. 48V 마일드 하이브리드는 기존 내연기관 장치의 기본구성을 그대로 살릴 수 있을 뿐만 아니라, 고전압 특유의 안전대책도 거의 필요 없다. 복잡하고 커지는 하이브리드 시스템에 대한 일종의 반대 주제임과 동시에 싸고 광범위하게 적용할 수 있어서 CO_2 를 줄이는 과정에서 순풍 역할을 할 것으로 기대된다.

2020년을 대비한 포괄적 대책의 필요

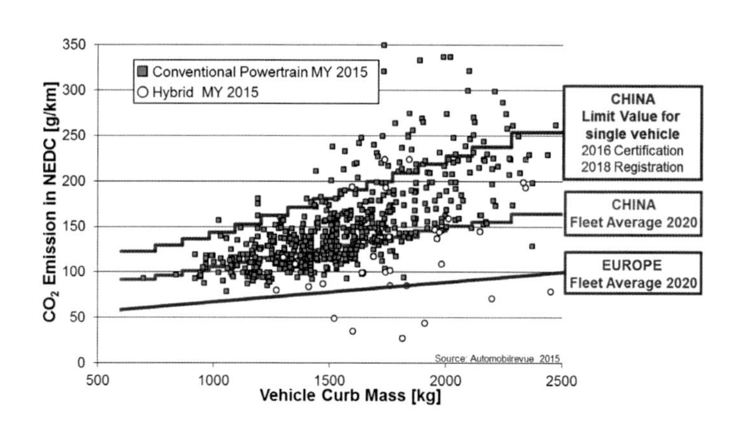

차종을 가로축에, CO_2 배출량을 세로축에 놓고 집계한, 현재 상태에서의 차종 분포. 무게가 많이 나가는 고가 차량은 아무래도 대책을 세우기가 어려워, 전체수량이 많은 저가 차량을 중심으로 포괄적인 대책을 세우지 않으면 EU의 95g/km 규제에 대응할 수 없는 것으로 분석되고 있다.

2020년을 대비한 포괄적 대책의 필요

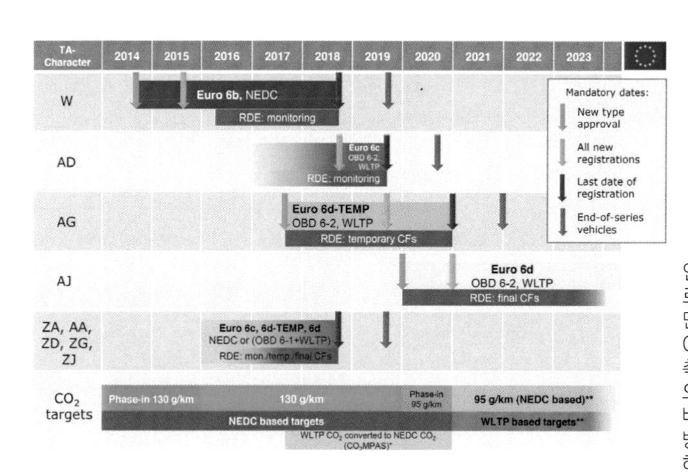

연비대책과 NOx를 축으로 한 배출가스 대책, 이것만도 쉽지 않은데 WLTC→RDE라는 강력한 계측방법까지 추가되는 앞으로의 환경규제. ICE를 바탕으로 한 현재 상태의 방법으로는 도저히 대응하지 못하는 것으로 여겨지고 있다.

전동화 차량의 방식별 발전 예측

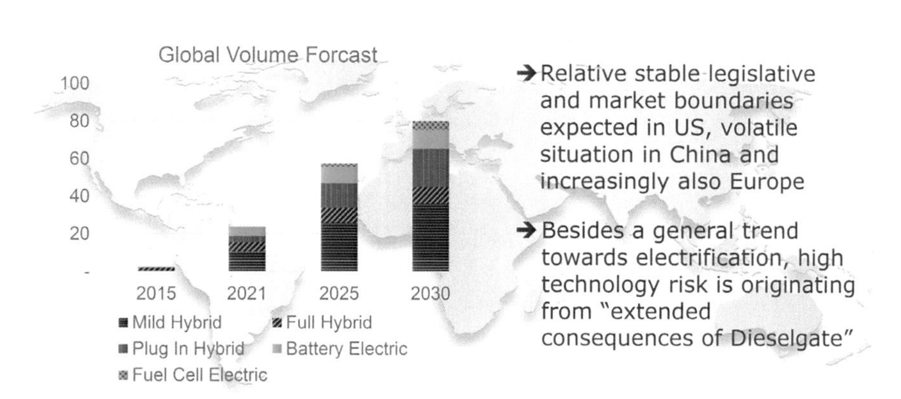

마일드 하이브리드부터 순수 EV, FCEV 같은 다양한 전동차량이 앞으로 어떤 비율로 추이가 확대될 것인지를 나타낸 예상도. 어떤 방법으로 정리될 것으로는 보이지 않고 각 종류 별로 똑같이 발전해 나갈 것으로 예측된다. 기술적 우열만이 이유는 아니다.

전동화 차량이라고 했을 때 그 궁극적인 모습은 순수 EV이고 이어서 엔진차(ICEV)와의 간격을 메꾸는 하이브리드(HEV)가 있는 셈인데, HEV라고 전체적으로 말하기는 하지만 여기에는 다양한 종류가 있다. 62페이지에서 보듯이 모터나 배터리의 위치 관계, 동력과 전력의 경로나 방향이라는 관점을 바탕으로 자동차 회사마다 여러 가지 방법을 제시하고 있다. 한편으로 HEV의 성능을 결정하는 요소인 모터와 배터리 용량은 사용 전압에 좌우되기 때문에, HEV 종류를 시스템 전체의 구성이 아니라 모터 전압으로 구분하는 분류방법도 있다.

예를 들면 도요타 프리우스의 구동용 모터에 걸리는 최대 전압(거의 회전속도에 비례)은 650V이고, 혼다 어코드 하이브리드에서는 700V이다. 포르쉐 등과 같은 고성능 HEV에서는 800V 전후의 고전압을 사용한다. 당연히 이런 모터를 구동하기 위해서는 12V 배터리로는 부족하므로 전용 대용량 배터리가 필요하다. 대용량 배터리는 가격이 비쌀 뿐만 아니라 또 고부하로 사용할 때는 전류값이 높아지기 때문에 절연 등과 같은 안전과 관련된 비용도 추가로 발생한다. EV 주행거리를 늘린다거나 대출력을 얻기 위해서는 필연적으로 스트롱 하이브리드가 되어서 시스템 가격이 비싸지는 것이다. 대척점에 있는 예로는, 스즈키의 S-에너차지 같이 기존의 12V 시스템 그대로 유지한 상태에서 알터네이터를 모터로도 사용하는 방법도 있다. 하

각종 전동화 차량의 적용 영역

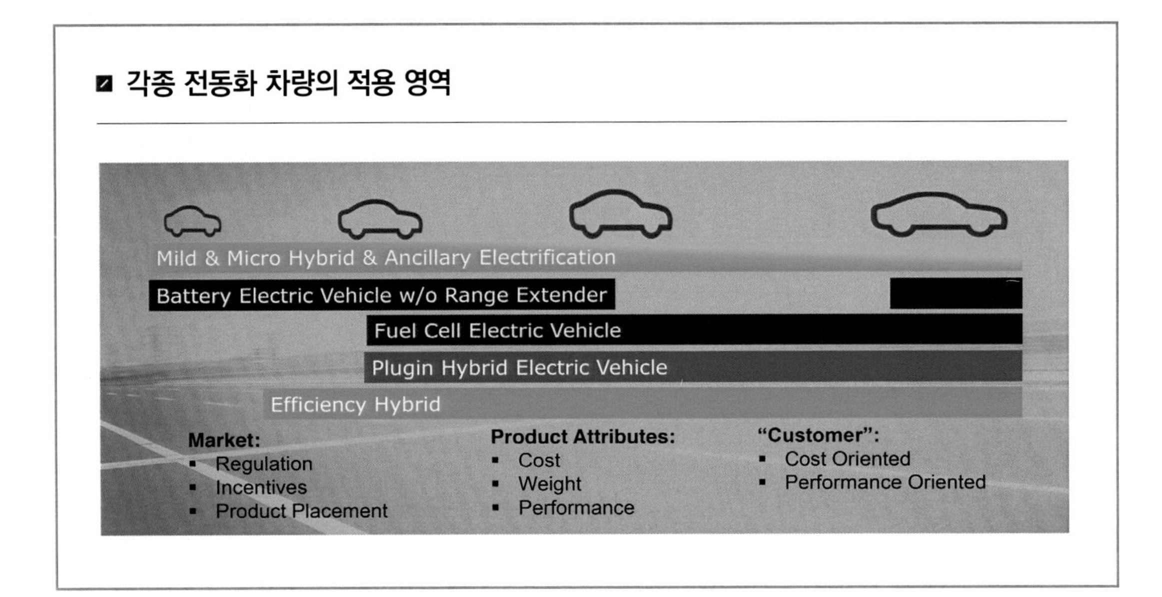

자동차 그림은 왼쪽이 소형 저가 차량, 오른쪽이 대형 고가 차량을 나타낸다. 마일드 HEV는 자동차 크기나 가격대에 좌우되지 않고 채택할 수 있다. EV의 중간이 빠져 있는 것은 배터리 용량과 항속거리 차원에서 단거리 소형차와 장거리 대형차로 이분화되었다는 것을 시사한다.

모터 전압에 따른 구분

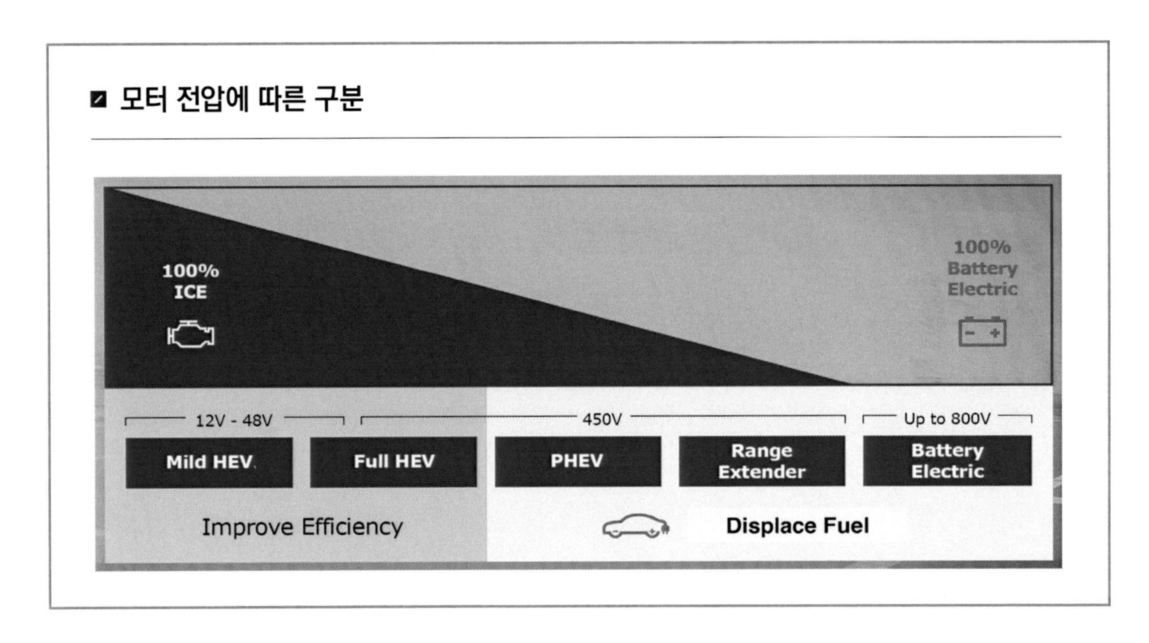

모터 전압에 따라 전동화 차량을 구분해 놓은 그림. EV로서의 성능을 추구한다면 고전압화는 필수라는 것을 나타내고 있다. 48V HEV가 실용화되지 않은 현재, 400V 정도와 12V 사이의 영역이 크게 비어 있다는 것을 파악할 수 있다.

출력, 전압, 엔진의 적용 구분

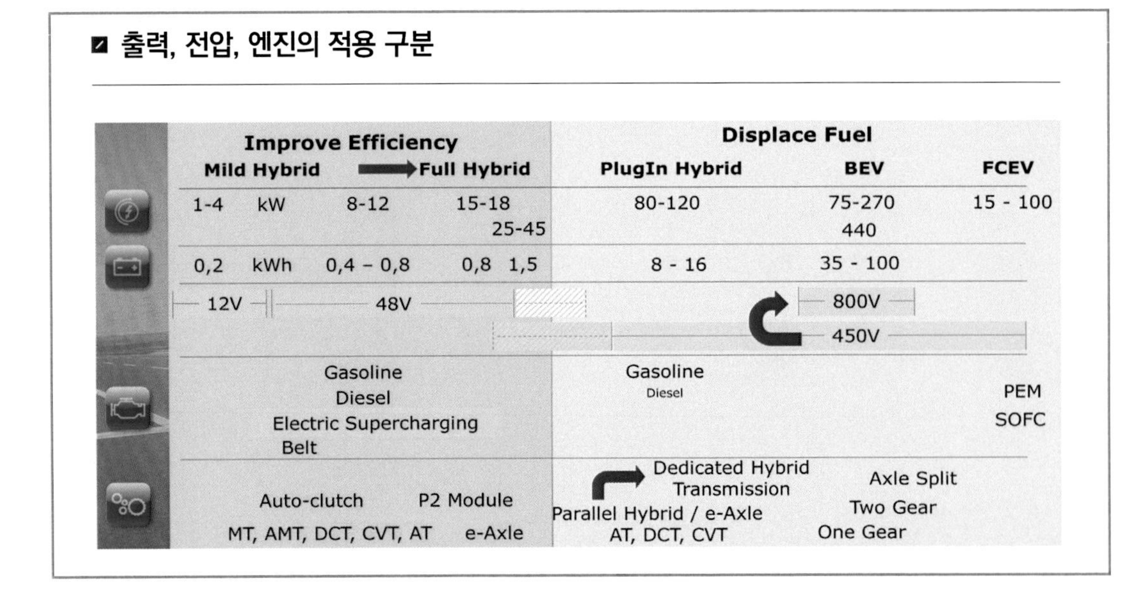

앞 그림의 시스템을 세분화해서 나타낸 것. 최상단이 모터 출력, 그 아래가 배터리 용량과 전압. 출력 20kW가 조금 넘을 때는 특별한 대책이 필요한 고전압을 사용하지 않아도 된다. 모터 출력이 높아지면 펌핑 손실을 모터로 극복할 수 있어서 저렴한 가솔린엔진이 주체가 되는 경향을 보인다.

저전압일 때의 전류값과 출력의 상관관계

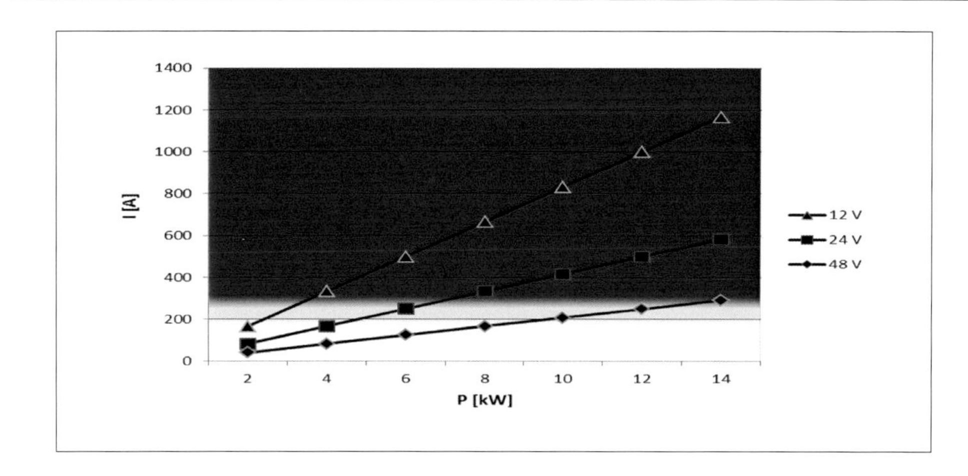

저전압으로 구동할 때의 모터 출력과 전류값 관계를 나타낸 그래프. 12V에서도 1000A가 넘는 대전류를 흘리면 출력은 확보할 수 있지만, 그것은 그대로 저항증대로 이어져 발열·누전의 위험성이 커진다. 현실적으로는 200A 정도가 적절하다. 그렇게 되면 12V에서는 약간의 출력밖에 기대할 수 없다.

12V와 48V, 회생능력의 차이

12V와 48V에서 어느 정도로 회생 능력에 차이가 날까. P0의 청색 선의 가장 간략한 벨트 구동 스타터 제너레이터 방식에서 보면, 48V에서는 80%의 회생이 가능하지만 12V에서는 30% 이하로 밖에 회생이 안 된다. 전압의 고저에 따라 모터를 사용하는 최대 장점인 에너지 회수에 큰 차이를 보인다. P2의 적색 선은 모터를 변속기 쪽(클러치 후방)에 배치했을 경우. 모터는 가능한 한 구동축에 가깝게 배치하는 편이 엔진이나 변속기의 접촉저항이 작아서 회생 효율이 올라간다.

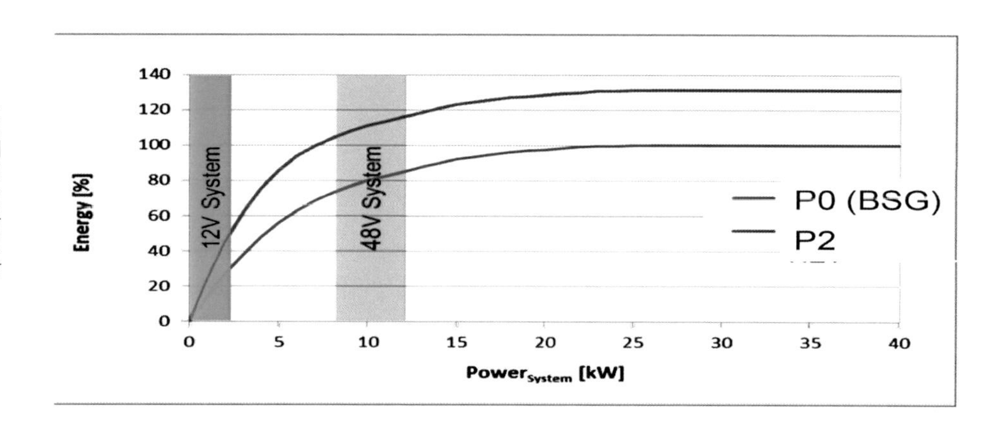

전동화 차량의 방식별 발전 전망

왼쪽부터 ICE, 12V HEV, 48V HEV, 48V HEV+전동 컴프레서의 CO_2 삭감량 비교. 순서대로 대략 2%씩 효과가 올라간다. 12V에서도 효과는 나타나지만, 앞서 언급했듯이 안전성 때문에 전류값을 제한하면 약간의 출력밖에 발휘하지 못해서 실용적인 성능이 높지 않다. 48V라면 전동 SC와의 상승효과도 기대할 수 있다.

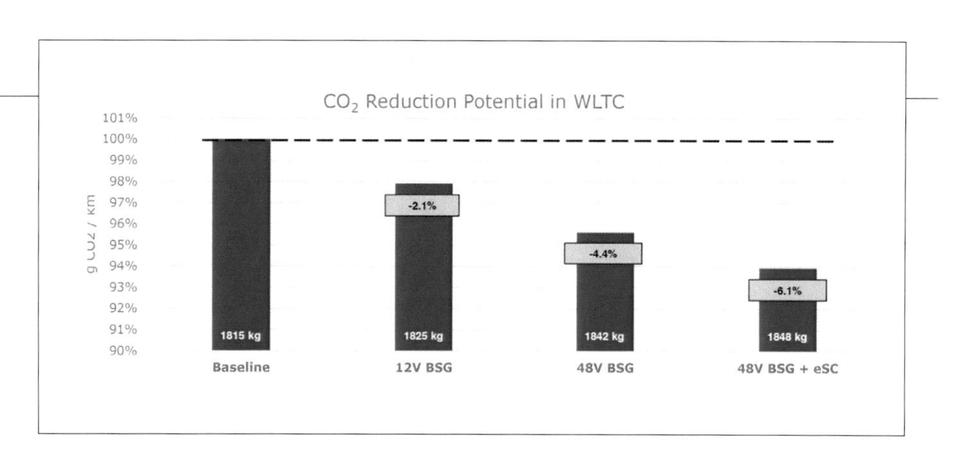

지만 이것은 전용 시스템이 필요 없어서 가격은 싸지만, 극히 단시간 저출력을 발휘할 수 있을 뿐이다.

순수 EV, 스트롱 HEV, S-에너차지 3가지 HEV가 현존하는 전동화 차량의 대표적 카테고리라 할 수 있지만, 성능 격차가 큰 고전압 HEV와 12V·HEV 사이를 메꾸려 하는 것이 48V 전원을 사용한 마일드 HEV이다.

48V·마일드 HEV는 어떤 위치에 있고, 앞으로 어떤 식으로 나아갈 것인지에 대한 전망을 AVL 저팬의 파워트레인 엔지니어링 사업부 시니어 키 어카운트 매니저인 나카지마 마사히로씨한테 들어보았다.

「지금이나 앞으로도 우리를 포함한 업계 전체에서 여러 종류의 HEV가 개발·모색될 겁니다. 그것은 중요한 과제인 CO_2 배출량 절감이 한 가지 방법으로는 해결할 수 없다는 것이 이유이죠. 단순히 동력성능을 높이는 것이라면 엔진을 키우던가 모터를 장착하는 것이 유일한 방책이겠지만, 연비를 좋게 하려면 엔진, 모터, 변속기, 배터리 등과 같은 요소를 조합하는 방법이 무척 많습니다.

기술적인 측면만이 아니라 시장이나 고객의 요구도 또 다양해서, 시스템적으로는 우수한 스트롱 HEV가 꼭 필요하지 않은 지역이나 사람이 많은 것도 사실입니다.

그런 수요에 대해 비교적 저렴하고, 수량을 증가시키면 전체적인 CO_2 배출 수준을 낮출 수 있다는방법론 가운데 하나가 48V화와 그것을 사용한 마일드 HEV라고 할 수 있겠죠」

48V에 대한 도화선은 전동 컴프레서에 의해 시작되었지만, 나카지마씨에 따르면 전동 컴프레서 자체를 반드시 48V로 만들 필요는 없다고 한다.

「AVL에서도 실험은 하고 있지만, 전동 컴프레서는 12V로도 구동할 수 있습니다. 다만 사용할 수 있는 시간은 짧죠. 모터도 마찬가지여서 12V에서도 구동은 할 수 있지만, 시간과 출력이 많이 제한됩니다. 또 모터 출력은 크기로 결정되는데, 출력되는 방향뿐만 아니라 회생 에너지도 모터 크기에 규제받기 때문에 HEV 기능의 요점인 에너지 회생 측면에서 모터는 키우고 싶은 것이죠. 마찬가지로 전압을 높이는 편이 목적에 대한 효과를 높일 수 있다고 봅니다」

「배터리 용량을 크게 하지 않으면 아무래도 엔진 부담이 늘어나기 때문에 CO_2에만 초점을 맞췄을 때는 스트롱 HEV 시스템을 사용한 PHEV 쪽으로 갈 수밖에 없습니다. 하지만 그렇게 되면 충전 인프라 문제가 떠오르겠죠. 유럽에서는 800V 수준의 충전 인프라를 구축하려고 합니다만, 일본에서는 보안기준도 달라서 극단적인 고전압 충전환경을 정비하기 까지는 장벽이 많습니다. 발전도상국이라면 더 그렇고요. 오해 소지가 있을지 모르겠습니다만, 환경에 돈을 쓰겠다는 지역과 사람들한테는 효과가 큰 시스템이 좋겠죠. 반면에 그렇지 않은 계층을 위한 다른 방법도 동시에 필요하다고 생각합니다」

배터리 용량=탑재용적이 비대해지고 있는 순수 EV, 시스템이 복잡한 스트롱 HEV는 고급 차량부터 저가 차량까지 일률적으로 적용할 수 있는 것은 아니다. 그에 반해 48V 마일드 HEV는 약간만 변경하면 위부터 아래까지 시장 요구에 맞춰서 평준화한 보급을 기대할 수 있다. 자동차 한 대의 효과는 크지 않지만, 그래도 없는 것보다는 분명히 효과가 있을 뿐만 아니라 많은 차종에 채택되면 전체적인 CO_2 삭감에 공헌할 수 있다는 것이다. 2020년에 실시될 플리트 평균(Fleet 평균=평균 배출량) CO_2 배출량 95g/km 규제는 그렇게 만만한 것이 아니어서, 화려한 고급 전동차량만으로는 절대로 달성 불가라는 것이 전 세계 자동차 회사의 속마음이다. 그렇다면 48V·HEV는 구체적으로 어떤 차로 만들어질까.

「전원·전압을 통해 출력은 거의 결정될 겁니다. 강전(强電)대책을 세우지 않아도 된다는 것이 전제이므로 전류값은 대개 200A 정도가 되겠죠. 출력은 전압×전류이므로 10kW 정도고요. 배터리 용량 측면까지 포함해 EV주행은 거의 못 합니다. 발진 가속할 때의 지원 정도로 한정되겠지만, 그래도 NEDC 규제 정도는 충분히 통과할 수 있습니다. 연비에 가장 안 좋은 저회전·고부하 영역에서 엔진을 사용하지 않아도 되기 때문이죠. WLTC 모드에서 ICEV보다 배출 CO_2를 5% 가까이 줄일 수 있습니다」

「모터 출력과 사용 기간이 한정적이라 운전자가 직접 타보고 『뭐, HEV니까』하는 일은 아마도 없을 겁니다. 감각은 기존 자동차와 거의 다르지 않을 테니까요. 때문에 HEV로서의 상품적 부가가치는 약할지도 모릅니다. 왜 그럴까 하고 저 나름대로 생각해 보았는데, 가변 밸브 타이밍 기구(VVT) 같은 것이 아닐까 하는 생각입니다」

「VVT는 터보같이 장착되었다고 해서 효과가 있다고 느낄 수 있는 물건이 아닙니다. 지금은 거의 모든 자동차의 엔진에 장착되어 있어서 VVT가 있는지 없는지 조차 신경 쓰지 않습니다. 하지만 쌀 뿐만 아니라 연비나 출력에도 있고 없고는 확실히 다른 효과를 보입니다. 그런 『특별하지 않은』 HEV라면 사용자도 거부감 없이 받아들일 테고 보급도 쉽게 진행할 수 있겠죠. 그런 식으로 생각해 주면 좋지 않을까 합니다」

현재는 CO_2 삭감이라는 목표를 반드시 달성해야 할 정의라고 업계는 받아들이고 있다. 하지만 정의만으로 세상이 움직이지는 않는다. 자동차가 단순한 도구의 틀을 넘어선 「상품」인 이상 거기에는 인간의 다양한 욕망이 투영되고, 정의 이외의 뭔가가 구매 욕구라는 본성을 자극한다. 그래서 HEV도 점점 다양화해지고 있어서 당분간 몇 가지로 좁혀지지는 않을 것이라고 나카지마씨는 말한다.

틀림없이 맛있을 음식은, 보기에도 화려한 고급 식당이나 레스토랑의 요리만이 아니다. 일상생활에는 쌀밥과 된장국에 몇 가지 반찬만 나오는 식사가 당연할 것이다. 하물며 존재의의 하나조차 확실치 않은 48V와 마일드 HEV는 더 낯설 수밖에 없다. 더구나 자동차 회사 측면에서 봤을 때, 독자적 길을 가는 경향이 강한 일본에서는 만인을 위한 「특별한 식사」가 아직 보급 차원의 이정표조차 제시되지 않고 있다.

AVL 저팬 / 신가와사키 테크니컬 센터 준공

이번 취재에 응해준 AVL은 업계에서는 잘 알려진 바와 같이 독립적인 파워플랜트 엔지니어링 기업으로서, 상당한 규모와 실적을 가진 오스트리아 기업이다. 1995년에 일본법인을 발족시키면서 일본뿐만 아니라 널리 아시아 자동차 회사나 서플라이어와 협력관계를 구축하고 있다. 이번에 더 향상된 기능 강화를 내세우며 가나가와현 가와사키시에 신가와사키 테크니컬 센터를 설립. 지금까지 본국과의 시차가 있었던 R&D를 설비·인재 모두의 기능을 집중시킴으로써 이를 해소하면서, 점점 고기능·복잡해지는 자동차용 파워트레인 개발을 효율적으로 끌고 가기 위해서이다. 4축을 독립적으로 계측할 수 있는 테스트 장비를 비롯해서 하드와 소프트 모두 독자적인 최신 설비를 도입한다. 취재 당일에 준공 전 설비를 볼 수 있는데, 모든 파워트레인에 대응할 수 있는 기능 측면 및 환경 측면에서 충분히 의의가 있는 계측 장비들은 상당히 인상적이었다. 앞으로 몇 년 동안 설비를 확장할 수 있도록 여유를 갖고 부지를 배치했다고 한다. MFi에서는 11월 7일의 정식 준공 후, 다시 한번 상세한 회사 취재와 촬영을 할 예정이다.

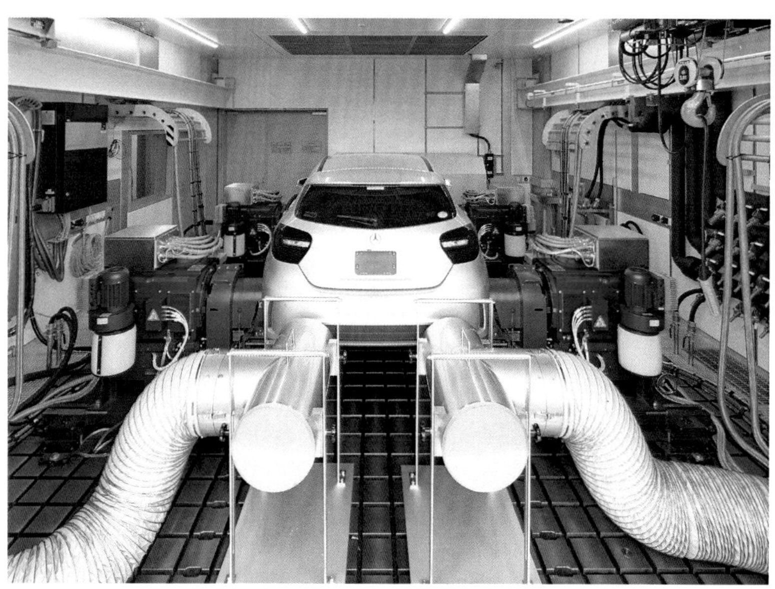

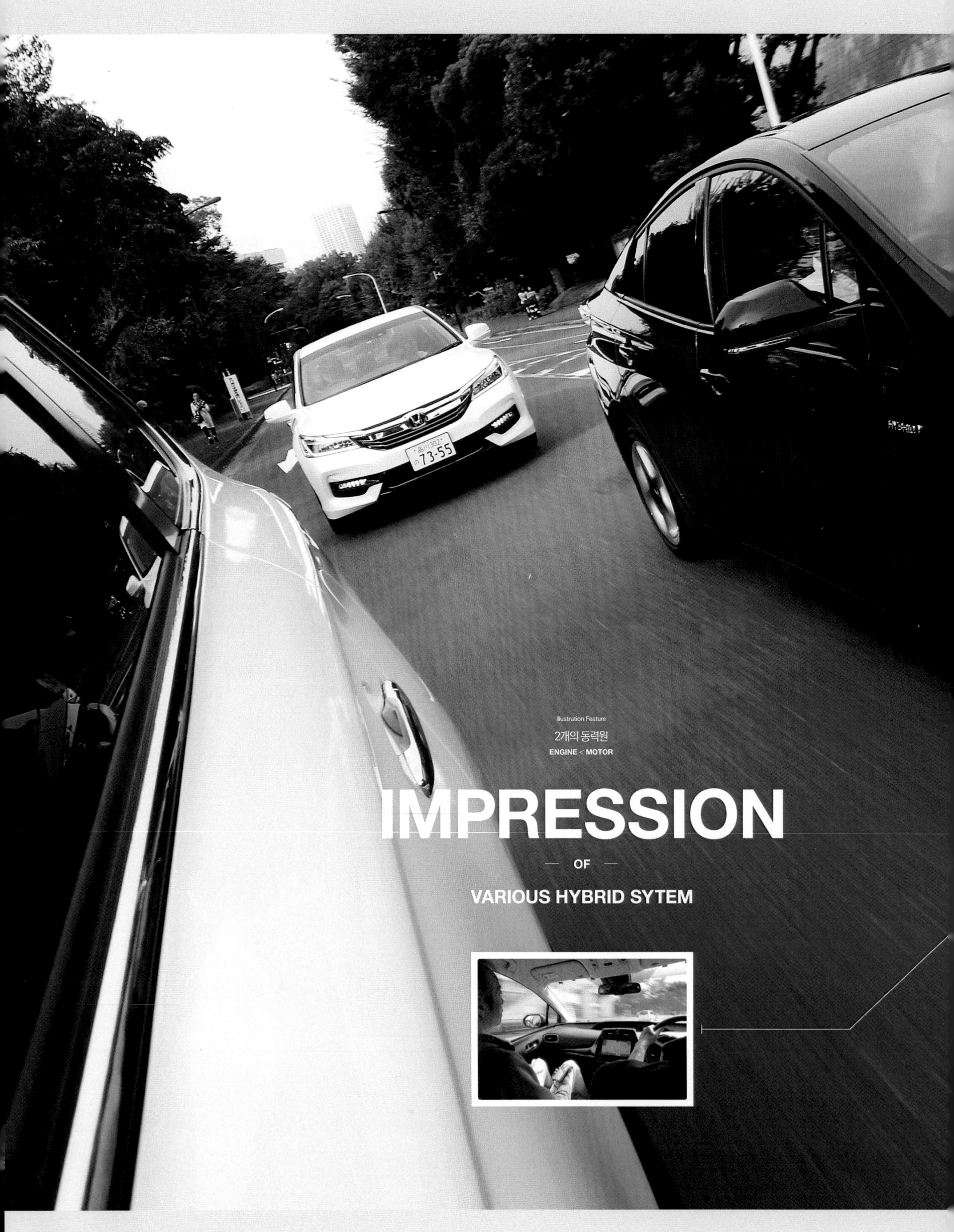

Illustration Feature

2개의 동력원

ENGINE < MOTOR

IMPRESSION

OF

VARIOUS HYBRID SYTEM

동승자로서의 느낌

운전하지 않고 HEV에 대해서 느꼈던 시승 소감

현대공업기술을 집약해서 만들었다고 해도 과언이 아닌 HEV.
카탈로그나 기술해설서, 개발자의 목소리를 통해 그 성과를 소개하는 것들이 넘쳐나고 있다.
하지만 아무리 훌륭한 기술이라도 실제로 타보고 사용하는 것은 시장의 소비자이다.
소비자는 기술적 내용은 생각하지 않고 자신의 느낌으로 평가한다.
자동차 평론가 입장은 제작자와 사용자 사이에서 양쪽의 이야기를 대변하는 존재이다.
그래서 기계이면서 또 의인화되는 자동차의 정서적 측면도 대상물로 삼아 이야기한다.
평론가가 일상의 작업장인 운전석이 아니라 조수석에 앉았을 때 복잡한 요소로 뒤섞인 HEV에 대해 무엇을 느끼고, 어떤 평가를 내릴까.
전대미문의 「조수석 시승기」를 통해 HEV의 본질 속으로 들어가 보겠다.

본문 : 사와무라 신타로 사진 : 사쿠라이 다츠오/미우라 쇼지

시승하자고 불러놓고는 「운전하지 말고 조수석에 앉아서 기록해 달라」고 한다.

적어도 평론가 타이틀을 가진 사람을 불러놓고는 무엇을 시킬지 봤더니, 당신은 운전은 하지 말고 그냥 조수석에 앉아서 스쳐 지나가는 느낌을 글로 써달라는 것이다. 과연 MFi 편집부다운 진행이 아닐 수 없다. 의뢰하는 내용이 다른 자동차 잡지와는 다르다.

그렇다고 불쾌하거나 그런 것은 아니다. MFi 편집부는 이 지령을 준비하는 차원에서 약간의 예행연습까지 시켰을 정도이다. 그 결과 새삼스럽게 느꼈던 것이, 운전하면서 자동차를 진단하는 것과 달리 다른 위치에서 온몸의 센싱 기능을 발동시켜 다양한 사물을 감지할 수 있다는, 당연하다면 당연한 사실이었다. 예를 들면 후륜구동에서 느낄 수 있는 fun to drive 같은 건 조금도 중요하지 않게 되었다는 것이다. 그것은 본인이 가속페달을 밟고 구동력이 뒷바퀴로 넘어간 뒤에 후방이 주체가 되어 차량 운동을 바꾸는, 즉 유기적 연관성을 통해 비로소 정서적으로 느끼는 감각이다. 그보다 걱정이 되는 것은 음 진동이거나 가속도 G가 고르지 않거나 하는 것이다. 본인이 한 조작과 관련된 현상은, 조작한 사람은 그런 현상의 발생이 당연하기 때문에 약간의 실수가 있어도 신경을 쓰지 않는다. 하지만 조수석에서 그냥 앉아 있으면 그런 실수가 아무런 여과 없이 신경을 거슬리게 한다. 그런데 재미있는 것은 깊은 곳에서 바라보는 그 차량의 본질 같은 것이 결국 운전을 하면서 얻은 결론과 일치한다는 점이다.

그래서 이번에는 소위 운전성능에 관한 것

들은 운전을 맡은 다카하시 잇페이씨에게 맡기고 필자는 조용히 조수석에 앉기로 한 것이다. 준비된 차량은 일본 차 3대에, 무슨 일인지 번외편 같은 1대를 추가해 총 4대이다.

덧붙이자면 주행 경로는 평일 낮 동안의 도쿄 중심부를 돌아서 오는 코스로서, 한 차례 일반도로에서 시승한 뒤에는 수도고속도로를 타다가 순환선에서 해안선을 거쳐 돌아오는 코스. 정체에서 40~60km/h 순항 그리고 고속주행이 망라된, 평범한 포장도로부터 노면이 정비되지 않은 거친 도로까지 달릴 수 있는, 나름 재미있는 코스이다. 아무데도 들리거나 하지 않기 때문에 관광객이라면 불만을 표시하겠지만, 필자로서는 고맙고 환영할 만하다.

가장 먼저 탄 것은 미쓰비시 아웃랜더 PHEV이다. 파워트레인은 엔진이 정지된 상태에서 모터로만 움직이는 EV모드 주행을 초기 설정으로 하고, 축전지 잔량이 적으면 엔진이 제너레이터를 돌리는 직렬 HEV모드, 그리고 가속이 요구되어 속도영역이 높으면 엔진이 전기를 만들면서 직결된 상태가 되어 지원에 나서는 병렬 HEV모드로 옮겨간다. 덧붙이자면 아웃랜더 PHEV는 4WD로서, 후륜구동은 모터가 담당한다. 따라서 엔진이 지원에 나서는 것은 앞바퀴뿐이다.

이렇게 예습한 내용을 머릿속에 떠올리면서 편집부가 있는 동 신주쿠에서 빠져나온다. 축전지는 아직 충분하고, 혼잡한 일반도로에서 주행은 당연히 EV모드이다. 여기서 느낀 것은 모터 또는 DC-AC 인버터의 작동으로 여겨지는 고주파 소음. 희미한 고주파 소음이 귀에 도달할 만큼 차량 밖 소음이나 실내의 다른 소음이 잘 억제되어 있기 때문일 것이다. 덧붙이자면 때가 때인 만큼 에어컨은 별로 사용할 일이 없다.

01. | MITSUBISHI MOTORS : **OUTLANDER PHEV**

[아웃랜더의 보디]

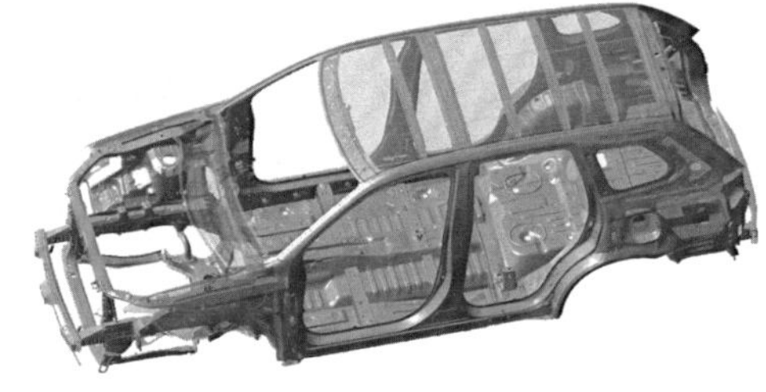

SPECIFICATION

- L4695 × W1800 × H1710mm
- WB2670mm
- 1880kg
- 4WD
- ⓂⒻS61 [60kW/137Nm]
- ⓂⓇY61 [60kW/195Nm]
- ICE:4B11 MIVEC [87kW/186Nm]

운전자소감

가장 큰 특징은 주행용 배터리에 충전된 전력을 다 사용하고 난 뒤에 시작되는 하이브리드 주행이다. 물론 엔진이 작동하면서 병행해서 주행하는 것이기는 하지만, 대개는 직렬 모드를 통한 주행이다. 엔진 구동력을 직접 주행에 이용하는 병렬 모드의 작동이 생각 외로 적다. 게다가 직렬 모드로 주행 중일 때도 회생을 포함해 주행용 배터리에 적극적으로 충전하다가 어느 정도 충전량이 확보되면 엔진은 정지하고 EV모드로 돌아간다. 이 EV모드로 돌아가는 빈도가 상당히 자주 발생하는데, 엔진이 전기를 만들고 그 전력으로 모터를 구동하는 직렬 모드까지 포함하면 고속도로에서 상당히 자주 가감속을 반복하지 않는 한, 예상컨대 90% 정도는 모터 주행이라고 해도 과언이 아니다. 추가해서 말하자면, 병렬 모드라 하더라도 가속할 때는 모터가 순간적으로 가세하기 때문에 가속 페달에 대한 반응이 EV모드로 주행할 때처럼 직선적이고 부드럽다.(다카하시 잇페이)

운전자소감

불연속적인 부분을 전혀 찾아볼 수 없을 정도로 모든 의미에서 부드럽다. 모터 주행중에 엔진이 작동해 엔진 주행모드로 바뀔 때도 쉽게 알아차리기 힘들 정도로, 때에 따라서는 상당히 의식해도 모를 정도이다. 다만 계기판 상의 출력 흐름 표시를 봐야 겨우 알 수 있을 때도 자주 있다. 차음과 진동에 대한 대책이 제대로 된 측면도 있지만, 엔진 주행모드로 바뀔 때 클러치를 이용한 구동계통 접속 동작이 반드시 붙어서 돌기 때문에 그때의 제어가 상당히 잘 되어 있다는 것만은 틀림없다. 그리고 브레이크 페달을 지연시키면서 아주 느리게 주행할 때도 마치 인버터로 생성되는 삼상교류가 정현파를 충실하게 그리듯이 모터 출력에 약간의 동요도 느끼지 못할 만큼 매끄럽다. 회생 동작을 정확하게 하면서도 정지하기 직전의 미묘한 조작에 이르기까지 위화감 없이 응답해 주는 브레이크도 인상적이었다. (다카하시 잇페이)

SPECIFICATION

- □ L4945 × W1850 × H1465mm
- □ WB2775mm
- □ 1600kg
- □ FWD
- □ ⓂH4［135kW／315Nm］
- □ ICE：LFA［107kW／175Nm］

[액티브 사운드 컨트롤]

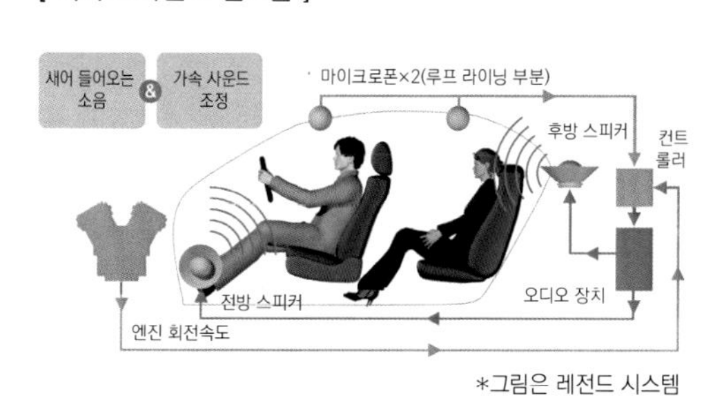

*그림은 레전드 시스템

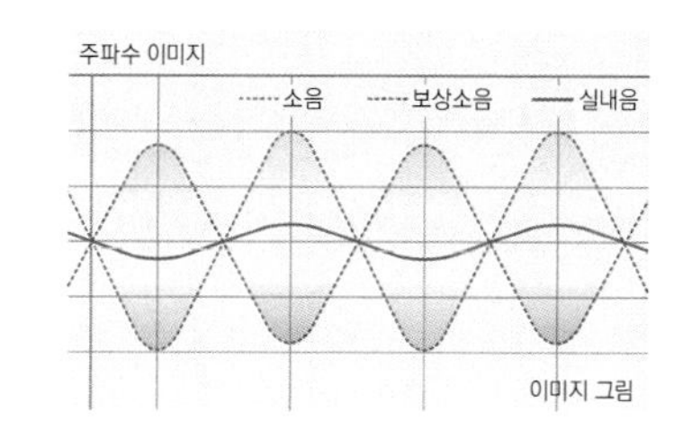

그런데 한산한 국도로 나와 속도가 올라가자 타이어에서 기인한 구조적 공진이 커지면서 앞서의 고주파 소음을 음폐하기 시작한다. 그 변화는 50km/h 정도인 듯.

수도고속도로에 올라 그 정도로 달렸더니 하쉬(Hash) 계통의 진동 입력으로 앞 서브 프레임이 떨리는 것이 느껴진다. 50Hz 전후 정도의, 딱 몸에서 느끼는 진동과 귀로 듣는 소리의 경계에 해당하는 진동이다. 아웃랜더 PHEV의 하체는 딱딱하다고는 할 수 없는, SUV 답게 의젓한 움직임을 보이도록 세팅되어 있다. 거기에 장착한 토요(TOYO) 타이어도 구름 저항 대책이 적용된 온순한 온로드용이라 타이어 쪽이 난폭한 것 같지도 않다. 그래서 다시 신경을 곤두세웠더니 차체의 B필러가 시작되는 부위에서 세로로 굴절되어 분할 진동을 일으킨다는 것을 알게 되었다.

아무래도 보디 쪽 강성이 부족하다는 느낌이다. 뭐에 대해 부족하냐면 바로 차량 무게이다. 아웃랜더 PHEV는 전통적인 직렬4기통에 CVT를 조합해 4WD로 달리는 베이스 모델에서, 토크 컨버터와 CVT를 제거하고 대신에 클러치를 넣은 다음 거기에 앞뒤축 구동용 모터와 인버터 그리고 발전용 제너레이터 1개를 보충하고, 바닥 부분에 축전지를 배치하는 식으로 구성되어 있다. 무게 차이는 베이스 모델이 1560kg인데 반해 PHEV는 1880kg으로, 220kg이나 무겁다. 글로브 박스를 열어 차량 등록증을 보았더니 앞축 부담 중량이 무려 1010kg. 베이스 모델은 900kg 아래일 것이다. PHEV화로 인해 발생한 무게 증가가 차체에 약간 부담을 준다는 느낌이다.

그래서 깨달은 것이 다른 2대, 어코드와 프리우스는 처음부터 하이브리드 전용으로 개발되었다는 사실이다. 아웃랜더에 PHEV가 같이 공존하는 것을 전제로 개발이 이루어졌다고는 생각하지만, 역시나 베이스 모델이 전제되고 그것을 바꾸는 순서로 진행되었을 것이다. 이런 추리를 뒷받침하는 것이 좌석. 차량 무게 증가에 대응하기 위해 하체는 강화했을 테지만 좌석 변형성(Compliance)이 약간 과대한 모양새다. 미정비 도로에서 차체가 흔들렸을 때 좌석이 너무 부드러워 상하 가진(加振)과 상태 변화에 위상 차이가 발생한 이유로 척추가 세로로 압박받는 느낌이다. PHEV용으로 개발된 것은 아니라는 느낌이다.

한편으로 차량 무게의 증가는 활동적인 영역의 거동에서는 이익을 가져오기도 했다. 앞 좌석 밑에서 뒷좌석에 걸친 바닥에 무거운 축전지가 평평하게 깔려있기 때문이겠지만, 무게중심이 낮아서 상부의 움직임에 안정감이 있는 것이다. 자동차는 가벼운 것이 바로 정의라고 이야기한다. 하지만 이런 사례도 있는 것이다. HEV화로 인해 축전지를 바닥 부분에 깐 자동차와 달리 전방으로 편중된 FWD 차량에서 몇 번이나 경험했다. 분명히 질량 증가로 인해 무겁게 움직이는 것은 사실이지만, 상대적으로 무게중심이 낮아지면서 움직임에 절도가 생긴 점을 고려하면 양쪽을 상쇄하더라도 후자의 이득이 더 많아서 인상은 좋아지는 것 같다.

부연하자면 뒤축을 모터로 구동하는 4WD나름의 움직임도 파악할 수 있었다. 이런 배치라면 뒤축에는 전륜구동 시스템과 분리되어 토크가 별도로 흐른다. 한쪽의 전통적 4WD는 앞축과 뒤축이 기계적으로 연결되어 있다. 풀타임 4WD에서는 센터 디퍼렌셜 내지 비스커스 커플링이나 다판 클러치 같은 장치가 사이에 들어가지만, 어떤 식이든 어느 정도의 접촉은 불가피하게 발생하기 때문에 앞과 뒤가 연결되어서 달린다. 그 때문에 약간 강하게 토크를 주면서 도로의 돌출물을 넘으려고 할 때, 연결된 구동시스템이 흡사 강고한 등골처럼 하나가 되어 돌출물을 짓밟고 나간다.

하지만 이 자동차 같은 경우는 앞에서 돌출물과 토크가 먼저 싸우

03. TOYOTA : **PRIUS**

[프리우스의 앞좌석]

SPECIFICATION

□	L4540 × W1760 × H1470mm
□	WB2700mm
□	1380kg
□	FWD
□	Ⓜ1NM［53kW／163Nm］
□	ICE：2ZR-FXE［72kW／142Nm］

운전자소감

이번에 시승한 4가지 차종 가운데 2가지 차종이 PHEV였던 탓도 있겠지만, 강력한 EV(모터)주행이 두드러진 다른 모델들과 비교하면 프리우스는 EV주행부터 병렬 주행모드까지 토크 선이 한 단계 약한 인상이다. 그 때문에 수도고속도로의 커브 길 등에서는 가속페달 조작으로 G를 제어하려고 해도 반응이 약해서 익숙해질 필요가 있다는 느낌이었다. 하지만 이 자동차의 연비표시에는 그런 것까지 이해시킬 만큼의 설득력이 있었던 것도 사실. 실제로 이번 시승에서도 특별히 연비를 의식하지 않고 주행했음에도 불구하고 항상 30km/ℓ 정도나 되는 놀랄만한 수치를 유지했다. 베스트 셀러급 인기차종이자 세계 최정상급 연비를 추구한다는 사명을 가진 프리우스는 어떤 조건에서 누가 운전하더라도 가능한 한 고효율 운전상태를 유지할 수 있도록, 앞서 언급한 토크와 관련된 특수한 측면도 같이 갖고 있다. 그러나 연비추구라는 목적 앞에는 이것이 정의라는 인식도 확실해 보인다. (다카하시 잇페이)

고 잠시 후에 뒤에서 같은 일이 일어난다. 그 순간 가로로 배치된 파워트레인이 충격을 줄 때가 있었다. 그러고 보면 THS를 사용하는 알파드 HEV는 똑같이 뒷바퀴를 모터로 돌리는 4WD이지만 후방으로 가는 토크 인가가 전방보다 한 발짝 뒤질 때가 있었다. 뒤쪽으로 하중이 이동하는 것을 계산에 넣었기 때문인지는 모르겠지만, 운전 리듬은 붕괴된다. 아웃랜더에는 그런 느낌은 없다.

다음은 어코드 하이브리드. 이 차도 EV모드를 기본으로 하고, 전지 잔량이 줄어들거나 일정 이상의 가속이 요구되면 엔진이 걸리면서 전기를 만들어 직렬 HEV가 되는 점은 아웃랜더와 똑같다. 고속(수치로 보면 80km/h 정도가 경계)에서는 병렬 HEV모드로 바뀌는 점도 똑같지만, 혼다는 전기를 만드는 작업보다 엔진을 바로 연결해서 구동하는 것을 강조하고 싶었던 것 같다.

알려진 바와 같이 도요타는 THS 시스템을 90년대에 확립한 이후 발 빠르게, 아마도 근본적인 것부터 주변까지 특허를 확보하면서 제어에 이르는 두터운 노하우를 축적하고 있다. 회전마력을 발휘하는데 뛰어난 엔진과 저속 토크로 달릴 때 우위를 보이는 모터, 이 두 가지 상반된 장단점을 가진 각각의 원동기를 조합시켜 한쪽의 단점을 다른 한쪽의 장점이 보완하는 것이 하이브리드의 근복적인 존재의의이자 가치이기는 하지만, 그것을 빠짐없이 사용할 수 있는 융통성 크기와 관련해서는 THS가 현재 상태에서 최고의 해답이다.

그 해답을 추격하는 길이 봉쇄당한 다른 자동차 회사는 그래서 엔진 혹은 모터 어느 쪽에 중심을 둔 파워패키지(Power Pack)로 나아갈 수밖에 없었다고 할 수 있다. 그런 가운데 혼다는 몇 년 전에 본지에서 취재할 때 「우리가 앞선 것은 모터로 달리는 것」이라고 단언했었다. 어디까지나 주역은 모터라는 것이다. 잠정적인 차원에서 거기에 엔진의 조력을 얻는 것이다. 어코드 HEV 기술의 발전 과정도 이

것을 따른 것이라고 할 수 있다.

이런 내용을 머리에 담은 상태에서 어코드를 탔을 때 먼저 느꼈던 것은 차량 실내의 음향특성이었다.

아웃랜더 PHEV의 실내는 전술한 차체 진동을 제외하면 어딘가에 특정한 주파수 피크가 있는 것도 아니어서 비교적 평탄하게 느껴지는 특성을 보이는 동시에, 어딘가 습기를 머금은 듯한 차분한 감각이 있었다.

이것은 일본 차에서 공통적으로 느껴지는 감각이다. 반대로 독일차는 확실히 건조한 감각으로, 2kHz 부근부터 5kHz 부근이 날카롭게 들린다. 예를 들면 스티어링을 감싼 가죽을 비벼보면 사각거리는 소리가 들린다. 추측해 보면 이것은 사용하는 모국어의 특징으로 인해 생기는 미묘한 차이가 아닐까. 독일어는 파열음(破裂音)이나 파찰음(破擦音)이 되는 자음을 많이 사용한다. 건조하고 딱딱하게 울리는 언어이다. 게다가 악센트는 강약이 있다. 반면에 일본어는 모든 자음에 모음이 들어가면서 연구개(軟口蓋)에서 나오는 파열음이 비탁음(鼻濁音)에 치우쳐 발생하는 경우가 많다. 악센트는 강약이 아니라 고저(高低). 즉 부드럽고 정답게 행동하는 울림의 언어로서, 이런 말은 딱딱하게 들릴 일이 없는 환경에서 아름답게 들린다.

그런데 어코드의 실내 울림에서는 습도를 느끼지 못한 것이다. 그렇다고 독일차처럼 건조한 것도 아니다. 또 3대 셀시오처럼 흡음재로 마구 빨아들여 이불을 쓰고 있는 듯한 찝찝한 느낌과도 다르다. 세상의 L세그먼트 고급차만큼 고요하고 편안하지 않다. 말하자면 귀로 들리는 울림이 무색투명한 것이다. 모터 주행으로 약간 속도가 올라갔을 때 타이어에서 기인하는 구조적 공진은 있지만, 그것은 몸으로 느끼는 차체의 꿈틀거림이 주요 요인으로, 음파로써 잡을 수 있는 성분이 아니다. 소리의 진동에 특화한 타이어를 신은 탓도 있겠지만, 어쨌

04. | VOLKSWAGEN : **GOLF GTE**

[6단 DSG+EAH 모터]

SPECIFICATION

- □ L4265 × W1800 × H1480
- □ WB2635mm
- □ 1580kg
- □ ⓜEAH[80kW／330Nm]
- □ ICE：EA211[110kW／250Nm]

운전자소감

일본 진영과는 기본적인 문법부터 다르다는 인상이다. 모터로만 주행하는 EV모드에서는 PHEV다운 강력함을 발휘하지만, 배터리 감소도 그만큼 빠르다. 최대 충전 때의 EV 항속거리가 실질적으로 30~40km 수준. 그리고 한번 배터리가 완전히 방전되면 엔진이 주체가 되는 하이브리드 주행은 물론이고, 긴 내리막길을 내려가도 충전량이 좀처럼 복구되지 않는다. 즉 EV상태에서의 연속운전은 기본적으로 플러그인 충전 후의 단발성인 것이다. 흥미로운 것은 회생 동작인데, 기본적으로 브레이크 페달을 밟지 않으면 회생 전력이 충분히 올라가지 않는다. 어쩌면 회생보다 관성 주행(타행)으로 주행거리를 보충하겠다는 생각인 것 같다. 그렇기는 하지만 엔진과 모터 양쪽의 능력을 최대로 끌어낼 때의 느낌은 골프다운 통쾌함을 맛보기에 충분하다. 이번 시승 때도 그런 느낌은 두말할 필요가 없었다. EV주행도 가능하다는, 부가가치가 딸린 출력 장치라고 보는 것이 제대로 된 파악 같다. (다카하시 잇페이)

든 이상한 실내이다.

이런 생각을 하면서 수도고속도로에 올라서자, 뒤쪽에서 후방 서브 프레임 주변에서 나는 것으로 생각되는 소리가 작게 들려오는 것을 깨달았다. 철저히 무색투명한 전방과 비교해 후방은 약간 색이 있는 것이다.

여기서 떠오른 사실. 어코드에는 액티브 사운드 제어라고 하는 장치가 내장되어 있다. 이것은 실내 소음을 마이크로폰으로 잡아, 읽어낸 음파와 딱 역상(逆相)인 음파를 카 오디오용 스피커에서 출력하는 것이다. 말하자면 소음을 부가물로 흡수하는 것이 아니라 소거시켜 제로로 만드는 방법이다.

이런 방식의 장치는 논리적으로는 수긍이 간다. 하지만 실제로는 그렇게 논리대로 될 리가 없다고 의심하는 이도 있다. 때로 50Hz를 밑도는 낮은 대역부터 인류의 가청대역 한계인 20kHz 내외까지 평탄한 특성을 띨 뿐만 아니라, 반응지체 없이 재생할 수 있는 오디오 같은 것이 자동차용으로 표준 설치된 제품은 존재하지 않는다. 레코딩용 파워드 모니터 스피커 가운데 그런 성능을 가진 것이 있지만, 가격이 300만 원 이하로는 없고 공간상으로나 무게상으로도 자동차에 표준 장착하는 것을 불가능에 가깝다. 그래서 카 오디오 매니아가 수렁에서 허우적거리는 것이다. 더불어 시간 정렬(Time Alignment)의 혼란이다. 자동차 스피커는 대개 실내의 네 귀퉁이에 있어서 탑승객이 어떤 위치에 있든 각각의 스피커에 대한 거리가 다를 수밖에 없다. 그 때문에 네 귀퉁이에서 재생되는 음파가 귀에 도달하기까지 시차가 생기면서 위상이 틀어지는 것이다. 이로 인한 음의 열화(劣化)를 방지하기 위해 고안된 것이 타임 얼라인먼트이다. 재생기 내에 지연회로를 넣어 귀까지의 거리에 맞춰 음이 나오는 시점을 조정하는 것이다. 그 장치를 필자의 차에서 시험해 본 적이 있었는데, 효과가 좋았다는 기억이 있다.

이런 개념을 어코드 장치에 적용하고 있다는 것을 충분히 생각해 볼 수 있다. 하지만 소음원으로부터 거리가 가까우면 의도대로 작동할 가능성이 높지만, 떨어져 있으면 편차가 생길 것이다. 진동 에너지가 차체를 떨게 함으로써 발생하는 음파는 공기 속에서 전파될 뿐만 아니라, 차체 자체도 전파되어 복잡한 경로로 여러 가지 음을 발산한다. 그것을 모든 좌석의 귀 위치에서 동시에 최적화하기는 불가능할 것이다. 엔진 구역 주변의 음이 놀랄 만큼 무색투명하고 한쪽 후방에서는 약하기는 해도 음이 들려오는 어코드의 인상은, 앞서 언급한 장치를 불가피하게 장착한 그런 완벽한 성질이 낳은 결과물이 아닐까 한다. 추가적으로 설명하자면 해안도로에서 속도를 높였을 때, 엔진 시동이 걸렸다가 또 정지할 때의 소리 격차가 상당히 적다는 것에도 놀랐다. 타이어에서 기인하는 구조적 진동 저편으로 어느 사이엔가 쓱 하고 나타났다 사라지는 느낌. 귀를 기울이지 않으면 느끼지도 못할 정도의 소리였다. 또 그때의 파워트레인 요동도 거의 알아차리기 힘들다. 토크가 올라가거나 내려가는 제어가 상당히 정교한 때문일 것이다.

어코드는 HEV 시스템이 중첩됨으로 있을 수 있는 운동성 저해도, 적어도 조수석에서는 느끼지 못했다. 시승 차의 차량검사증 상 무게는 1600kg으로, 앞축 부담은 900kg. 이것은 전통적인 2.4ℓ 직렬 4기통을 적재한 선대의 차량 무게 1530kg보다는 약간 더 나간 것이지만, 앞축 부담에서는 오히려 40kg 정도 가볍다. 앞 서브 프레임을 마찰교반 용접으로 이은 알루미늄 제품으로 치환하는 등의 기술이 효과를 발휘한 결과에다, 배터리를 후방에 배치함으로써 더 균형을 맞췄기 때문으로 생각한다.

이렇게 여러 가지로 HEV 전용설계의 강점을 느낄 수 있었다. 9세대 어코드, 모터 주력 HEV로서는 완성도가 상당히 뛰어나다. BMW와 아우디의 디젤 조형을 반영한 듯한 외관을 바라보면서 갸웃했던 느낌에 미안한 마음마저 들었다.

지금부터는 마지막 주자인 프리우스의 등장이다.

앞의 2가지 차에서 바꿔 타고 달렸을 때 가장 먼저 머리에 떠오른 느낌. 그것은 차체가 담백하다는 것이었다.

현재의 50계 프리우스는 도요타 주장에 따르면 플랫폼부터 새롭게 만든 걸작으로, 확실히 직접 타보면 선대까지 뜬구름 잡는 느낌의 붕 뜬 승차감이 아닌, 단숨에 탄탄해진 인상이었다는 기억이 난다. 하지만 그것은 무의식적으로 과거의 프리우스를 기준으로 한 것에 불과했음을 이번에 다시 분명히 이해했다. 프리우스는 연비와 효율 측면에서 도요타의 간판으로, 도요타의 다른 HEV와는 획을 달리할 만큼 연비와 효율은 모든 것에 우선시된다. 극단적으로 표현하면 특이한 종류의 기록 파괴자라고 할까. 어디까지나 보통 승용차 틀 내에서 구축된 아웃랜더나 어코드와는 다른 것이다. 개발진의 그런 노력은 (스스로 운전했던) 시승이나 본지에서의 인터뷰 취재를 통해서 충분히 이해했지만, 이렇게 같은 무대에 올려놓고 보면 서로의 입장 차이는 명백했다.

파워 팩도 그런 담백한 인상을 주는데 한몫했다. 어느 쪽이든 앞의 2가지 차와 비교해 아주 작은 능력으로 설정된 것이다. 아무리 THS가 양쪽을 능숙하게 사용하려고 해도 근본적인 파워 소스의 역량 차이는 숨길 수 없다.

하지만 축적된 경험의 풍부함이 느껴지는 점도 있었다. 담백한 프리우스는 실내에서 느끼는 차체의 진동도 명확하다. 거친 노면 상태의 입력은 바닥을 진동시켜 발밑으로 그것이 미묘하게 탄성변형을 반복하고 있음을 전달한다. 그럼에도 불구하고 저쪽에서 소리가 난다거나 여기가 번잡하다고 확실히 지적할 수 있는 지점은 발견되지 않는다. 즉 전체가 균등하게 조금씩 시끄러워서 시끄럽게 느껴지지 않는다. 궁극적으로 차음(遮音)은 질량이라, 연비 때문에 그 질량을 충분

히 투입할 수 없었던 프리우스는 다양한 소음을 각개격파로 정도를 낮추는 것이 아니라, 그 특성을 조절함으로써 탑승객이 불쾌해지는 것을 방지했다. 경험의 축적이 빚어낸 기교를 거기서 느끼는 것이다.

그런 가운데 한 가지 신경 쓰이는 것이 있다면 대시보드 주위이다. 프리우스의 경량 추구는 차체뿐만 아니라 대시보디를 구성하는 수지 소재까지 미치고 있다. 가볍게 두드려보면 누구나 알 수 있지만 가볍다는 느낌이다. 그 때문에 내부로 뻗어 나온 공기조절 덕트 안에서 나는 소리가 바람이 지나가는 것임을 알게 된다. 덕트의 공력분석은 당연히 이루어졌겠지만, 유감스럽게 대시가 너무 얇아서 약간의 풍절음이 투과되는 것이다. 또 깜빡이 레버를 조작하는 소리까지 딸각하고 울린다. 역시나 프리우스라는 승용차는 단순히 HEV 파워 팩을 장착한 자동차가 아니라 어디까지나 특이한 종류인 것이다.

마지막으로 번외 편이라는 의미로 갖고 온 골프 GTE이다.

이 자동차의 위치는 앞글에서 설명한 바와 같다.

유럽 진영은 자기 지역의 운행에 대한 이익이 적은 HEV가 아니라 이익이 많은 디젤을 전면에 내세워서 싸우는 전략을 채택했지만, 심한 CO_2 총량 규제의 압박을 앞에 두고 이러쿵저러쿵 말하지 않고 내놓을 수 있는 수단을 일부분이라도 내놓도록 압박받고 있다. 그래서 PHEV로 도망갈 만한 평가 기준을 넣어놓고는 천천히 상품을 투입해 왔다. 하지만 그런 HEV들 대부분은 마치 조잡한 그림을 그린 듯이, 어쨌든 HEV답기는 한 어중간한 자동차였다. 그런 것이 상품성을 갖지 못할 것이라는 사실은 그들도 알고 있었을 것이다.

그래서 유럽 진영은 무리한 행보를 시작했다. 대용량 모터와 대용량 배터리를 밀어놓고는 그것을 사치스럽게 사용하면서 운전성능-THS의 약점이다-을 높인 것이다. 저회전 토크가 뛰어난 모터 특성을 최대로 이용해 호쾌한 저속도 영역의 가속을 자랑하는 운전성능은, 자원의 효율이라는 측면에서 보면 자가당착이라고 할 수밖에 없었다.

THS 모국인 일본 입장에서 보면 마치 자포자기한 것 같다고나 할까. 이런 방법은 대형 배터리와 파워트레인을 넣을 수 있을 만큼의 공간 여유가 있는 큰 세단이나 SUV밖에 사용하지 못한다. C세그먼트 이하에서는 물리적으로 무리이다. 그래서 VW은 엔진 주행을 축으로 하고, 거기에 모터가 적극적으로 보조하는 방향으로 PHEV를 만들었다. 그렇다고 EV주행 거리가 50km가 넘지 않아서는 만드는 의미가 없기 때문에 전지의 여유를 포기하고 혹독하게 사용하기로 했다. 이

래서는 전지가 금방 방전되지만 어디까지나 이것은 엔진 주행을 축으로 삼아 주행을 즐기는 자동차이다. 따라서 엔진을 직결하지 않고 DSG(6단)를 조합하는 식으로 연속선 상의 성능이 손상되지 않도록 했다. 엔진은 1.4ℓ 터보이지만 모터 용량까지 합치면 GTI에 버금갈 정도로는 달리리라 생각했을 것이다. 이것이 GTE의 정체이다.

냉정하게 말하면 골프 GTE는 모터 주행모드를 덤으로 붙인 골프 1.4 TSI의 증강 모델인 셈이다. 그래서 조수석에서 느낀 인상도 골프 그대로일 수밖에 없다. 그래도 보디는 여유가 있어서 1.4 TSI 하이라인과 비교해 260kg이나 무거워졌음에도 전혀 힘이 빠지지 않았다. 가죽으로 단단히 감싼 시트도 상체의 공진 변화에 충분히 적응한다. 반면에 조종성은 아쉬웠다. 원래 골프의 전방 서스펜션은 더블 위시본을 사용하는 후방 서스펜션과 비교해 확실하게 능력이 떨어진다. 독일인처럼 고속의 직선도로를 위주로 즐긴다면 상관없겠지만, 코너를 돌 때의 움직임에서는 부하를 높임에 따라 힘들어하는 모습이 역력하다. 그런 데다가 GTE에서는 앞축 하중이 100kg이나 증가했다.

사실은 일주일 전에 시승회에서 운전해보고 확인한 사실이지만, 이것이 불러오는 것은 조수석에서도 어색한 행동은 뚜렷했다. 또 중첩된 질량을 감당하기 위해 하체는 단단해졌으면서도 동시에 노면 파악능력은 일정 이상을 확보하지 않으면 주행성능에 대한 명성에 걸맞지 않아서 18인치 타이어를 신었다(유럽 사양에서도 18인치가 표준). 덕분에 승차감은 상당히 거칠어졌다. 억지로 원래 장착된 피렐리 P-Zero 타이어의 융통성을 생각해 봐도 이런 상태이므로, 본 궤도에 올라서 접지력이 뛰어난 타이어로 바꿔 끼우면 더 좋아지기는 할 것 같다.

일본에서도 약간의 세금감면이나 보조금이 있기는 하지만 애초의 출발점인 CO_2 총량규제 운운은 자동차 회사 쪽 사정이지 운전자와는 관계없는 일이다. 손실과 비교해 이득은 적고, 존재 이유를 찾아볼 수 없는 것이 골프이다. 주행성능이라면 더 싼 GTI를 사면 될 것이다. 연료비는 차액에서 회수할 수 있을 것이다. 이런 이유로 이 차를 번외 편으로 놓은 MFi 편집부의 조치는 적절해 보인다. 끝으로 다음에는 운전도 꼭 시켜줬으면 하는 바람을 편집부에 전달하는 바이다.

주 : 일본에서는 어코드가 하이브리드 전용이지만, 북미용은 가솔린 엔진 차량도 판매되고 있다.

Epilogue

기어 기술자가 예견하는

앞으로의 「동력혼합」

CO_2 배출억제라고 하는 과제에 대해 자동차가 내놓은 해법 가운데 하나가 탈(脫)내연기관이다.
그러나 외부에서 충전하는 전력만으로는 항속거리가 부족하다.
「항속거리는 기본성능. 주유소가 없는 지역이나 200V 설비가 없는 주택 사정도 고려하지 않으면 안 된다」
구보박사는 이렇게 말하면서, 더 나아가 「엔진에는 발전기 역할이 더 늘어날 것이다」라고도 한다.
그리고 날로 출력이 높아져 가는 전동구동계통의 당면 과제는 「냉각계통」이라고 한다.
즉 내연기관이나 전동기 모두 「확실한 냉각」이 과제라는 것이다.
또 하나, 자동차는 「불특정 다수의 사람이 조작하는 기계」라고 구보박사는 강조한다.

본문&사진 : 마키노 시게오 그림 : BMW/도요타/아이조 구보

마키노(이하=M) : 지금까지 동력전달 방법은 기어를 통한 것이었습니다. 달리 더 좋은 수단은 없는 상황이기도 하구요. 이 기어를 오랫동안 연구해 오신 구보박사님에게 내연기관과 전동모터를 같이 사용하는 HEV(Hybrid Electric Vehicle)의 동력혼합 기구에 대해 여쭙고 싶은데요. 먼저 현재의 HEV 경향에 대해 어떤 인식을 가지고 계신지요?

구보 아이지 박사(이하=K) : 엔진과 모터의 구동력을 섞을 수 있는 수단은 기어밖에 없습니다. 아주 약간의 토크만 높이고 싶을 때는 알터네이터의 회전력을 사용하는 기구에서 이용되듯이 벨트로 전달해도 괜찮겠지만, 자동차가 달리는 상태를 철저히, 게다가 큰 토크의 모터를 사용한다면 기어밖에 선택지가 없는 것이죠. 그리고 플러그인(외부충전)을 포함해 HEV의 경향을 보더라도, 전동모터를 바퀴를 구동하는 일에 적극적으로 이용하겠다는 흐름을 엿볼 수 있습니다. 유럽 진영이 PHEV를 적극적으로 개발하는 이유는 EU의 CO_2 규제에 따른 것이기는 하지만, BMW i3 같이 엔진은 전기를 만드는 일에만 주력하고 바퀴 구동에는 사용하지 않겠다는 방침이 주류로 자리 잡는 것 같은 느낌을 받습니다.

아이조 구보 공학박사

Professor chief Director Engineering
Kubo's Gear Technologies

M : 내연기관 동력과 전동모터의 동력을 섞어서 쓴다거나 엔진 출력을 발전기와 바퀴로 배분한다는 것은 그 기구가 없는 편이 효율적으로는 좋다는 의미일까요?

K : 일괄적으로 그렇게 말할 수는 없겠죠. 효율에도 다양한 방법이 존재하는데, 예를 들면 도요타의 THS는 아주 잘 만들어졌다고 할 수 있습니다. 엔진을 충분히 사용하고 있다는 것이죠. 전력이용 측면에서 보면, 자동차보다 빨랐던 선박 세계에서는 이미 디젤엔진을 발전에만 사용하는 추진방식이 주류를 이루고 있습니다.

M : 제2차 세계대전 전의 미국에서는 이미 전함 같은 대형선박의 모터를 증기 터빈을 이

용해서 만든 전력으로 가동하는 방식이 실용화한 것으로 알고는 있습니다.

K : 그렇습니다. 오늘날의 선박도 디젤엔진으로 움직이고, 여분의 출력으로 전기를 만든 다음에는 축전지에 저장하고 그것을 스러스터(Thruster, 접안할 때의 소형추진기)에 사용한다든가, 완전히 디젤엔진은 발전에만 사용하고 추진은 전동모터로하는 디젤·일렉트릭이 유행입니다. 선박제조 비용은 올라가지만 「연료비를 절약할 수 있어서 3년이면 본전은 뽑는다」고 말하는 선주도 있습니다. 발전 엔진은 회전속도가 오르고 내리지 않고 정속도 운전을 하도록 특화된 엔진으로 설계됩니다. 선박제조를 통해 실증되었기 때문에 자동차에서도 가능성이 있다고 보는 것이죠.

M : 냉각만 잘 되면 소배기량 엔진을 일정한 회전속도로 작동시켜 전기를 만들고, 그 전력을 바로 소형 모터에 사용하는 시스템이 최선이라고 생각하시는 겁니까.

K : 효율이라든가 CO_2 배출만 생각하지 않았으면 하는 것이죠. 자동차는 인간이 조종하는 것이지 조종 당하는 것이 아닙니다. 그런 의미에서 엔진을 발전기로 할당한 BMW i3의 운전성능이 개인적으로는 아주 마음에 들었습니다. 레인지 익스텐더 EV라는 개념은 예전부터

파워 일렉트로닉스

우측 사진은 승압기능을 갖춘 THS용 인버터의 커팅 모델. 주름처럼 보이는 부분이 라디에이터로서, 크기나 모양이 하마마츠의 명물인 장어파이 과자와 비슷하다. 이것을 여러 개 겹쳐 놓음으로써 파워 소자의 열이 냉각수로 옮겨가게 한다. 구보박사는 「테슬라가 사용하는 소자는 아주 작지만 1200A를 흐르게 할 수 있다. 유감스럽게 일본에서는 불가능한 소자이다. 작은 것에 특기가 있었던 일본이 전용 고급품에서는 유럽과 미국에 뒤지고 있는 것」이라고 지적한다.

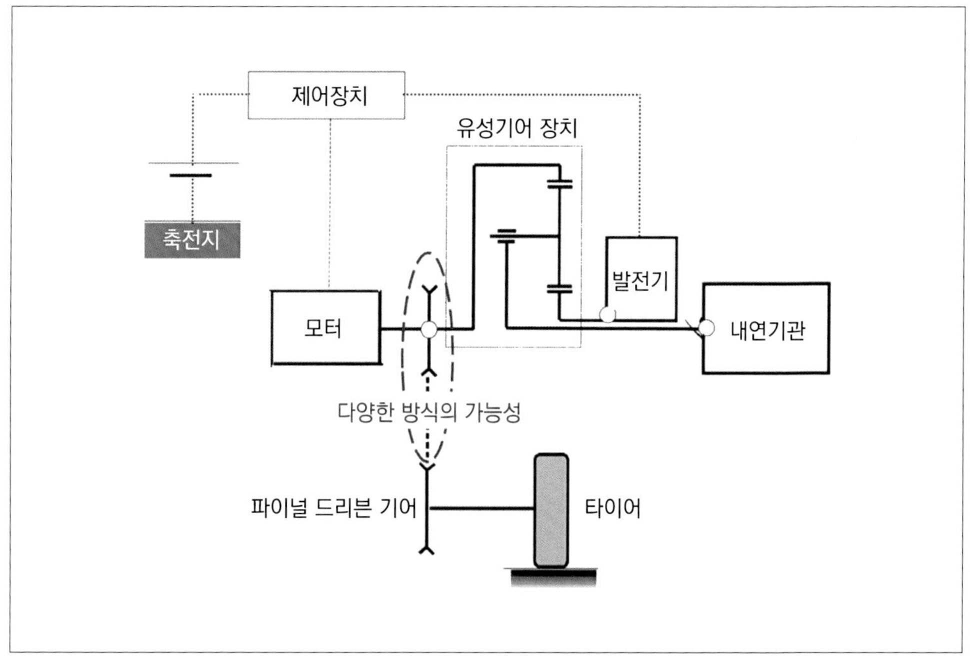

2개의 동력을 어떻게 혼합할 것인가…

이 그림은 구보박사가 그린, 도요타 프리우스의 구동계통에 대한 개념을 나타낸 것이다. 엔진에서 만들어진 구동력을 유성기어 장치의 캐리어로 연결하고 발전기는 선 기어로 연결한 다음, 링 기어를 통해 자동차의 구동 동력을 끄집어내는 구조이다. 구동 과정에서 필요 이상의 엔진 출력이 발생하면 캐리어에서 작동하는 유성기어가 선 기어를 구동하고 발전기를 돌려서 충전한다. 엔진이 일정한 회전속도로 작동하고 있다 하더라도 발전기 회전속도를 제어함으로써 바퀴 출력이 되는 링 기어의 회전속도를 임의대로 설정할 수 있다. 우측 사진은 아이신 정밀기계의 장치.

있었고 몇 가지 모델이 나와 있기도 합니다만, 제 경험으로 따져봐도 산악도로가 즐거울 정도의 EV는 처음입니다.

M : 어떤 부분이 그렇다는 말씀입니까?

K : 자주 가던 와인딩 로드를 달릴 때 한 번도 브레이크를 밟지 않았는데, 가속 페달에서 발을 떼면 회생 브레이크가 강력하게 걸리고 모터와 브레이크가 하나가 된다는 점이 즐거웠죠. 제동과 구동을 한 쪽 발의 힘으로만 가감해서 제어할 수 있는 자동차는 없었습니다.

M : 그런 의미라면 운전 감각은 자동차보다 전차가 더 낫다고 할 수 있지 않습니까. 전차도 전기를 다루는 일에는 자동차보다 원숙하니까요.

K : 예를 들면, 매우 작기는 하지만 고출력 모터가 있고 브레이크 역할도 거기에 부여하거나, 만일 고장이 일어났을 때 안전하게 멈출 수 있도록 대책을 세워서 모터와 브레이크를 일체화시키거나 하면 차량 바퀴에는 브레이크가 필요 없게 되겠죠. 그러면 하체 무게가 매우 가벼워질 겁니다. 실제로 계산해 봐도 문제가 없는 것으로 나타납니다. 방열도 문제없고요. 다만 모터 냉각은 개선할 필요가 있습니다. 이 시

TOYOTA Prius 3세대

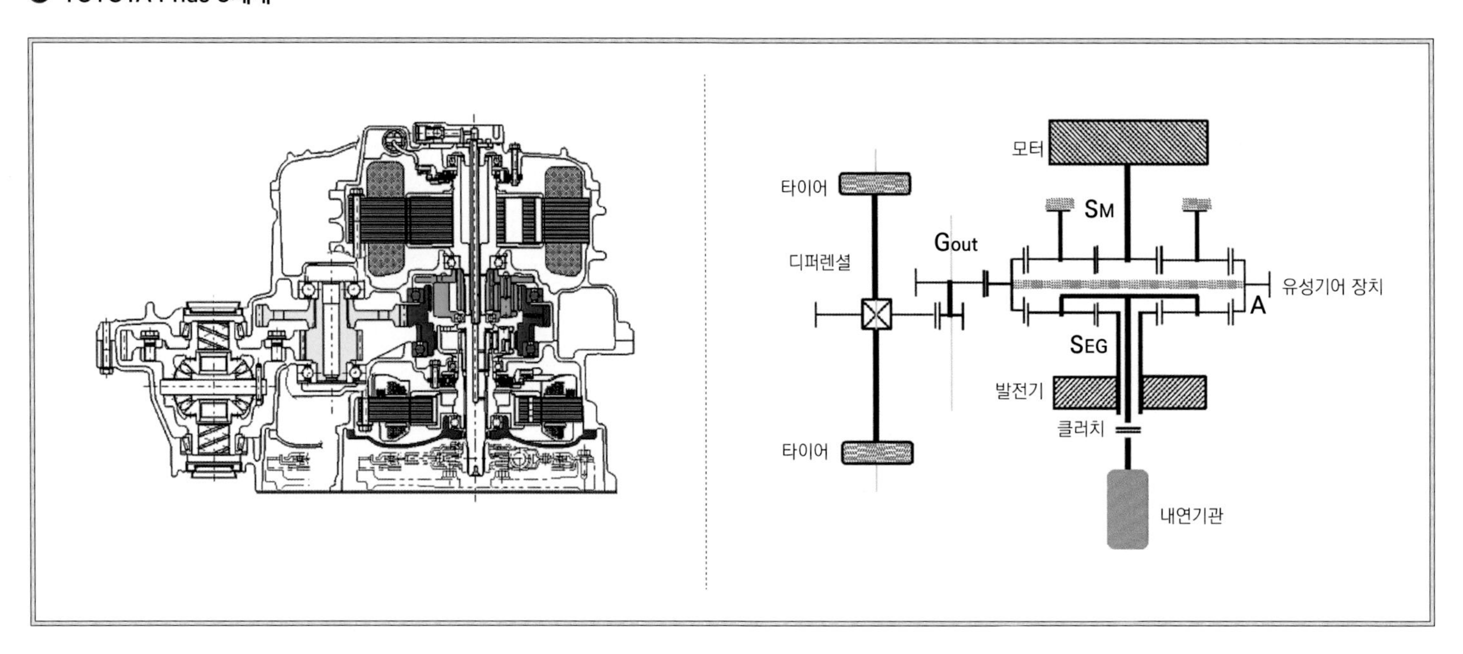

TOYOTA Prius 4세대

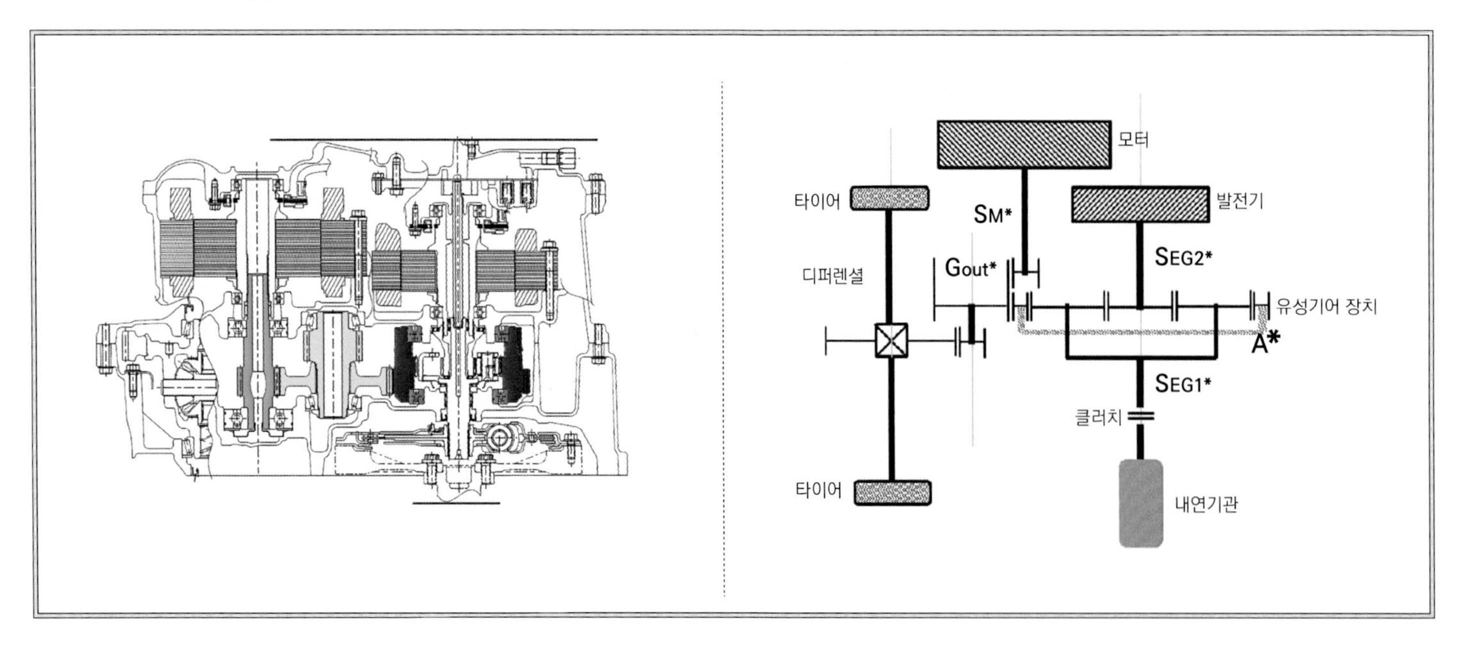

스템을 앞바퀴와 뒷바퀴에 배치하면 네 바퀴 모두에 브레이크가 없는 자동차가 되면서 가벼워질 겁니다. 앞뒤 차축은 전기적으로 연결하는 것이죠. 기계적 링크 같은 경우는 센터 디퍼렌셜이 필요하거나 까다로우니까 포기하고 전기적 링크로만 결론짓는 겁니다.

M : 브레이크를 그렇게 하기에는 현재의 법규로는 무리이겠지만 재미 있네요.

K : 완전히 개인적인 견해이기는 하지만, 모터와 브레이크, 변속기가 하나로 된 장치가 궁극적인 모습일지도 모릅니다. 어쩌면 그런 장치를 제3자(Third Party)가 공급하게 될지도 모르고요. 그렇게 된다면 자동차 회사는 자동차에 관한 노하우를 최대로 반영하고 제어를 통해 운전 감각을 만들어 넣어야 할 겁니다. 파워트레인만으로 자동차가 완성되는 것이 아니니까요. 보디도 중요하고 서스펜션의 확실한 역할도 필요합니다. 스티어링도 마찬가지고요. 지금까지 파워트레인 개발에 쏟았던 인적 자원을 더 자동차다운 자동차를 만드는 일에 활용해야 한다, 개인적으로 그렇게 되었으면 합니다.

M : 엔진은 전기를 만드는 일에만 주력하고, 거기에 모터와 브레이크, 변속기가 하나가 된 장치를 연결한다는 것이군요.

K : 유감스럽게 자동차용 전동모터는 독일이 일본보다 앞서 있습니다. 하이브리드 차란 무엇인가 하는 정의와도 상관되는 일이지만, 엔진을 어떻게 사용하면 좋을지에 관해서는 앞으로도 우여곡절이 있을 것으로 생각합니다. 다만 그런 과정에서 자동차 본래의 운전 성능(Drivability)을 쉽게 살릴 수 있는 것은 전기 중시, 즉 「E리치(E-Rich)」방향이라는 생각이 드는 것이죠. 엔진을 구동력으로 사용하는 HEV는 어려운 측면이 있습니다. 프리우스는 잘 만들어졌고 고객의 요구도 적극적으로 반영하고 있다고는 생각합니다만, 「조종당한다는」 느낌은 가시질 않는군요.

M : 도요타 사내에서도 반드시 현재의 THS에 만족하지 않는다고 듣고 있습니다. 이번 THS에는 2개의 모터가 별도의 축 상에 배치되었는데, 이것은 모터가 작아진 덕분인 것 같습니다. 아마도 우리가 상상하는 이상으로 모터나 인버터가 진화하게 되겠죠.

구보박사가 「달리는 것이 즐거운 전동차」로 든 BMW i3의 레인지 익스텐더 사양은 엔진을 발전에만 이용하기 때문에 연료탱크 용량이 9ℓ 밖에 안 된다. 법규대응을 위해서이지만, 만약 이 차에 연료 30ℓ 가 들어간다면 어떻게 될까…. 섀시는 알루미늄, 캐빈은 CFRP를 각각 많이 사용해 경량화했다. 사실은 일본기업의 기술을 여기저기에 사용한 차이다.

K : THS는 계속해서 지켜봐 왔습니다. 개량 방향은 단순한 것이 최고(Simple is best)에 바탕을 두고 있어서, '기구는 간소하게, 부품 개수는 적게'라는 대원칙을 따르고 있습니다. 그 결과 제품 정밀도나 성능, 신뢰성이 향상 되었다고 생각합니다.

(이렇게 말한 구보박사는 자신이 그린 THS에 대한 그림을 보여주었다. 최신 4세대 프리우스의 그림은 그때까지 본 적이 없다. 이 페이지에 실은 2장의 그림은 양쪽 모두 구보박사가 그린 것이다)

K : 엔진과 전동모터를 사용하는 HEV에서 엔진을 어떻게 자리매김할 것인가. 좀 전에도 말씀드렸듯이 앞으로도 우여곡절이 있을 겁니다. 모터 성능은 계속해서 바뀌고 있으니까요. 예를 들면 THS만 하더라도 현재의 모터 2축 배치에서 모터가 더 작아지면 어떻게 될까요. 그럴 가능성이 눈앞에 있다고 할 수 있습니다. 전동모터는 저회전에서의 토크와 스톨 토크가 매우 크지만, 내연기관에서는 작습니다. 이 성격 차이를 이용한 것이 HEV인 것이죠. 발진 장치로 보면 모터가 압도적으로 뛰어나지만, 결점이라 할 수 있는 고회전 토크가 없다는 점만 어떻게든 보완하면 엔진은 필요 없지 않겠냐는 것이 유럽 자동차 회사의 생각입니다. 최근에 닛산에서도 발전용 엔진을 탑재한 EV를 내놓았죠.

M : 모터가 작아지면 THS에서 엔진을 큰 상태로 내버려 두는 것도 아까울 텐데요. 3기통 1000cc로 전기만 만들게 하는 것도 방법일 것 같습니다.

K : 그것도 대강 계산해 봤습니다. 적당한 크기의 자동차로 아우토반을 150km/h로 순항한다고 했을 때, 배터리에 저장한 전력이 줄어들지 않도록 사용하게끔 하려면 충전전용 엔진의 배기량이 1.0~1.3ℓ 정도면 무난한 것으로 파악됩니다. 도시에 접어들면 계속해서 축전할 수도 있고요. 다만 이것을 부지런히 저장하려면 자동차가 배터리로 인해 무거워질 겁니다. 반대로 배터리에 지나치게 의존하지 않는 것이 좋다고 보는데요. 도요타는 올해 르망24시간 레이스에서 아쉬운 결과를 남기기는 했지만, 여기에 참가한 HEV 레이싱카가 철 인산 전지를 사용했습니다. 전력을 저장하는 능력은 리튬이온 배터리 쪽이 뛰어나지만, 단기간의 출입은 철 인산 쪽이 뛰어나죠. 축전기(Capacitor)처럼 사용할 수 있는 겁니다. 이런 배터리도 가능성이 있다고 봅니다.

K : 자동차에서 중요한 것은 항속거리라고 생각하는데요. 내연기관이라면 연료를 쉽게 구할 수 있으므로 주유소 같은 인프라만 있으면 항속거리는 계속해서 늘어납니다. 그런데 일본은 현재 주유소가 없는 지역이 많아지고 있습니다. 공공교통기관의 채산성이 악화해 철도나 버스까지 폐쇄된 지역은 자동차에 의존할 수밖에 없음에도 이번에는 주요소가 없어진다는 것이죠.

M : 사다리를 걸쳐 놓았다가 그것을 없앤 것과 똑같네요. 일본이라는 나라가 점점 그런 방향으로 향하고 있다고 생각합니다. 특별한 설비가 없어도 최소한의 외부충전이 가능하도록 자동차 쪽에서 대책을 갖고 있으면서 거기에 자가발전 엔진까지 장착하고 있다면 일단은 안심이 될 것 같은데요, 아직 그런 자동차는 없는 상황입니다. 연료 탱크가 적어도 30ℓ는 되어야 하는 데요, 그런 의미에서라면 플러그인 HEV는 「있다」고 봐도 되겠죠.

K : 거기에 덧붙이자면, 일본 어디든지 갈 수 있는 모터 동력차는 없다고 해야겠죠. 비포장도로를 달릴 수 있는 오프로드 기능을 갖춘 자동차 말입니다.

M : 네, 확실히 그렇네요.

K : 전기를 중시하고자 모터를 적극적으로 사용하겠다는 흐름은 좋다고 봅니다. 예를 들어 노면이 나쁜 곳이나 비포장도로 등에서 바퀴가 공중에 뜨는 상황이라면, 스톨 토크가 큰 전동모터는 위험한 요소가 발생합니다. 바퀴가 공중에 뜨는 순간 회전속도가 갑자기 높아지니까요. 그런 다음 착지했을 때 자동차의 운동량 변화 분량이 전부 기어에 걸리게 됩니다. 이와 관련된 테스트를 해 보면 최종감속 기어는 쉽게 파손된다. 절대로 바퀴가 공중에 뜨지 않는다는 보증은 누구도 할 수 없습니다. 몇 가지 방법은 떠오르지만 그러기 위해서는 서스펜션이 원래의 기능을 정확하게 수행하지 않으면 안 되겠죠. 자동차는 전체적인 균형이 잡히지 않으면 안 된다는 중요성을 다시금 알 수 있는 겁니다. HEV를 운운하기 전에 이점을 가장 큰 문제로 봐야 하지 않을까요.(정리 : 마키노 시게오)

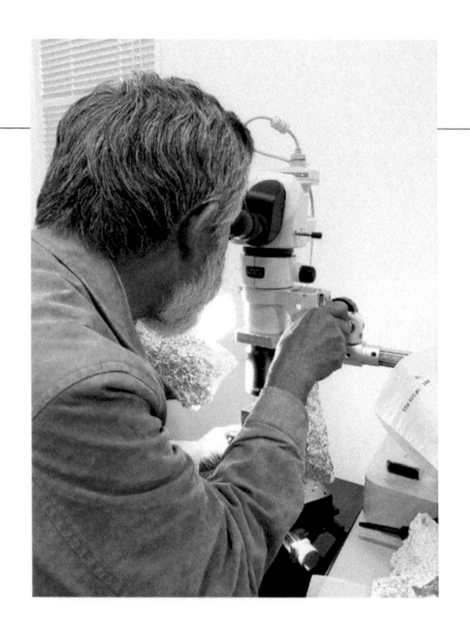

구보박사는 「일본제 금속의 질이 좋지 않았다」고 말한다. 조각낸 샘플을 현미경으로 보여주었는데, 확실히 미세한 공동(空洞)이 있다거나 게재물이 굳어 있기도 했다. 「고성능 모터로 치밀한 냉각이 필요해졌을 때 소재의 수명 단축을 불러올 수 있다. 일본의 소재는 이런 수준이 아니었다」는 것이 항공기나 선박 세계에서도 기어 파손과 노화에 관해 지속적으로 조언해 온 구보박사의 탄식이다.

질주하는 엔지니어

ONE TECH STORY

[아이신 그룹 - 전기식 4WD 장치]

그룹적 차원의 프로젝트로 개발한 프리우스 E-Four용 후방 전동구동 장치

프리우스 4WD 사양의 후방 축에 채택된 전동구동 장치는 아이신 그룹 가운데 정밀기계, 아이신 AW, 아이신 AI 3곳이 처음으로 본격 협업을 통해 개발한 장치이다. 아이신 그룹 내 회사들이니까 당연하다고 생각할지 모르지만, 계열사이기는 하나 엄연히 별도의 회사이다. 개발 추진방식이나 평가 방법도 제각각이다. 그것을 어떻게 뛰어넘어 개발에 이르렀는지 살펴보겠다.

본문 : 세라 고타 그림 : MFi/아이신/도요타

[오가와 가즈미]

아이신 정밀기계 주식회사
파워트레인 상품본부
HV·구동기술부
부부장

[기무라 마사루]

아이신 정밀기계 주식회사
파워트레인 상품본부
HV·구동기술부
구동 제4그룹

[다하라 야스아키]

아이신 정밀기계 주식회사
파워트레인 상품본부
HV·구동기술부
구동 제4그룹 담당원

[나카모리 유키노리]

아이신 AW 주식회사
기술본부
HV기술부 제1모터그룹
주담당

[후쿠베 소이치로]

아이신 AI 주식회사
제2구동설계부
제5설계그룹
팀리더

구미의 거대 공급업체와 승부하기 위한 시금석 수준의 프로젝트

2015년 12월에 일본에서 데뷔한 4세대 도요타 프리우스의 세일즈 포인트 가운데 하나는 3세대까지는 없었던 4WD 사양을 새롭게 설정했다는 것이다. 후방 축에 탑재하는 모터의 최고출력은 5.3kW, 최대토크는 55Nm이다. 4WD로 기능하기 위한 최소한의 스펙으로, 후방 모터로만 달린다거나 운동성능을 높이겠다는 목적이 아니라는 점은 쉽게 상상할 수 있다. 주로 마찰계수(μ)가 낮은 도로에서의 발진성능이나 저중속 영역의 주행 안정성을 높이려는 목적으로 설정된 것임은 분명하다. 바꿔 말하면 당시까지 「4WD 설정이 없다」는 이유로 구매를 망설였던 적설 지역의 운전자까지 포섭하기 위한 목적이라고 해도 무방하다.

그 4세대 프리우스에 탑재된 후방 트랜스액슬&후방 모터와 관련해 애초에 아이신 정밀기계는 유성기어를 사용한 1축 시스템을 검토했었다. 한편 아이신 AW는 리덕션 기어를 이용한 2축 구성으로 도요타에 기술력을 어필했었다. 즉 그룹 내에서 경합하고 있었다는 이야기이다.

아이신 그룹의 주요 6개사는 1965년에 자동차 부품회사인 아이치공업과 신카와공업이 합병하면서 아이신 정밀기계가 탄생한 일로부터 시작된다. 아이신 AW는 「정밀기계」에서 분리독립한 아이신 워너가 1988년에 회사 이름을 바꾼 곳이다. 역시 정밀기계로부터 분리독립해 1991년에 아이신 AI가 탄생. 2001년, 정밀기계에서 갈라져 나오는 형태로 브레이크 시스템 서플라이어인 애드빅스가 설립되었다. 이들 4사 외에 원류를 쫓아가 보면 신카와공업에 도달하는 아이신 다카오카(주조·소성가공 부품회사)와 아이신 화공(화학분야 전문회사)이 있다.

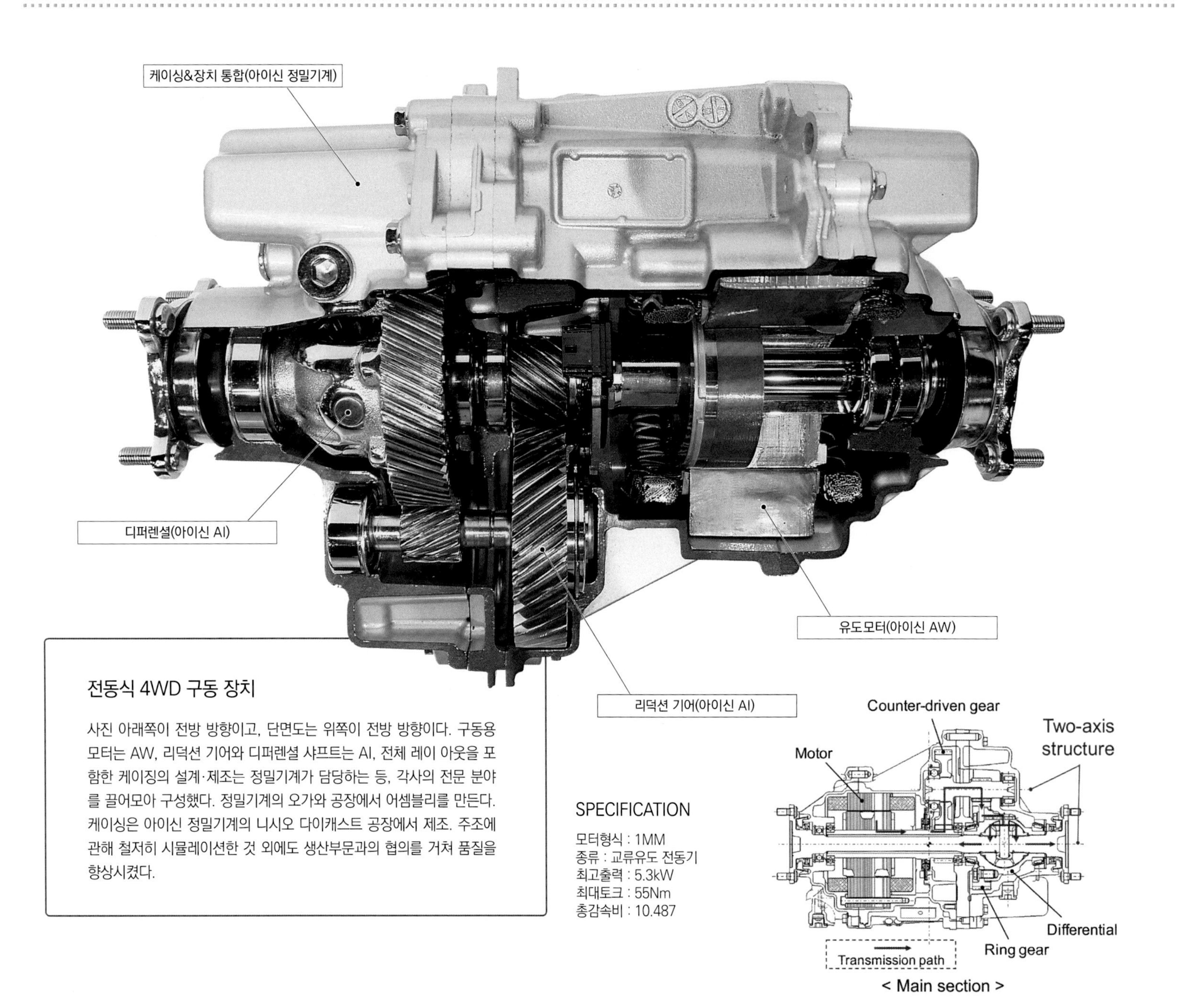

전동식 4WD 구동 장치

사진 아래쪽이 전방 방향이고, 단면도는 위쪽이 전방 방향이다. 구동용 모터는 AW, 리덕션 기어와 디퍼렌셜 샤프트는 AI, 전체 레이 아웃을 포함한 케이징의 설계·제조는 정밀기계가 담당하는 등, 각사의 전문 분야를 끌어모아 구성했다. 정밀기계의 오가와 공장에서 어셈블리를 만든다. 케이싱은 아이신 정밀기계의 니시오 다이캐스트 공장에서 제조. 주조에 관해 철저히 시뮬레이션한 것 외에도 생산부문과의 협의를 거쳐 품질을 향상시켰다.

SPECIFICATION

모터형식 : 1MM
종류 : 교류유도 전동기
최고출력 : 5.3kW
최대토크 : 55Nm
총감속비 : 10.487

아이신 정밀기계는 그룹의 중추 기업으로서 광범위한 자동차 부품사업을 펼친다. 상용차 계통의 자동변속기(AT)에도 강점이 있다. 아이신 AW는 승용차 계통의 AT에, 아이신 AI는 수동변속기(MT)에 강점이 있는 식으로, 「정밀기계」「AW」「AI」 3사 모두 다른 그룹 내 기업과 마찬가지로 전문 영역을 가지고 있다.

그런데 전동 드라이브 트레인 계통이라는 비교적 새로운 영역에 진입할 때는 겹치는 부분이 발생한다. 예를 들면 정밀기계와 AW는 둘 다 하이브리드 파워트레인에 탑재할 모터를 개발하고 있어서 같은 그룹에 속하면서 경합을 벌이게 되는 것이다. 프리우스에 탑재하는 후방 트랜

↑ 모터 축과 디퍼렌셜 축의 동축화(同軸化)

2단계로 감속하면 대개는 3축으로 구성하게 되는데, 로터를 중공으로 해서 2축으로 구성. 이로 인해 치수를 줄일 수 있게 되었다. AI가 제조한 샤프트와 AW가 제조한 모터가 정밀기계의 오가와 공장으로 들어온 뒤에 「열박음」을 통해 일체화된다.

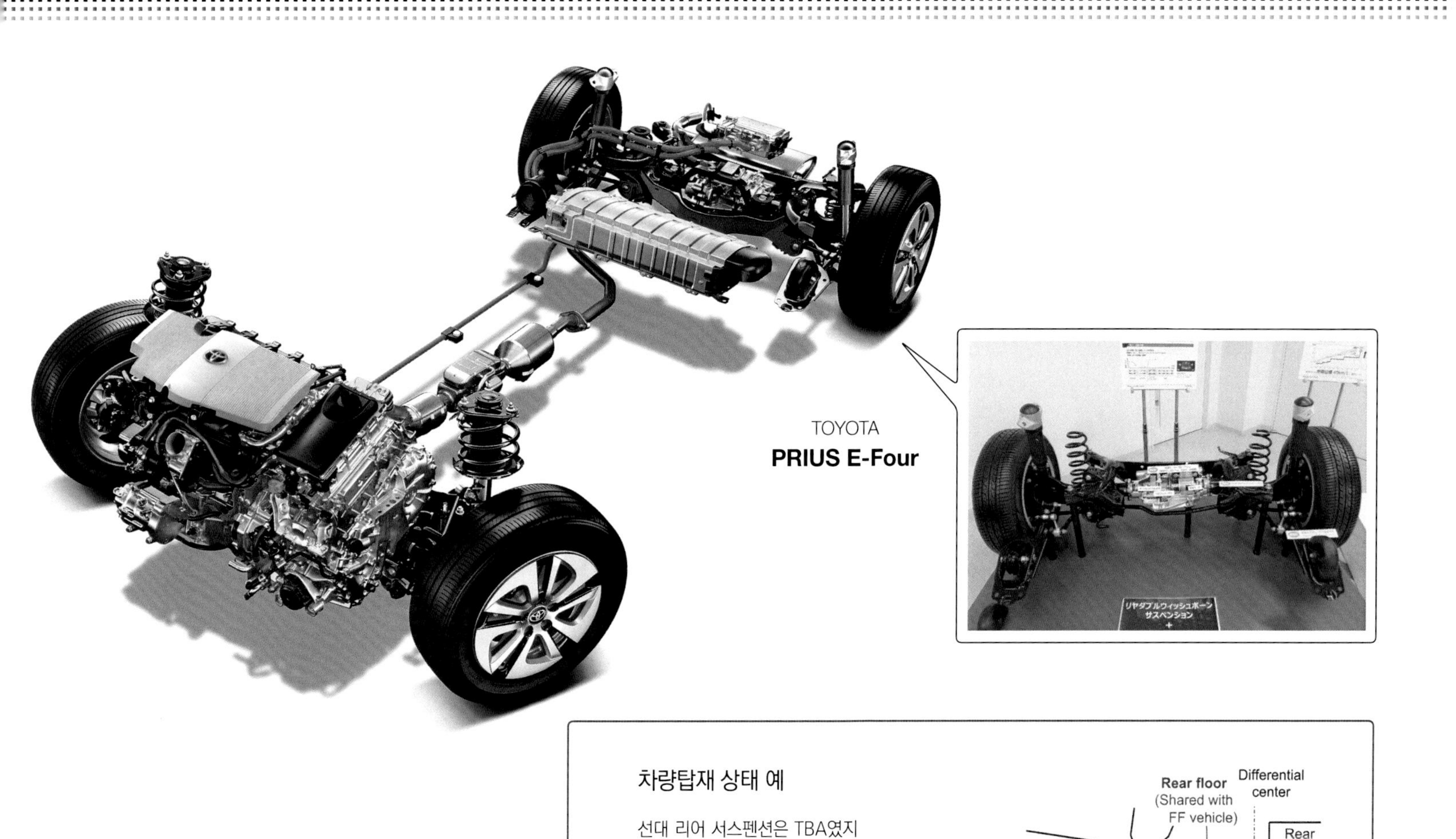

차량탑재 상태 예

선대 리어 서스펜션은 TBA였지만, 신형은 더블 위시본 방식으로 변경. FF와 4WD에서 서스펜션을 같이 쓴다. TBA와 비교해 공간 측면에서 유리하다고는 하지만 구동용 배터리나 연료탱크가 있어서 여유가 있지는 않다.

서로의 속을 떠보는 정도에서 흉금을 터놓고 이야기하는 관계로

스액슬&후방 모터와 관련해 설계 응모에서 경합하게 되었을 때 「이것은 우리가 하겠다」고 손드는 기업이 그룹 내에서 동시에 등장하게 되는 것이다.

「예전부터 아이신 그룹의 총력을 기울여서 대처하지 않으면 구미의 메가 서플라이어를 이길 수 없다는 생각은 하고 있었습니다」

이렇게 설명하는 것은 아이신 정밀기계의 오가와 가즈미씨이다. 전 세계를 상대로 하는 사업을 펼치기 위해서는 그룹 내에서 이기고 지는 경합을 하고 있을 상황이 아니다. 그런 위기감이 전례가 없던 3사 합동 프로젝트의 실현을 가져온 것이다. 「구미의 메가 서플라이어를 극복하기 위해서는 그룹의 힘을 결집시켜야 한다」고.

「프리우스 전체 생산량에 대한 4WD의 비율은 그리 높지 않을 겁니다. 그렇다고 소량의 장치를 비싸게 만들어서는 시장에서 살아남을 수 없겠죠. 싸고 잘 만들 필요가 있는 겁니다. 그때 지금까지 AT나 MT에서 키워 온 각 계열사의 전문 분야나 설비를 유효하게 활용하면 개발투자를 최소한으로 낮춘 상태에서 고객에게 좋은 제품을 제공할 수 있을 것으로 생각하고 실행에 옮기게 된 것이죠」

형식적으로는 아이신 정밀기계가 수주하는 모양새이지만, 실제로는 AW와 AI가 참여한 3사 합동 프로젝트가 되었다. 도요타까지 참여해 검토한 결과 2축 레이 아웃이 최선이라는 결론에 도달하면서 종국에는 AW가 검토했던 레이 아웃이 채택되었다.

「비용과 효율입니다」라고 설명한 사람은 아이신 정밀기계의 다하라 야스아키씨이다. 「유성기어 같은 경우는 윤활에 신경을 쓰기 때문에 비용이 올라갑니다. 되도록 간소한 상태에서 효율을 높임으로써 비용을 낮추어야 한다는 목적하에 2축이 되었던 것이죠」

모터는 AW가 개발·제조하고 기어 트레인과 샤프트는 AI가 담당. 전체 레이 아웃과 케이싱은 정밀기계가 책임지는 분업이 이루어졌다.

「각사의 공장이 (아이치현) 안조시에 모여 있습니다. 아이신 정밀기계의 본사는 가리야시에 있지만, 공장은 안조시 오가와초에 있습니다. 거기서 10분만 걸어가면 AW의 본사 공장이 있고, 그보다 조금 더 떨어져 있기는 하지만 AI의 공장도 근처에 있어서 물류 측면에서 아주 편리하죠. 3사가 제조한 부품을 아이신 정밀기계의 오가와공장에 모은 다음 어셈블리로 만듭니다」

실제로 설계 응모에서 경합했을 정도니까 그룹 내 계열사라고는 하지만 라이벌이다. 함께 협업하기로 했다고 해서 바로 하나가 되기는 어려움이 있다.

「처음에는 서로의 속을 떠보는 정도였죠」라고 회상하는 사람은 아이신 정밀기계의 기무라 마사루씨이다.「어디까지 정보를 내줘야 할지, 처음에는 판단하기가 어려웠죠. 다만 이번 프로젝트는 정밀기계가 주체가 되어 추진하는 것이기 때문에 우리가 적극적으로 정보를 제공함으로써 신뢰를 구축했던 부분도 있었다고 생각합니다」

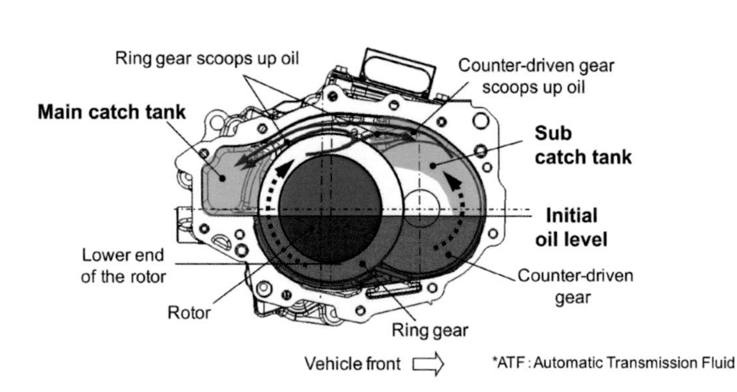

↑ 오일 교반저항 억제 구조

캐치탱크를 사용해 오일의 교반저항을 억제하는 구조를 채택했다. 모터나 기어가 고속으로 회전하면 교반저항이 늘어나 손실과 발열이 문제가 된다. 비용을 들이지 않고 교반저항을 억제하려면 어떻게 하면 좋을까. 생각 끝에 도달한 결론이 캐치탱크를 사용하는 것이었다.

↓ 메인 오일 캐치탱크

모터를 사용하는 것은 주로 발진할 때로 한정된다. 즉 발열은 주로 저회전 영역이고 냉각해야 할 것도 저회전 영역이다. 고회전 때는 냉각을 위한 오일이 필요 없으므로, 기어에 의해 휘날리는 오일이 캐치탱크에 모임으로써 유면(油面)이 내려가는(또 교반저항이 줄어드는) 구조로 했다.

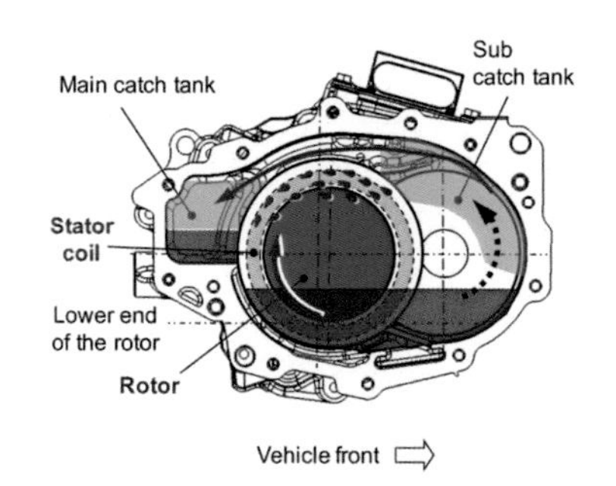

← 4WD 주행 시 : 저속

표준 상태의 오일 레벨은 로터 축의 가운데 부근에 있다. 이 상태에서는 로터가 오일에 잠겨 있다. 모터를 구동하는 저회전 때는 로터에 의해 휘날리는 오일이 스테이터의 코일에 부착함으로써 코일의 열을 효과적으로 빼앗는 식으로 냉각한다.

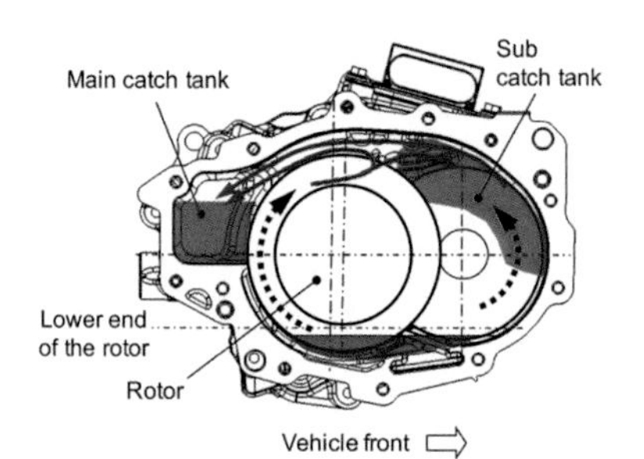

← 2WD 주행 시 : 중속 이상

고회전할 때는 모터를 구동하지는 않고 모터나 리덕션 기어가 같이 돌기만 한다. 이 상황에서 오일에 잠겨 있어서는 교반저항이 증가할 뿐이다. 그래서 기어에 의해 휘날린 오일이 캐치탱크에 모이는 구조로 해서 오일 레벨을 낮춘다.

프로젝트에서 중심적 역할을 담당한 곳은 정밀기계이고, 생산거점도 정밀기계이다. 하지만 개발 거점은 AW에 두었다.

「위치적으로는 (아이치현 안조시에 있는) AW가 3사의 중앙에 해당합니다」라고 아이신 AW의 나카모리 유키노리씨가 설명한다. 「우리는 공동 작업실이라고 부르고 있는데, AW에 작업실 하나를 만들고는 거기에 개발진을 다 모았습니다」

AI 입장에서 전동화 영역은 전문 분야가 아니지만, 합동 프로젝트에 참가한 것을 계기로 미지의 영역을 배우는 좋은 기회가 되었다. 아이신 AI의 후쿠베 소이치로씨의 회상이다.

「솔직히 말해 처음부터 『하나가 되어서』라고 말하기는 어려운 상황이었습니다. 하지만 공동 작업실에서 노하우나 개발 추진방식을 공유해 나가는 과정에서 서로 하나가 되었던 것 같습니다. AI로서는 지금까지 MT 개발에서 키워온 실적을 활용해 기어 설계에 관해서는 자존감을 갖고 임했었죠」

이러니저러니 해도 마지막은 그것이었던가 하고 생각하게 되지만, 3사가 하나가 되는데 큰 역할을 했던 것은 의사소통이 아닌 「소주소통」이었다고 한다. 「그런 자리를 통해 단숨에 거리를 좁힐 수 있었다」 「흉금을 터놓고 이야기할 수 있는 장소를 만들었던 것은 좋았다」고 이야기들 한다.

「각각의 분담영역에서 고생하는 것을 바로 옆에서 보게 되죠. AW가 담당하는 영역을 정밀기계도 보고, AI도 봅니다. 건조한 티어1과 티어2 관계였다면 『내 분야만 잘 하는 것』으로 끝이겠지만, 이번에는 팀으로 개발하는 것이기 때문에 분담해서 해보자는 분위기였죠. 중간에 분담을 바꾼다거나 작업을 조정하는 관계로까지 발전했습니다」(오가와씨)

소형화, 저연비, 저비용이 4세대 프리우스용 후방 트랜스액슬&후방 모터의 특징이다. 저연비는 유도 모터를 채택하는 것으로 실현했다. 이번 장치는 그 성질상, 토크를 일으키는 것은 주로 발진할 때로 제한된다. 즉 저회전 영역이다. 그 이상의 영역에서는 그냥 같이 도는 것에 불과하다. 영구자석을 사용한 동기 모터의 경우, 같이 회전했을 때 토크를 일으키기 때문에 그것을 피하기 위해 도요타 그룹으로서는 처음으로 4WD 장치에 유도 모터를 채택했다.

나아가 모터 냉각과 기어를 윤활하는데 오일 캐치탱크를 사용한 구조를 채택함으로써 손실 저감을 노렸다. 모터를 사용하는 것은 발진할 때 또는 속도가 낮을 때로 한정되지만, 그때 모터는 열을 발산한다. 발열하기 때문에 식혀야 한다. 그래서 로터의 회전으로 인해 휘날리는 오일이 스테이터의 코일에 붙음으로써 효과적으로 열을 뺏도록 했다. 한편 모터를 사용하지 않는 중간 속도 이상의 회전영역에서는 스테이터를 식힐 필요가 없다. 고여 있는 오일은 교반 저항이 증가하는데, 교반을 하면 열이 나기 때문에 기어가 휘날린 오일을 캐치탱크에 모아 오일 면을 낮춤으로서 교반 저항이 줄어들도록 했다.

「캐치탱크는 새로운 부품을 추가하지 않고 케이싱으로 구성하는 식으로 설계한 것이 포인트입니다」(다하라씨)

사용 상황을 한정했기 때문에 정제된 설계가 가능했다.

「어떤 영역이든 4WD로 만들고 싶었다면 아무래도 과도한 윤활 펌프가 될 수밖에 없고, 그러면 냉각 펌프가 필요했을 겁니다」(오가와씨)

소형화는 2축 구성을 이루는데 주효했다.

「이 장치는 2단 감속을 하는데, 통상적으로 2단으로 감속할 때는 3축이 되든가 로터를 중공으로 만들어 2축으로 합니다. 2축으로 만듦으로써 앞뒤 길이와 높이를 낮추었다는 것이 이 장치의 특징이죠」(다하라씨)

모터와 기어 트레인이라고 하는, 전문 영역이 다른 회사가 팀을 이루어 개발한 장점이 부품 개수를 줄이는 결과로 이어졌다.

「다른 회사의 장치 같은 경우, 드라이브 트레인 계통과 모터를 별도의 회사에서 만드는 관계상, 로터 샤프트와 인풋 샤프트가 독립될 수밖에 없습니다. 그 결과 부품비나 가공비가 더 들어가죠. 아이신이 그룹 내에서 개발하면 그런 것을 일체화할 수 있으므로 비용 절감으로 이어지는 것이죠」(기무라씨)

로터와 샤프트는 열박음(Shrink-fitting)이라고 하는 공법을 이용해 결합되어 있다. 가열한 다음 팽창시킨 로터에 샤프트를 통과시키면 냉각되었을 때 강하게 고착한다. AW가 만든 로터와 AI가 만든 샤프트를 정밀기계 공장으로 옮긴 다음 거기서 열박음을 한다.

「그야말로 3사 일체가 되어 진행했습니다. 형상의 편차는 어디까지 있는지, 이물질을 어디까지 관리할 수 있는지 등등의 데이터를 3사에서 갖고 와서 시험 패턴을 논의하고 정리했죠. 모터를 담당하는 AW 쪽에서 제조하자는 의견도 있었지만, 물류를 포함해 보증을 고려한 결과 최종공정을 맡는 정밀기계에서 생산하는 것이 최선이라는 결론에 도달했습니다. 고생은 했지만, AW 측이 공법에 관한 정보를 제공해 준 덕분에 상당히 빠른 속도로 기술을 확립할 수 있었다고 생각합니다」(오가와씨)

그룹의 기술력을 집결시키면 단독으로 임하는 것보다 좋은 결과를 기대할 수 있다. 아이신 그룹의 새로운 작업방식이 이제 막 시작되었지만, 다음을 기대케 하기에 충분한 성과를 남긴 것이다.

Motor Fan
illustrated

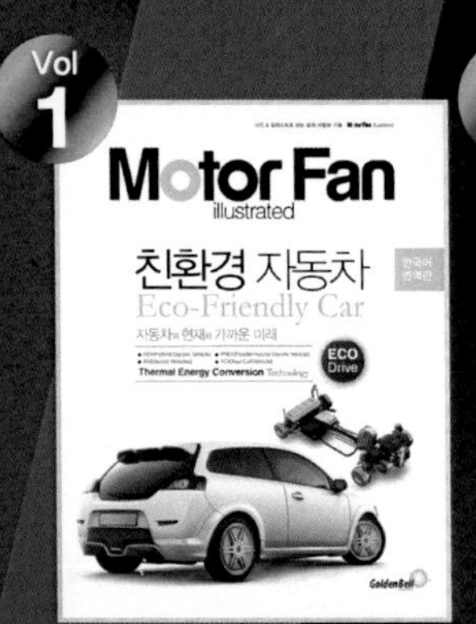

친환경자동차

F1 머신
하이테크의 비밀

엔진 테크놀로지

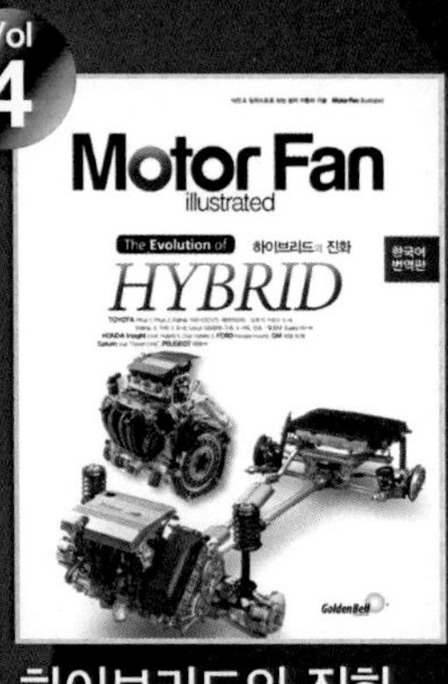

하이브리드의 진화

트랜스미션
오늘과 내일

가솔린 • 디젤
엔진의 기술과 전략

튜닝 F1 머신
공력의 기술

드라이브 라인
4WD & 종감속기어

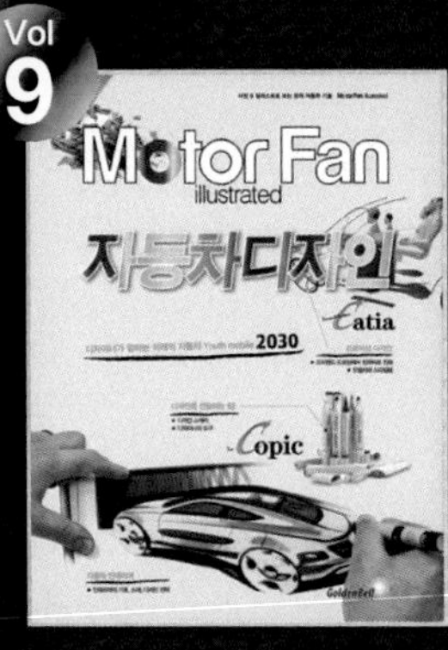

자동차 디자인

조향 • 제동 속업소버

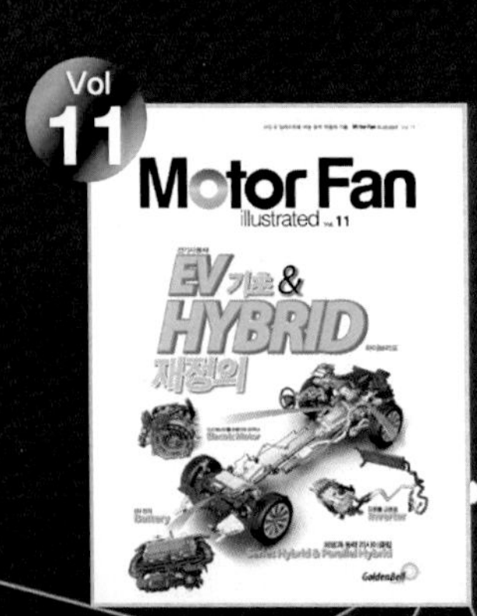

전기 자동차 기초 &
하이브리드 재정의

신소재 자동차 보디

타이어 테크놀로지

자동변속기 • CVT

디젤 엔진의 테크놀로지